TANZANIA KILIMANJARO

Safari und Zanzibar

Peter Rotter

*	**Trekkingberge:**	Kilimanjaro, Mawenzi, Mount Meru, Ol Doinyo Lengai
*	**Trekkingrouten:**	Normalrouten der Trekkingberge sowie am **Kilimanjaro** die Circuit-, Krater-, Lower-, Machame-, Marangu-, Mweka-, Rongai-, Shira-, Umbwe-, Upper-Route, den Reusch Krater und die Überschreitung
*	**Treck:**	Vom Embagai Krater zum Lake Natron
*	**Nationalparks:**	Arusha, Gombe Stream, Lake Manyara, Mikumi, Ngorongoro, Selous, Serengeti, Tarangire
*	**Inseln:**	Changuu, Mafia, Zanzibar

6. Auflage 1997 mit Karte
Kilimanjaro 1:50.000 und Panoramafotos

Brigitte Rotter, Eigenverlag
ISBN 3-922 396-25-9

Inhaltsverzeichnis

Safaris

Insel Zanzibar

Vorwort

Der Autor

C: Peter Rotter

Jahrgang 44, schrieb 1984 seinen ersten Reiseführer über Tanzania und den Kilimanjaro. Selbst vorbereitete und geführte Trekkingreisen nach Ostafrika sowie das Sammeln touristischer Informationen haben den Hobbyautor weit über die Landesgrenzen hinaus bekannt gemacht.
Das Zusammenfassen zahlreicher Informationen in Büchern erfolgt mit größter Sorgfalt. Die Aufzeichnungen und Skizzen des Hobbykartographen Rudolf Jauk gaben den Grundstock für diesen Reiseführer.

Preisangaben - A C H T U N G - A C H T U N G
Preisangaben sind auf einem separaten «aktuellen Beiblatt» angegeben, sollen aber nur als Anhaltspunkt für die Vorbereitung dienen und weichen sicherlich bei jeder Reise voneinander ab. Tanzania ist kein preiswertes Reiseland, doch es ist seinen Preis wert.
In eigener Sache Aktualität ist natürlich im Sinne des Autor's. Sollten sich die Angaben wesentlich geändert haben, senden Sie uns bitte, wenn möglich mit Seitenangaben, Ihre neuesten Erfahrungen. Für neue Besichtigungsbeschreibungen bzw. Wanderrouten mit Skizzen und Fotos wird Ihnen sicherlich der nachfolgende Reisende dankbar sein. Das Beiblatt wird immer Anfang des Jahres aktualisiert.

Sortimentauslieferung für den Buchhandel

Deutschland:	ILH Geo Center, Postfach 80 08 30, 70508 Stuttgart
	KNO Koch, Neff & Oetinger&Co.GmbH, PF 800569, 70505 Stuttgart
Österreich:	alpin aktuell, Westbahnstraße 56-58, A-1070 Wien
Schweiz:	Schweizer Buchzentrum, Postfach, CH-4601 Olten

Foto:	Umschlag - Vierfarbendruck
Rückseite:	Massai aus dem Dorf Manyatta am Fuße des Ol Doinyo Lengai
Titelseite:	"Kilimanjaro" Kamerastandort in ca. 3850 m (Marangu Route)

Farbteil:

1 Krater des Kilimanjaro	aus ca. 5800 m vom Drachenflug, Dr.Klaus Kilberth
2 Mawenzi 5148 m	der zweithöchste Berg erfordert Kletterkenntnisse
3 Kilimanjaro 5896 m	Kamerastandort Kibowüste mit Marangu Route
4 Protea Büsche	sie wachsen in ca.3700 m nahe den Horombo Hütten
5 Königskraniche	im Ngorongoro Krater
6 Massaifrau	sie stehen mit ihren Handarbeiten am Straßenrand
7 Makonde-Schnitzerei	der Lebensbaum = Generationssymbol
8 Giraffenbaby	Arusha Nationalpark
Warzenschwein	Lake Manyara

Herzlichen Dank für die Mitarbeit:
Prof. Dr. Georg und Ellen Aschauer, Salzburg
Dr. Norbert Baumbach, Erfurt
Matthias Bürki, Spiez/Schweiz
Dr. K. D. Fuchsberger, Kempten/Allgäu
Martin Gerber, Heimenschwand/Schweiz
Hilmar J. Herzberg, Erkrath
Erwin Hennen
Rudolf Jauk, Rosenheim
A. K. Kajuni, Nationalpark Arusha
Prof. Dr. Helmut Kattenborn, Lennestadt
Hildegard Keil, Arusha/Tanzania
Dr. Klaus Kilberth, Köln
Simon Knupfer, Ochsenhausen
Matthias P. Ledwon, Wildeshausen
Andreas Mielke, Hildesheim
Thomas Nagel, Augsburg
Dr. med. Hans Ritter, München

Foto: «Fackellilien»

Mit freundlicher Genehmigung - Auszüge aus:
Bergbesteigungsberichte und Skizzen von Rudolf Jauk (wurden aktualisiert)
Bergsteigerinformation von Dr. F. Berghold, Kaprun/Österreich
Broschüren (Published by Tanzania National Parks) der Nationalparkverwaltung
Klimainformation Universität Trier
Medizinischer Ratgeber für Tropen- und Fernreisen, Dr. med. H. Ritter, München
Plan des Tanzania National Park (Office of the Director) Arusha/Tanzania

Gipfelbestimmungen: Rudolf Jauk
Graphische Gestaltung: Brigitte Rotter
Lektorat: Birgit Schunck
Text und Fotos: Peter Rotter oder Namensangabe
Übersetzungen: E.Winnerlein/Gisela und Willi Kempter
Zeichnungen: Nicole Rotter (nach Fotos skizziert)
sowie Beiträge anderer Autoren mit Namensangabe.

Kultur- und Trekking Reisen München e. V.

Dieser Verein wurde von Individualisten gegründet.
Der Autor dieses Buches ist ein Gründungsmitglied des Vereins. Die Tätigkeit erstreckt sich auf die Förderung des Berg- und Wassersportes, Kulturreisen und Kulturveranstaltungen im Sinne der Volksbildung, ferner der Pflege internationaler Gesinnung und Auseinandersetzung mit den Kulturwerten fremder Länder im Geiste der Völkerverständigung und der Toleranz. Unsere Gruppenreisen werden mit ortsüblichen, öffentlichen Verkehrsmitteln (Bus, Zug usw.) durchgeführt, auf luxuriöse Hotels wird verzichtet (Zeltübernachtungen bei Trekkingtouren). Dadurch haben wir oft engen Kontakt mit der Bevölkerung des Landes.
Wer den Mut hat, so zu reisen wie wir, der hat wirklich noch die Chance, abseits des Touristenrummels das Land und seine Menschen kennenzulernen. Voraussetzungen sind persönliche Mitarbeit bei der Reise (z. B. Gepäckaufsicht, Zelte aufstellen, Einkaufen, Kochen usw.) sowie Kameradschaftssinn. Natürlich suchen wir auch das Abenteuer, soweit es für Gruppenreisen vertretbar ist. Selbstverständlich wird die Reise gründlich vorbereitet, doch **wir sind kein Reisebüro.**

Die Mitgliedschaft als förderndes Mitglied verpflichtet zu nichts. Mit der Mitgliedschaft nehmen wir Sie in unsere Adressenkartei auf und Sie erhalten stets die neuesten Ausschreibungen/Rundschreiben (Vorträge, Reisen, Vereinsnachrichten). Der geringe Beitrag von **zur Zeit DM 35,-** im Jahr deckt die Porto- und Vereinskosten. Vorträge im Raum München sollen diese Art des Reisens besser verständlich machen - siehe Pressemitteilungen «Die Welt in Bildern» (Abendzeitung München oder Prospektanforderung gegen Rückporto).

Unsere Veranstaltungen sind Begegnungen von Teilnehmern und Mitgliedern zur Vertiefung der gegenseitigen Freundschaft - Gedankenaustausch und Anregung für neue Reisen.

Telefon: **089 / 16 85 35 nur montags von 17.00-18.30 Uhr**

KULTUR- und TREKKING Reisen
München e. V.
Waisenhausstraße 2
80637 München

TANZANIA

United Republic of Tanzania

die ehemalige deutsche Kolonie «Ostafrika», 937.062 m² lockt alljährlich Hunderte von Touristen und Bergsteigern zum höchsten Berg Afrikas. Seit Trekking immer beliebter wird und die Flugpreise immer günstiger werden, rückt auch der Kilimanjaro (von den Einheimischen auch Kibo genannt) mehr und mehr in die Herzen der europäischen Bergsteiger. Dazu kommt, daß durch die offene Grenze zwischen Kenia und Tanzania die Besteigung auch für nicht so begüterte Touristen erschwinglich wurde. Und wenn man schon einmal in Mombasa/Kenia ist, ist es nur noch ein Katzensprung nach Tanzania.

Der Kilimanjaro ist allerdings nicht nur für Bergsteiger interessant, gerade dem Wanderer (Trekker) bietet der Nationalpark ein besonderes Erlebnis durch das Vorhandensein aller Klimazonen der Erde.

Der Tourist fährt durch die Savannenebene und durch Plantagen, wandert durch den Regenwald (Tropen), den Busch bzw. durch Heidehochland und über Sand- und Steinwüste.

Außerdem bieten sich Besteigungen in Fels und Eis bis zur Extremkletterei an. Auch Mountainbiker, Drachenflieger sowie Paraglider erlebten hier schon ihre Abenteuer.

Ein weiterer Pluspunkt ist, daß der Kilimanjaro auch von Kurzentschlossenen (ohne große Vorbereitungen) bestiegen werden kann. Ausrüstung kann bei der Nationalpark-Verwaltung sowie bei den Agenturen und verschiedenen Hotels ausgeliehen werden.

1989 war das Jubiläumsjahr der Erstbesteigung am 06.10.1889 durch den deutschen Geographen Hans Meyer und den österreichischen Bergführer Ludwig Purtscheller. 100 Jahre nach diesem Ereignis hat sich am Kilimanjaro vieles verändert. Er ist eine wichtige Einnahmequelle des Landes und die Normalroute wurde für den Tourismus ausgebaut. Die Bettenkapazität der Hütten wurde erweitert um dem Andrang der Bergsteiger nachzukommen, neue Routen zur Entlastung der Normalroute (z. B. Machame und Rongai Route) erschlossen und touristisch vermarktet, viel Positives durch Solaranlagen und neue sanitäre Einrichtungen erzielt, aber auch große Probleme geschaffen wie anfallender Müll und Holzverbrennung.

Neu im Reiseführer ist die Beschreibung der Rongairoute am Kibo, der Mount Meru, der Ol Doinyo Lengai und das Trekkingerlebnis zum Lake Natron.

Bei der Aufzählung aller Attraktionen Tanzania's darf man die einmaligen Tierreservate im Arusha-, Tarangire-, und Lake Manyara Nationalpark, den berühmten Ngorongoro-Krater und die Serengeti sowie die weniger bereisten Nationalparks «Biharamulo, Gombe Stream, Katavi, Mkomazi, Ruaha, Selous Game, Tarangire, Ugalla und Ukerewe im Viktoria See» nicht vergessen, denn hier ist Tanzania mit seiner unverbrauchten Natur unschlagbar. Die Safaris vermitteln Natur pur - ein Paradies der Tiere, z. B. im Ngorongoro, aber auch Traurigkeit, da das Schicksal einiger Tierarten bereits besiegelt ist.

Auch einige Massai profitieren vom Touristengeschäft, sei es mit dem Verkauf von Handarbeiten oder als Fotomotiv, denn jede Aufnahme muß bezahlt werden.

Tanzania ist also auch ein Paradies für Naturfreunde und Safarifreeks.

Ein besonderes Abenteuer sind die Inseln Mafia und Zanzibar sowie für den Individualreisenden die «Gefangeneninsel Changuu».

Ganz gleich welche Interessen der Tourist verfolgt, er findet am Kilimanjaro wie auch während seiner Safari Abwechslung und Faszination. In jedem Fall ist eine Tanzaniareise mehr als eine Pauschalreise.

Dieses unkonventionelle Buch ist kein Reiseführer der alle Reisemöglichkeiten eines Landes darstellt, sondern basiert auf Erfahrungen selbstorganisierter Reisen und wurde nach meiner letzten Reise (Besteigung über die Rongai Route) aktualisiert. Die Veröffentlichungen in den Bergsteigerzeitungen von Rudolf Jauk gaben diesem Reiseführer einst den Grundstock. In der Zwischenzeit haben viele Reisende mit ihren Informationen diese Neuauflage erweitert und ihnen möchte ich besonders danken.

«Nur wer den Sprung ins Unbekannte wagt, weiß daß er frei ist!»

Jambo

Peter Rotter

Vorbereitung der Reise von A-Z

Dieser Reiseführer (bzw. der Verfasser) geht von einem 2-5 wöchigen Touristenaufenthalt aus. Bei einer gewissenhaften Vorbereitung sollte der Leser zusätzlich noch andere Publikationen studieren. Mit Improvisationen bzw. gewissen Abstrichen bezüglich Komfort sollte am Kilimanjaro und während einer Safari gerechnet werden.

Adressen

Wenn Sie weitere spezielle Informationen benötigen, die in diesem Reiseführer oder in anderen nicht enthalten sind, dann wenden Sie sich an:

a) für den Kilimanjaro
«Kilimanjaro Nationalpark»
Tel.057-3471/2 Arusha (Office of the Director)
P.O.Box 96,Marangu/Tanzania

«Tanzania Nat.Park Verwaltung»
P.O.Box 31 34
Arusha/Tanzania

b) für Safari (allgemein)
«Tanzania Tourist Board - IPS Building», 3rd Floor
Tel. 051-27672 + 27673 - Fax. 051-46780
P.O.Box 2485, Dar es Salaam/Tanzania
Das Touristenbüro verschickt nur allgemeine Broschüren/Hotelprospekte sowie deren Preislisten.

Jagdsafaris (Hinweise und Infos für Jäger)
«Tanzania Wildlife Corporation»
Tel. 057-3501 + 3502 - Fax. 057-8239
P.O.Box 1144, Arusha/Tanzania

c) Ngorongoro
«Ngorongoro Conservation Area Authority»
Office of the Conservator Headquarters
Tel. 057-6091 + 3466 - Fax. 057-3339
P.O.Box 1, Ngorongoro Crater/Tanzania
Liason Office - P.O.Box 776, Arusha/Tanzania

d) für Zanzibar
«Zanzibar Tourist Corporation»
P.O.Box 216, Zanzibar/Tanzania

Staatliche Reisebüros
«State Travel Service LTD»
Tel. 057-8022 +8716/8 - Fax. 8209
P.O.Box 1369, Arusha/Tanzania

«State Travel Service LTD»
Tel. 051-29291/4 (Fax)
P.O.Box 5023, Dar es Salaam/T.

Adressen von Agenturen

für den Kilimanjaro **s. S.** 78-79
von Bergführern **s. S.** 71-72
für Safariangebote **s. S.** 185-186, 241

Ausrüstungshinweise

Brustbeutel

Wegen evtl. Diebstahlgefahr ist er bei Globetrottern sehr beliebt, doch man sollte ihn nicht sichtbar umhängen, da er leicht abgerissen werden kann. Außerdem kennen Diebe dieses Versteck schon. Ich rate daher, den Beutel unterhalb eines Knies im Hosenschlag einzunähen. Das nötige Kleingeld kann man in einem Gürtel mit Innenfach (Reißverschluß) verstecken.

Hinweis: Im Fachhandel (Globetrotterausrüster) werden bereits Brust- und Bein-Beutel aus Baumwolle/Polyester angeboten.

Auch die sogenannte Geldkatze finde ich für Frauen empfehlenswert, sie kann unter der Unterwäsche getragen werden.

Einwegspritzen

sollte man wegen eines evtl. Notfalles immer dabei haben (verschmutzte Nadeln-AIDS-Gefahr usw.). Erhältlich bei Ihrem Hausarzt oder in der Apotheke.

Kocher

Trangia Spiritus Kocher (Firma Salewa). Kerosin ist in Tanzania erhältlich.

Moskitonetze

in Zeltform erhältlich bei Globetrotterausrüster, günstiger und in guter Qualität in Tanzania erhältlich. Für den individuellen Zelttourist zu empfehlen, nachdem Malaria in Kenia/Tanzania weit verbreitet ist. In jedem Fall für die Strandhäuser auf Zanzibar und Changuu.

Hinweis: Wenn möglich, Moskitonetze mit einer Schlaufe (in der Mitte) kaufen, da meistens über den Betten nur ein Haken (wenn überhaupt) angebracht ist.

Müllsäcke

Die Mitnahme von strapazierfähigen Müll-/Plastiksäcken als Regenschutz für Ruck- oder Seesäcke bei der Kibobesteigung sowie als Staubschutz während einer Safari ist empfehlenswert.

Schlangenbißset

3 Hartgummisauger, 1 Abbinder, Desinfektionsmittel, Skalpell und Anleitung - jedoch in Relation zu teuer. Erhältlich bei allen Globetrotterausrüstern.

Skistöcke/Wanderstock

Wer Teleskop-Skistöcke besitzt, sollte sie auf jeden Fall mitnehmen. Man kann sich aber auch bei den Agenturen Stöcke und beim Office (Gate) des Kilimanjaro Nationalparks Bambusstöcke ausleihen. Es ist ein langer Weg bis zum Fuß des Berges, Anmarsch Gate - Kibo Hütte ca. 30 km.

Sonnenschutzmittel

sind unbedingt am Kilimanjaro und bei der Safari erforderlich. Bergsteiger benötigen für den Kibo ein Sonnenschutzmittel mit hohem Lichtschutzfaktor sowie zusätzlich einen Lippenschutzstift.

Steigeisen

ein besonderes Problem. Wir haben im Januar keine benötigt, dies ist auch der Normalfall. Doch bereits im Februar war der Firn so hart, daß die Besteigung vom Gillman's Point 5715 m zum Uhuru Peak 5896 m, Hauptgipfel, ohne Steigeisen unmöglich gewesen wäre. In der Regel benötigt man zum Gillman's Point keine Hilfsmittel, doch man weiß ja nie!

Hinweis: Grödeln sind besser als gar nichts und außerdem kann man sich am Nationalpark-Gate und bei einigen Agenturen (Hotels) Steigeisen ausleihen.

Wichtig: Für die Umbwe Route sind Steigeisen erforderlich, ebenso für die Machame Route und den letzten Anstieg zum Uhuru Peak in den Sommermonaten Juli/August (Eisplatten und evtl. Spalten).

Strom

Dreipolige, englische Stecker (drei runde oder drei eckige) erforderlich. (Auslandsset bei Expeditionsausrüstern und im Fachhandel erhältlich).

Visitenkarten

Adressentausch oder Visitenkarten sind in diesen Ländern sehr beliebt. Die billigste Lösung sind Miniaufkleber.

Wasserbeutel/Plastik

5 bzw. 10 Liter für Kibo und Safari empfehlenswert.

Wasserentkeimung

Micropur-Tabletten (o. a.) unbedingt mitnehmen.

Banken - Zahlungsmittel

Umgewechselt werden alle ausländischen Devisen. Die übliche Währung für Ausländer sind aber US-Dollar. Auch US-Dollar-Schecks (Amexco-Scheck) und DM-Reiseschecks sowie holländische Gulden und englische Pfund werden bei den staatlichen offiziellen Stellen (z. B. Tourist Office, Nationalpark und Hotels) als Zahlungsmittel angenommen bzw. gewechselt. Den günstigsten Kurs bieten die Wechselstuben im Norden, die Bank of Tanzania bietet weniger. Außerdem wird bei Schecks eine Gebühr abgezogen (unterschiedliche Kommission). Im Süden findet man weniger Wechselstuben. In größeren Hotels kann auch mit Kreditkarte (Visa- und Mastercard) bezahlt werden. **Hinweis:** Euroschecks wurden nicht akzeptiert.

In Dar es Salaam nehmen Wechselstuben keine Schecks an.

geöffnet: Mo-Fr 8.30-12.30 Uhr, Sa 8.30-11.30 Uhr, So 9.00-11.30 Uhr

Bevölkerung

Sie besteht aus 125 verschiedenen Stämmen und die Regierung, ein demokratisches Mehrparteiensystem, ist bestrebt, sie mit aller Kraft zu einer Nation zu vereinen. Sie arbeiten überwiegend in der Landwirtschaft.

Bücher

«Ostafrika» - Reisehandbuch Kenya-Tanzania
Verlag Otto Lembeck - ISBN 3-87478-293-9, 831 Seiten - empfehlenswert
Die Autoren beschreiben ihre Routen sehr ausführlich mit umfassendem Background.
«Ostafrika» - Reiseführer Natur
BLV-Verlag - ISBN 3-405-14069-2. Auch aus dieser bewährten Serie ist ein Safariführer über die Nationalparks Kenia, Tanzania und Uganda erhältlich.
«A Field Guide to the Birds of East Africa»
Verlag Williams, England. Ein Nachschlagwerk nicht nur für Ornithologen. Bezeichnung der Tiere und Text in Englisch.
«Die Massai» DuMont-Verlag ISBN 3-7701-1267-9.
Interessante Studie des Volksstammes mit vielen ganzseitigen Farbfotos, die bald der Vergangenheit angehören werden.
«Published by Tanzania National Parks» - Broschüren in englischer Sprache
Bei allen Nationalparks und in Buchhandlungen sowie bei Straßenverkäufern in Tanzania erhältlich.

Elefant: WILDLIFE/J&B Photographers O&MD
„Gib mir meinen Wald zurück!“
Dresdner Bank, Spendenkonto 200 000, BLZ 500 800 00, „Kennwort Waldelefant“.
Afrikas Regenwald stirbt. Schon mehr als 50 % dieser Schatzkammer der Natur sind für immer verloren. Am härtesten trifft dies die seltenen Waldelefanten. Lange wurden sie wegen ihres Elfenbeins gejagt. Jetzt verlieren sie ihren Lebensraum.
Der WWF will den Elefantenwald retten: in neuen, grenzüberschreitenden Schutzgebieten, durch die Ausbildung von Wildhütern, mit Hilfe zur Selbsthilfe für die lokale Bevölkerung.
Dafür brauchen wir Ihre Unterstützung. Geben Sie dem Waldelefanten seinen Wald zurück – werden Sie aktiv. Spenden Sie jetzt. Was Sie darüber hinaus tun können, erfahren Sie unter **0 69/60 50 03-42** oder im Internet unter **http://www.wwf.de**
Auf Ihre gute Tat kommt es an.
WWF
Im Auftrag der Natur.

Checkliste für Trekker

( ) Anorak (wasserdicht)/Daunenjacke
( ) Berg-Trekkerhose
( ) leichte Baumwollhose (Überhose)
( ) Gletscherhut/-mütze/-brille
( ) Grödeln bzw. Steigeisen
( ) Handschuhe und evtl. Überhandschuhe
( ) Hemden/Blusen mit langem Arm
( ) Hemden/Blusen mit kurzem Arm/T-Shirts
( ) Höhenmesser/Karte/Kompaß
( ) Hygienebeutel/Toilettenpapier (Hakle feucht)/Handtuch
( ) Seife (biologisch abbaubar)/Zahnputzzeug
( ) Nähset/Plastiktüten (Wäschebeutel für Schmutzwäsche)
( ) Pullover/Faserpelz
( ) Rucksack (groß) oder Seesack
( ) Regenbekleidung (Bergsteigerumhang)
( ) Tagesrucksack (20-30 l)
( ) Schlafmatte (Isolier-Thermarest)
( ) Schlafsack (Daune/Kunstfaser) bis -15° C (je nach Tour)
( ) Schweizer Messer/Trinkbecher
( ) Skistöcke (Teleskop)/Wanderstock kann geliehen werden
( ) Sonnenschutzmittel (mit hohem Lichtschutzfaktor)/Lippenstift
( ) Sport-/Thermounterwäsche
( ) Tagebuch/Taschenlampe (Stirnlampe) mit Ersatzlampe und -batterie
( ) Thermosflasche (Siggflasche) mind. 1 Liter
( ) Trekkingschuhe (Leichtbergschuh mit kräftiger Profilsohle), Turnschuhe
( ) Trekkingsocken/-strümpfe (2 Paar)

Zusätzlich für Bergsteiger (je nach Bedarf)

( ) Anseilgurt (Brust-/Sitzgurt)
( ) Baumwoll-/Flanellhemden
( ) Biwak-Sack
( ) Campinggeschirr/Kerosinkocher
( ) Eisbeil/-pickel/-schrauben
( ) Elektrolytgetränke/Höhenverpflegung
( ) Gamaschen/Gletscherbrille (mit seitlichem Augen- und Nasenschutz)
( ) Helm (Mawenzi)
( ) Norweger-Handschuhe (Fäustlinge) und Socken
( ) Reepschnurschlingen 2 x 5 mm, 4 m lang
( ) Schraubenkarabiner (für Mawenzi)
( ) Seil 9/10 mm, 40 m lang
( ) Steigeisen (zwölfzackig)
( ) steigeisenfester Bergschuh (Kunststoff), evtl. zweiter Innenschuh für Gipfelanstieg/Reusch Krater
( ) Sturmhaube/-mütze
( ) Zelt kann geliehen werden

nicht vergessen

( ) Fotoausrüstung mit ausreichend Filmen
( ) Insektenschutz/Malariaprophylaxe
( ) Medikamente (Micropur Wasserentkeimungstabletten)
( ) Brustbeutel (Reisepaß, Visum in Kopie)
( ) Zusatzverpflegung (Müsli Riegel)

Rucksack-Apotheke

Jeder Bergsteiger sollte in seinem Rucksack mindestens eine kleine Apotheke für den Notfall mit sich führen (von Sportärzten empfohlen - Gewicht ca. 300 g).

Inhalt: 12 Pflasterstreifen in 3 versch. Größen / 1 Rolle Leukoplast, 1 Dreiecktuch
1 elast. Binde 8 cm, 1 elast. Mullbinde 6 cm / 1 Verbandpäckchen Größe 2
1 Mittel zur Wunddesinfektion / 6 Kreislauftabl. mit Traubenzucker zum Lutschen
4 Schmerztabletten, eingesiegelt, Rettungsdecke, Notpfeife, Spiegel

Zusätzlich persönliche Medikamente sowie gegen Durchfall und evtl. Höhenkrankheit (Diamox).

Über Ausrüstung berät Sie sicher am Besten ein guter Fachverkäufer. Bei Schlafsäcken stimmen meistens die Herstellerangaben über die Wärmeleistung nicht, sie liegen häufig beträchtlich darunter. Statt einem Daunenanorak kann auch das Mehrschichtprinzip mit mehreren dünneren Bekleidungsstücken empfehlenswert sein, wenn mit atmungsaktiven Mischmaterialien der Schweiß nach außen gebracht wird. Schuhe müssen natürlich super passen und sollten steigeisenfest sein. Trekkingsocken mit verstärktem Zehen- und Fersenteil sind die teure Anschaffung wert. Zur Entlastung der Knie im steilen Gelände (z. B. Kibo Hütte-Gillmanspoint) empfehle ich die Mitnahme von Skistöcken.
Nicht zu vergessen der Regenumhang, der auch den Tagesrucksack mit schützen soll. Im Seesack sollte innen ein Plastiksack die Wäsche vor Feuchtigkeit schützen.

Checkliste für Safari

( ) Badehose/-anzug, Bikini
( ) Baumwollbekleidung (luftig)
( ) Campinggeschirr/-besteck/Kocher (wird in der Regel v. d. Agenturen gestellt)
( ) Halstuch (kann auch bei Staub als Mundschutz verwendet werden)
( ) Hemden/Blusen mit langem Arm (Baumwolle)
( ) Hemden/Blusen mit kurzem Arm/T-Shirts (ausreichend)
( ) Hosen lang (Baumwolle)/Blue Jeans
( ) Hygienebeutel/Handtücher/Shampoo, Seife und Zahncreme biolog. abbaubar
( ) Karte/Kompaß
( ) Malariaprophylaxe/Mückenschutz (z.B. Autan, Bonomol)
( ) Moskitonetz (in Tanzania günstig)
( ) Nähset/Plastiktüten (Wäschebeutel)
( ) Pullover (abends erforderlich)
( ) Reiseapotheke (persönliche Medikamente)
( ) Schlafanzug (Baumwolle)
( ) Schlafmatte (Isolier-Thermarest)
( ) Schlafsack (Kunstfaser - innen Baumwolle oder Leintuch)
( ) Seesack/Koffer
( ) Sonnenbrille/-hut
( ) Sonnenschutzmittel/Lippenstift
( ) Tagebuch/Taschenlampe mit Ersatzlampe und -batterie
( ) Tagesrucksack (ca. 20-30 l Volumen) auch als Handgepäck für Flug geeignet
( ) Toilettenpapier (wird evtl. bei guten Agenturen gestellt) (Hakle feucht)
( ) Trainingsanzug
( ) Turnschuhe (knöchelhoch) Trekking-/Wanderschuhe
( ) Unterwäsche (Baumwolle)
( ) Wasserflasche (1 Liter)
( ) Zelt (wird von der Agentur gestellt)

nicht vergessen

( ) Fernglas/Fotoausrüstung mit ausreichend Filmen
( ) Micropur (Wasserentkeimungstabletten)
( ) Reiseapotheke/Reisepaß
( ) Zusatzverpflegung

Checkliste für Erledigungen vor der Abreise

Reiseplan aufstellen

Flugticket (je nach Nachfrage) evtl. 3 bis 6 Monate vor Abflug

2 Monate vorher

( ) Ausweis überprüfen, evtl. verlängern lassen; Anfrage bei Ihrer Krankenversicherung (Kostendeckung bei evtl. Erkrankung), danach
( ) Reiseversicherung abschließen
( ) allgem. Untersuchung bei Arzt und Zahnarzt, Impfungen (Eintragungen im Intern. Impfpaß überprüfen, Gültigkeitsdauer)
( ) Testament aufstellen oder überprüfen
( ) Pflegestelle für zurückgebliebene Tiere suchen
( ) Kreditkarte beantragen

1 Monat vorher

( ) Intern. Führerschein beantragen
( ) Reiseunterlagen überprüfen (Reiseführer, Karten, Skizzen usw.)
( ) Visa beantragen (1 Paßbild, Reisepaß **s. S.** 39)
( ) Reiseapotheke zusammenstellen
( ) Geldbeschaffung (Scheck-Kurs beobachten)
( ) Filme, Ausrüstung beschaffen
( ) Garderobe überprüfen

1 Woche vorher

( ) Briefkastenleerung organisieren oder bei der Post
( ) Lagerantrag stellen (Post beim Postamt liegen lassen)
( ) Blumen gießen veranlassen
( ) evtl. anfallende Rechnungen begleichen (Zahlungen regeln)
( ) Zeitungen etc. abbestellen
( ) Reisegepäck packen (Gewicht prüfen)
( ) Wertgegenstände in den Tresor Ihrer Bank

Abreisetag

( ) Heizung, Gas, Wasser (überprüfen, schließen)
( ) Radio-, Fernsehantenne herausziehen, evtl. Sicherungen ausschalten **Achtung:** Kühl- und Gefrierschrank, Aquarium
( ) Fenster, Schlösser überprüfen
( ) Schlüssel sowie Urlaubsadressen bei Hausmeister oder Bekannten hinterlassen

Handgepäck überprüfen

( ) Reisepaß, Touristenkarte, Intern. Führerschein/Impfpaß
( ) Flugticket, Reiseunterlagen, Sprachführer
( ) Hotelreservierung, Paßfoto, Regenschirm
( ) Reservierungsgutscheine des Reisebüros oder der Agentur
( ) Adressenbuch mit wichtigen Telefonnummern und Adressen

Fotoausrüstung

( )	Kamera (Gehäuse)	( )	Blitz
( )	evtl. 35mm Weitwinkel	( )	Stativ
( )	evtl. 80mm Normalobjektiv	( )	Schulterstütze
( )	evtl. 210mm Tele oder Zoom	( )	UV-Filter
( )	evtl. Belichtungsmesser	( )	Farb/Trickfilter
( )	Ersatzbatterien	( )	Sonnenblende

( ) Filme (Negativ/Positiv) 18,19,21,24 DIN
(bzw.in ASA 50,64,100,200,400)
( ) evtl. Unterwassergehäuse oder -sack
( ) Film-/Videokamera und Filme (Kassetten)

«Massaischmuck»

Nicht vergessen

( ) Koffer absperren und vor Eingriffen sichern (Riemen)
( ) Seesack mit Schloß sichern
( ) Handgepäck mit kleinem Vorhängeschloß versehen
( ) Geld am Körper sicher aufbewahren
(Brustbeutel, Geheim-, Gürteltaschen usw.)
( ) Filme in Bleibeutel, gegen Röntgenstrahlen schützen
( ) Bergschuhe beim Fliegen anziehen (Gewicht)

Deutsche Welle

HA Hochfrequenztechnik-Technische Beratung, Tel. 0221/389 32 08
Hauptsendezeit für das Empfangsgebiet Kilimanjaro/Tanzania ist 18.°°-22.°° UTC/Weltzeit. Die Frequenzempfehlungen wechseln halbjährlich. Fordern Sie deshalb zu Beginn Ihrer Reise ein Programm der Deutschen Welle an. In diesem finden Sie alle erforderlichen Hinweise zum Empfang des Deutschen Programmes aus Köln im Zielgebiet.
Versand Programm/Information: Hörerpost, 50588 Köln, Fax 0221/3894155

Diebstahlgefahr

Auch in Tanzania sollte man den Dieben keine Gelegenheit für leichte Beute bieten. Bus- und Eisenbahn-Bahnhöfe sind auch hier Gefahrenzonen, wie mir Touristen schrieben. Besonders während der nächtlichen Busfahrten sollte man auf sein Gepäck achten.

Einreise

Flughafenabfertigung, Kibo Airport (**s. S.** 53)
Grenzübertritte von Kenia (**s. S.** 54-56)
Anfahrt zum Kilimanjaro (**s. S.** 57-58)
Grenzabfertigung (**s. S.** 59)

Bei Einreise aus Europa und auch von Kenia ist ein Visum erforderlich. Es muß bereits (bei Direktflug) in Deutschland erstellt werden. (Visumantrag in Deutschland **s. S.** 39/Visumantrag in Nairobi **s. S.** 54).

Essen - Lebensmittel

Es gibt zwar die Möglichkeit, alle Exkursionen - sei es am Berg oder auf Safari - mit Vollpension zu buchen, doch nicht alle Veranstalter, Bergführer bzw. Träger bieten einen befriedigenden Speiseplan an und Hotels sind teuer. Bergsteigern empfehle ich nur spezielle Höhenverpflegung, Müsli, Ovomaltine usw., wenn es sich mit dem Fluggepäck vereinbaren läßt, mitzubringen, denn es gibt mittlerweile alles in Tanzania zu kaufen. Auf den Märkten wird frisches Schalenobst und Gemüse (Ananas, Bananen, Kartoffeln, Mangos, Melonen, Tomaten, Zucchinis und Zwiebeln usw.) angeboten. In den Städten Arusha und Moshi befinden sich Supermärkte (siehe Ortsbeschreibungen). In den Safarilodges wird abends meistens ein reichhaltiges Buffet angeboten. Bier und Cola fast in jedem Dorf erhältlich.

Restaurants

Hinweise finden Sie bei den örtlichen Beschreibungen. Die chinesischen Restaurants sind preisgünstig, meistens gut und empfehlenswert. 1993 wurden 20 % Tax auf Speisen und Getränke aufgeschlagen.

Feiertage

12.	Januar	Revolutionstag
05.	Februar	Tag des CCM
		Karfreitag/Ostermontag
26.	April	Union Day
01.	Mai	Tag der Arbeit
07.	Juli	Erntedankfest
09.	Dez.	Unabhängigkeitstag
24.	Dez.	Weihnachten

Sowie jährlich wechselnde islamische Feiertage (Maulid Day, Id-El-Fitr, Id-El-Haij).

Foto: «Massaimädchen mit Ohrpflock»

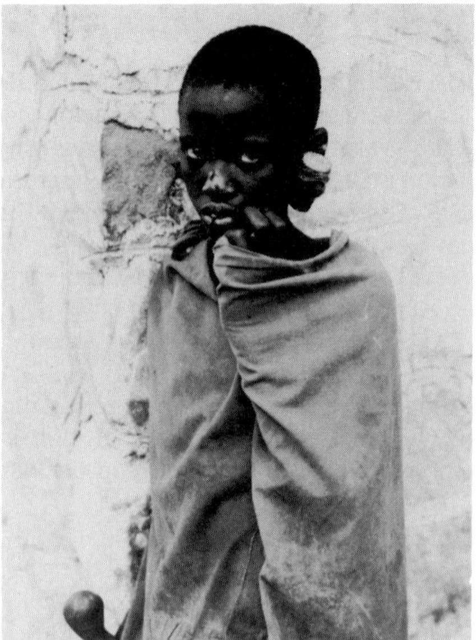

Fischen

Der Tanzania Nationalpark bietet Fischern die Möglichkeit des Forellenfanges in den Bergflüssen am Kilimanjaro. Alle Ströme am Berg sind bei einem Wasserstand von 1,5 bis 2 m reich an Forellen und 10 Monate des Jahres hindurch kristallklar.

Auch am Mount Meru im Arusha Nationalpark bieten die Flüsse Temi und Nduruma gute Möglichkeiten zum Forellenfang. **Permit** und **Info's** erhalten Sie bei:
«Tanzania National Parks» - Office of the Director
Tel. 3471 - P.O.Box 3134, Arusha/Tanzania

Ferner wird **Süßwasserfischen** am Tanganyika See mit besonders guten Fangmöglichkeiten angeboten. In der Nähe von Kigoma gibt es den Nilbarsch, Tigerfisch, gelben Kugelfisch und den Tilapia, der mit seinem besonders guten Geschmack der bedeutendste Süßwasserfisch Tanzanias ist.
Permit und **Info's** erhalten Sie bei der
«Tanzania Tourist Corporation»
P. O. Box 2485, Dar es Salaam/Tanzania
Hinweis: Auf allen Seen wird seit langem kommerzieller Fischfang betrieben.
Skizze: «Bachforelle»

Flagge

Feld oben links = grün
Querstreifen = schwarz
Feld unten rechts = blau

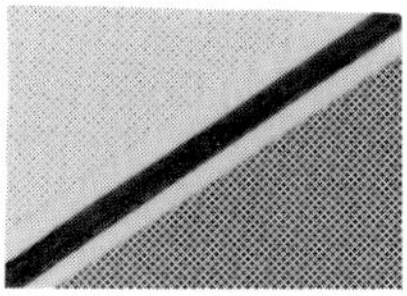

Flüge

Es bieten sich von **Europa** aus **6 Möglichkeiten** an:

1. Kilimanjaro Airport
KLM, Ethiopian Airlines, Gulf Air, Air France
«Air France» Fr Paris-Nairobi-Kibo Airport-Dar es Salaam - Sa zurück
«Ethiopian Airlines», Tel. 069/27 40 07-0, Fax 27 40 07 30
Am Hauptbahnhof 6, 60329 Frankfurt/Main (Mi/Sa 22.45/23.05)
«KLM» Ab Amsterdam Di + Sa 10.25/Kilimanjaro 21.05 Ortszeit
Rückflug Di + Sa 22.05/Amsterdam Mi/So 7.20
Mi + Sa 22.15 ab Amsterdam-Dar es Salaam Ankunft Do/So 9.20
Rückflug Do/So 22.40 Ankunft Amsterdam Fr/Mo 6.10
Hinweis: Rückbestätigung (confirm) spätestens 72 Stunden vor Rückflug nicht vergessen.

2. Dar es Salaam
mit «Aeroflot, Air France, Air India, Air Zaire, Air Zimbabwe, Alitalia, British Airways, Egypt Air, Ethiopian Airlines, Gulf Air, Kenya Airways, KLM, Pakistan International, Swissair» (Adressen s. Dar es Salaam S. 239-240)

3. Nairobi/Kenia
mit «Aeroflot, Air France, Air Zimbabwe, Alitalia, Balkan, British Airways, Egypt Air, Ethiopian Airlines, Gulf Air, Kenya Airways, KLM, Lufthansa, Olympic Airways, Sabena, Saudia, Sudan, Swissair»

4. Mombasa/Kenia
Charterflüge der LTU (Direktflug) Condor, African Safari, Nairobi Air
Ein entscheidender Pluspunkt bei Charter ist die kurze Flugzeit, die nur von einem Tankstop unterbrochen wird.

5. Gabelflüge
Selbstverständlich kann man auch z. B. mit Ethiopian Airlines, Ffm-Kilimanjaro Airport/Nairobi-Ffm fliegen sowie mit KLM über Amsterdam.

6. Nairobi/Kenia - Kilimanjaro Airport/Tanzania
Air Tanzania Dienstag und Freitag

Hinweis: Bei der Lufthansa für Jugendliche bis 24 Jahre und Studenten bis 26 Jahre 25 % Ermäßigung. Die offiziellen IATA-Tarif-Tickets sind in Kenia um die Hälfte billiger als bei uns. Buchungsrückbestätigung öfters durchführen, da die Air Tanzania ständig den Flug- und Sitzplan ändert (**s. S.** 240 Dar es Salaam).
Die «Air Tanzania» wird im Volksmund «Air Labda» genannt, was so ähnlich wie «Vielleicht möglich» bedeutet. Günstig sind auch die «Sudan Air» und «Gulf Air».

Änderungen vorbehalten!

Näheres bei: «Walther-Weltreisen» Udo Schwark
Tel. 0228/661239 / Fax 661181 - Hirschberger Straße 30, 53119 Bonn

Fotografieren

Es ist ratsam, sein Fotomaterial in Deutschland zu kaufen. Früher habe ich die Filme ins Handgepäck genommen, doch offiziell sind nur noch 3 kg Handgepäck erlaubt, so daß die Filme in den Koffer bzw. Seesack wanderten. Es gibt gegen die Röntgenstrahlen Bleitüten der Firma Hama im Fachhandel zu kaufen, sie sind teuer, aber trotzdem empfehlenswert. **Filmmaterial** ist Ansichtssache, ich verwende bei **Dias** Ektachrome 64 professional, **schwarz-weiß** PAN F-Ilford 18 DIN und bei **Bildern** Agfa HDC 200 oder Kodak Gold II 100 + 200 ASA

Hinweis: Bei schlechtem Wetter Agfa 200 RS sowie Blitzlicht und Stativ für Panoramaaufnahmen empfehlenswert. Über die ideale **Fotoausrüstung** kann man geteilter Meinung sein. Fotografen mit Spiegelreflex-Kameras können ihre komplette Ausrüstung einsetzen, vom Makro und Weitwinkel bis zum 500er Tele. Für die Safari empfehle ich immer die Mitnahme eines Tele. Bis 300 mm kann auch ohne Stativ verwacklungsfrei fotografiert werden, wenn man die Luft anhält und den Haltearm abstützt.
Zirka 1 Film pro Safari-Tag sowie ein UV-und Polfilter sind empfehlenswert. Wie bereits unter Ausrüstung erwähnt, erhalten Sie Negativ-Filme für Kleinbild (24 x 36 mm) in Arusha und Moshi. **Fotomaterial in Tanzania** teuer und oft abgelaufen.
Hinweis: Ersatzbatterien mitnehmen, da in der Höhe (Kälte) die Kraft schneller nachläßt. Außerdem bietet der Handel Batterieboxen für die Hosentasche an. Ein Kabel verbindet sie mit der Kamera und die Funktion ist somit auch bei großer Kälte gesichert.

Frauen (Alleinreisende)

Zu diesem Thema liegen mir bis jetzt noch keine Erfahrungsberichte vor.

Geschenke

Die Zeiten der Kleidungsgeschenke bzw. Tauschgeschäfte sind vorbei. Wer seinem Träger gut erhaltene Kleidungsstücke, Skistöcke, Taschenlampe usw. schenken will, soll dies als persönliches Geschenk betrachten, nicht als Almosen. Dollar werden allerdings in jedem Fall am Berg und bei der Safari zusätzlich erwartet (**s. S.** 85, 188).

Hoteladressen

siehe örtliche Beschreibungen.
Hinweis: Eine Reservierung ist in der Regel nur in teuren Hotels mit Faxgeräten möglich. Telefonisch werden keine Buchungen angenommen. Gruppen sollten in der Hochsaison in Arusha, Moshi und Marangu vorbuchen. Das erfordert meistens eine Anzahlung. **Anmerkung:** In allen Hotels und Lodges kann die Wäsche innerhalb von 24 Stunden gewaschen und gebügelt werden.

Impfungen und Prophylaxe

Mit freundlicher Genehmigung unter Verwendung der Broschüre «Medizinischer Ratgeber für Tropen- und Fernreisen», Dr. med. Hans Ritter, Tropeninstitut München.
Für **Tanzania und Zanzibar** ist

1. Gelbfieber-Impfung Pflicht

Impfausweis wird bei Ankunft am Flughafen kontrolliert.
Hinweis: Auch für Kenia besteht Gelbfieber-Impfpflicht.
Einmalige Impfung, spätestens 10 Tage vor Abreise. Die Impfung wird nach 10 Tagen gültig (WHO-Regelung). Abstand zu anderen Impfungen mit Lebend-Impfstoff (z. B. Polio) 2 Wochen, wenn 1.Gelbfieber, dann Polio = 2 Wochen Abstand (siehe unten Polio). Impfschutz 100 %, Gültigkeit 10 Jahre.

2. Hepatitis-Impfung

HEPATITIS (Gelbsucht bzw. Leberentzündung)
Ein wichtiges Gesundheitsproblem auf Reisen bildet die Gefahr der Erkrankung an Hepatitis A.

HEPATITIS A bekommt man durch infizierte Nahrung, z. B. Austern, Muscheln, Milch, Salat und verunreinigtes Trinkwasser. Am häufigsten erkranken Kinder, Jugendliche und Neulinge unter den Globetrottern, während bei Älteren die Wahrscheinlichkeit bereits durch eine frühere (auch unbekannte) Infektion mit Hepatitis-A-Virus schützende Antikörper gebildet zu haben, relativ hoch ist. Der Hausarzt kann dies mit einem «Anti-HAV-Test» feststellen (Blutabnahme), falls Anti-HAV negativ, dann **HEPATITIS-A-Impfung**
Inzwischen stehen einige Hepatitis-A-Impfstoff-Präparate zur Verfügung, z. B. Havrix (gibt langandauernden 100%igen Schutz).
Impfung 1. Injektion 3 Wochen vor Abreise, 2. Injektion 1 Woche vor Abreise, 3. Injektion (Auffrischung) nach 9-12 Monaten (nicht vergessen), dann alle 5 Jahre.
GAMMA-Globulin schützt uns spezifisch gegen HEPATITIS A für ca. 3 Monate, eine allgemeine Verbesserung der Immunlage gibt es damit nicht.

3. Polio-Schluckimpfung

Kinderlähmung ist auch für Erwachsene gefährlich und das Risiko in den Tropen erhöht.
Polio-Schluckimpfung - Lebendimpfstoff - Grundimpfung - im Kindesalter 3 Schluckimpfungen im Abstand von ca. 6 Wochen, Auffrischung alle 10 Jahre.
Impfabstand - wenn zuerst Gelbfieber, dann 14 Tage Abstand zu Polio, wenn zuerst Polio, dann 4 Wochen Abstand zu Gelbfieber.
Hinweis: Wenn eine dreimalige Impfung innerhalb eines Zeitraumes bis vor 20 Jahren durchgeführt wurde, genügt eine einmalige Auffrischdosis.

4. Tetanus-Auffrischung

(Wundstarrkrampf) Falls noch nie geimpft (seltener Fall) zwei Impfungen im Abstand von 2 Wochen (Grundschema). Dritte Impfung nach 6 Monaten. Auffrischung alle 10 Jahre sowie individuell vor Reisen entsprechend Impfstatus.

5. Malariaprophylaxe

nicht nur bei Safari, auch am Kilimanjaro empfehlenswert. Die Malaria ist eine weit verbreitete, ernste Tropenkrankheit. Ein hohes Malaria-Risiko besteht generell in ganz Tanzania. Im tropischen Afrika überwiegt die gefährliche Malaria tropica, welche unbehandelt schon in kurzer Zeit zum Tode führen kann.
Die WHO teilt die Welt in 3 Zonen «A-B-C» ein, Tanzania fällt unter «C» = hohes Risiko. Bei Gebieten «C» wird unterschieden zwischen Kurzzeit bis 4 Wochen und Langzeit über 4 Wochen Aufenthalt.
Außerdem unterscheidet man zwischen Gebieten mit geringem Risiko = über 1500 m Höhe sowie Großstädten und Gebieten mit hohem Risiko = Küste sowie sumpfiges Gelände (Tieflagen).
Hinweis: Vor Antritt der Reise sollte auf jeden Fall beim Tropeninstitut der aktuelle Stand nachgefragt werden (fachärztliche Beratung), da sich das Risiko in den verschiedenen Gebieten ständig ändert. Außerdem wird für Kinder von Reisen in Zone «C» prinzipiell abgeraten. Die Beratung eines Facharztes ist unumgänglich.
a) Vermeidung von Insektenstichen:
Mückenabweisende Substanzen wie Autan oder Öl-Gemisch (Zedernöl 3 %, Limonenöl 3 % in Mandelöl 50 ml).
Hinweis: Nach der Dämmerung im Freien helle hautbedeckende Kleidung tragen und die freien Hautstellen mit Mückenschutzmittel einreiben.
b) Medikamentöse Prophylaxe: (Angaben für Erwachsene)
Es wird also empfohlen **bei Kurzaufenthalt** und hohem Risiko, z. B. bis 3 Wochen, Mefloquin = Lariam einzunehmen (1 Tablette pro Woche).
Bei **Langzeitaufenthalt** soll Chloroquin (= Resochin) und Proguanil (= Paludrin) eingenommen werden.
Hinweis: Alleinige Einnahme von Resochin (=Chloroquin) ist für die meisten Gebiete der Zone «C» nicht mehr ausreichend.

Chloroquin (2 Tabletten pro Woche) bis 80 kg Körpergewicht, darüber 4 Tbl./Woche
Proguanil evtl.zusätzlich zu Chloroquin in Resistenzgebieten (1 Tablette pro Woche)
Hinweis: Bei jedem malariaverdächtigem Fieber muß, wenn irgendwie möglich, eine ärztliche Untersuchung angestrebt werden. Nur, wenn dies nicht möglich ist, im Notfall Selbstmedikation. Aber auch dann sollte versucht werden, ein Krankenhaus (Hospital) aufzusuchen. **Notfall-Medikation** z. B. Halfan, Lariam (Dosierung nach Beipackzettel).

Anopheles

Culex

6. Cholera

Offiziell nicht mehr Pflicht, außer bei Einreise aus Infektionsgebieten, z. B. Kenia und Zentralafrika.
Infektionsgebiete: Rukwa Provinz (Mpanda und Sumbawanga). Vorsicht ist geboten um Mara, Mtwara und Tanga. Die Cholera-Impfung bietet keinen zuverlässigen Schutz. Cholera-Impfung (europäischer Impfstoff) besteht aus einmal 0,5 ml Impfstoff. Das Risiko, an Cholera zu erkranken, ist für Touristen als sehr gering einzuschätzen.

Hinweis: Halten Sie sich an die Präventivregeln: Trinken Sie kein Leitungswasser und putzen Sie auch die Zähne nur mit Mineralwasser. Dies wird aus den Bergregionen gewonnen und ist in 1 l Plastikflaschen im ganzen Land erhältlich. Das Essen soll abgekocht sein. Rohe Meeresfrüchte (Fisch) sowie ungekochtes Gemüse meiden.

Impfabstände

Zwischen Lebendimpfungen sind folgende Mindestabstände angezeigt (vorausgesetzt, daß evtl. Reaktionen vorangegangener Impfungen abgeklungen sind). Angaben in Wochen.

		A	B	C
A	Gelbfieber	0	2	0
B	Polio-Schluckimpfung	4	0	0
C	Tetanus	0	0	0
	Cholera	0	0	0

Empfohlener Zeitplan vor Abreise

6 Wochen	Gelbfieber	}	gegebenenfalls
4 Wochen	Typhus	}	Kombination
3 Wochen	Hepatitis A	}	mit
2 Wochen	Poliomyelitis	}	Totimpfungen
1 Woche	Beginn der Malariaprophylaxe		
2-5 Tage	Gammaglobulin		

Pocken weltweit ausgerottet!
Typhus NEU: Injektion (Typhim) mit ganz guter Wirkung, nicht gleichzeitig mit Polio-Impfung!
Hinweis: Viele Apotheken bieten einen kostenlosen Impfplan (Ausdruck) ihres Computers an!

Karten

*) = im Buchhandel und bei speziellen Globetrotter-Ausrüstern erhältlich:
«Autokarte» (1:2 Mill) - Tanzania/Kenia/Uganda - Verlag Freytag-Berndt & Artaria *)
«Fliegerkarte» (1:1 Mill) - Operation Navigation Charts (ONC) Nr. M4, M5, N5. *)
«Geologic Map of Kilimanjaro» (1:125.000) mit «Detail of Kibo» (1:50.000) *)
«Map and Guide to Kilimanjaro»(1:75.000/4-Farbendruck)A.Wielochowski,England *)
Text in Englisch, teilweise mit deutscher Übersetzung am Gate Marangu erhältlich.
«Map of Tanzania» (1:250.000) - BP-Karte *)
Sehr gute Autokarte mit Entfernungsangaben, bei BP-Tankstellen erhältlich.
«Stadtpläne von Arusha, Dar es Salaam, Moshi und Zanzibar» in Buchhandlungen, Hotels, Touristen-Informationsbüros und bei Straßenhändlern in Tanzania erhältl.. *)
«Tactical Pilotage Charts» - (TPC) Nördl. Tanzania M5A,M5B,M5C,M5D,N5A,B,D *)
«Tanzania» (Land of Kilimanjaro) (1:2 Mill) - amtliche Touristenkarte *)
«Touristenkarte Kilimanjaro» (1:100.000) - amtliche Touristenkarte *)
Hinweis: «Kibo Karte» (1:50.000) im Buch beiliegend
Im Buch Skizzen mit allen bekannten Höhenangaben
1 : 200.000 Kibomassiv mit Aufstiegsrouten (**s. S.** 87, 88, 135)
1 : 50.000 Kibokrater (**s. S.** 136) - 1 : 20.000 Mawenzi (**s. S.** 166)

Kinder

In Tanzania trifft man sehr wenige europäische Touristen mit Kindern an. Das liegt vielleicht an der dürftigen Infrastruktur und dem Risiko des Reisens in malariagefährdeten Gebieten. Wichtig ist, daß sich die erwachsenen Begleitpersonen an die Präventivregeln halten (z. B. kein Leitungswasser trinken lassen, die Zähne mit Micropur-aufbereitetem Wasser putzen lassen, die Mittagshitze meiden). Das Essen wird in der Regel nach europäischem Geschmack angerichtet. Eine Zeltsafari wird sicher zu einem unvergessenen Erlebnis, auch wenn die Tiere der Wildnis keine Streicheltiere wie im Zoo sind. In den Kilimanjaro Nationalparks dürfen Kinder unter 10 Jahren nur bis zur Mandarahütte, nicht höher als 9000 Ft (2700 m) gehen.

Klima

Angaben aus dem Handbuch ausgewählter Klimastationen der Erde, mit freundlicher Genehmigung der Universität Trier.
Dar es Salaam (Hauptstadt) 14 m Höhe - am Indischen Ozean (**s. S.** 236-243)
Lage 6°50'S / 39°18'O

Jan.	Feb.	März	April	Mai	Juni	Juli	Aug.	Sept.	Okt.	Nov.	Dez.	
28	28	28	26	27	24	24	24	24	25	26	27	/mittl.Temp.Tag°C
74	75	77	82	78	73	72	70	68	67	71	73	/mittl.Feuchtigkeit %
71	64	120	280	303	35	33	25	29	49	79	91	/mittl.Niederschlag mm
251	241	217	156	192	231	251	242	243	254	270	267	/Sonnenschein Stunden
4,1	3,3	2,3	1,8	2,3	2,8	3,1	3,1	3,3	3,1	3,1	3,1	/mittl.Windgesch.m/sec
NO	NO	NO	S	S	S	S	S	SO	O	O	NO	/Windrichtung

Morogoro 579 m Höhe - am Fuße der Uhuguru Berge (**s. S.** 233)
Lage 6°51'S / 37°40'O

Jan.	Feb.	März	April	Mai	Juni	Juli	Aug.	Sept.	Okt.	Nov.	Dez.	
26	26	26	25	24	21	21	22	23	24	26	27	/mittl.Temp.Tag°C
70	71	73	80	79	74	71	67	63	61	68	65	/mittl.Feuchtigkeit %
94	104	167	208	96	27	15	10	17	27	54	73	/mittl.Niederschlag mm
177	165	183	129	121	129	127	130	141	177	186	180	/Sonnenschein Stunden
1,5	1,5	1,3	0,8	0,8	0,8	1,3	1,8	1,5	1,8	2,3	2,3	/mittl.Windgesch.m/sec
O	NO	NO	Var	W	Var	S	S	S	S	NO	O	/Windrichtung

Tabora 1265 m Höhe - Bahnstation in Zentraltanzania (**s. S.** 229, 232)
Lage 5°02'S / 32°49'O

Jan.	Feb.	März	April	Mai	Juni	Juli	Aug.	Sept.	Okt.	Nov.	Dez.	
22	22	22	22	22	22	22	23	24	25	24	22	/mittl.Temp.Tag°C
70	71	72	74	61	54	49	46	43	42	51	67	/mittl.Feuchtigkeit %
132	129	166	134	27	2	0	1	7	17	103	174	/mittl.Niederschlag mm
211	196	229	240	279	300	329	313	288	288	249	220	/Sonnenschein Stunden
2,1	2,1	2,3	3,6	3,9	4,1	4,1	4,6	4,9	4,1	3,1	2,1	/mittl.Windgesch.m/sec
O	O	O	O	O	S	S	S	SO	SO	O	O	/Windrichtung

Tanzania wird in 2 Klimazonen eingeteilt:

1. Küstenzone und Seengebiete
Heiß mit hoher Luftfeuchtigkeit - Regenzeit -
gleichzeitig heißeste Zeit von März - Mai und Oktober - November.
Beste Reisezeit: Juni - September (22° - 27° C).

2. Zentralplateau (ca. 1200 m)
Stark schwankende Tagestemperaturen mit kalten Nächten.
Regenzeit: November - April

Kilimanjaro (**s. S.** 77)
Safari (**s. S.** 187)

Die **vier Jahreszeiten** charakterisieren sich im wesentlichen durch
«die wärmere, trockene Periode» von Januar-März
«die Regenzeit» von April-Mai
«die kühle, trockene Periode» von Juni-September und
«die kleine Regenzeit» von November-Dezember

«Sonnenuntergang» ist das ganze Jahr hindurch gegen 19.00 Uhr.

Konsulate (Botschaft)

Visa (**s. S.** 39), Botschaften (Dar es Salaam **s.S.** 237)

Konsularhilfe

§ 5 des Konsulargesetzes beinhaltet die Hilfeleistung an deutschen Staatsbürgern während eines Auslandsaufenthaltes: «Wenn die Notlage auf andere Weise nicht behoben werden kann.»

* **Hilfeleistung** mit Tanzanischen Behörden, z. B. bei Verhaftung.
* **Hilfeleistung** bei Haft, z.B. durch Besprechung m. d. jeweiligen Gefängnisdirektor.
* **Hilfeleistung** bei der Wahl eines bei Gericht zugelassenen Rechtsanwaltes.
* **Hilfeleistung** bei der Klärung der Gründe, die zur Verhaftung führten.
* **Hilfe zur Selbsthilfe**
  (beschränkte Geldhilfe in ausgesprochenen Notfällen) z. B. Telefon-, Telegramm- oder Telexkosten, um aus Deutschland Geld anzufordern.
  Kurzfristiges Überbrückungsgeld bis zum Eintreffen des angeforderten Geldes aus Deutschland (keine Hotelrechnungen oder sonstige Schulden).
  Fahrtkosten für die Heimreise (günstigste Möglichkeit) mit einem notdürftigen Zehrgeld.

Was ist zu tun

* **Wenn der Paß weg ist?**
  Die Botschaft benötigt 2 Paßfotos und die Anzeige bzw. Verlustbestätigung der Polizei des Ortes in welcher Sie den Verlust bemerkten/vermuten.
  Hinweis: Eine Kopie der Bild- und Identitätsseite erleichtert und beschleunigt die Neuausfertigung.
* **Wenn die Einreise-/Ausreisebescheinigung weg ist?**
  Die Botschaft ist Ihnen bei der Neubeschaffung behilflich, doch eine Reiseverzögerung kann auch die Botschaft nicht verhindern.
* Arzt-, Medikament- und Krankenhauskosten werden evtl. vorgestreckt .
* Bestattungskosten am Sterbeort werden übernommen (keine Überführungskosten)
* Vermißtenmeldungen werden entgegengenommen und Verbindung mit den Behörden (Polizei) aufgenommen.

Wichtig:

* Bevor Sie die Botschaft bemühen, sollten Sie erst versuchen, aus eigener Kraft den Schaden so gering wie möglich zu halten.
* Jeder Botschaftsbeamte wird bemüht sein, nach deutschem oder internationalem Recht zu helfen, so weit er kann und darf. Sie haben aber keinerlei Weisungsbefugnis gegenüber den dortigen Behörden.
* Sie sollen auch nicht Unmögliches verlangen und daran denken, daß die Botschaft keine «Filiale» deutscher Reisebüros, Krankenkassen oder Kreditinstitute ist.
* Rettungsaktionen wegen besonderer Abenteuerlust können nicht unterstützt werden.

Körperliche Verfassung

Wer sich grundsätzlich gesund fühlt und auch bereit ist, sich den gegebenen Umständen anzupassen, der kommt sicherlich voll auf seine Kosten. Während der Kibobesteigung sollten Sie langsam gehen, das sagt Ihnen sicher auch der Führer - «pole, pole».

Maße (englische)

1	Inch	=	2,54	cm
1	Foot	=	0,3048	m
1	Yard	=	0,914	m
1	Mile	=	1,6	km
1	Pint	=	0,57	Liter
1	Gallon	=	4,5	Liter
1	Ounce	=	28	g
1	Pound	=	450	g
Kilimanjaro 19.340 feet		=	5895	m

Formel: feet x 0,30485 = m

Mietautos

In der Regel mietet man sich in Tanzania z. B. zur Safari einen Mietwagen mit Fahrer. Eine Vorreservierung ist nicht mehr erforderlich - nur bei Gruppen während der Hochsaison. - **Hinweis:** Preise vergleichen hilft sparen!

Es bieten sich folgende Möglichkeiten:

1. Ein Pauschalangebot bereits in Europa buchen(**s.**Werbg. **S.**11,12,15,17,22,23)

2. Sich direkt an die örtlichen Agenturen in Arusha wenden (**s. S.** 63).

3. Über das State Travel Services Ltd., P.O.Box 1369, Arusha/Tanzania buchen.
Hinweis: Ein Landrover oder VW-Bus über eine Agentur oder Reisebüro gebucht ist immer incl. Fahrer, Benzin und Reiseroute. Eine Abweichung (ohne Vereinbarung) von der Route ist evtl. gegen ein gutes Trinkgeld an den Fahrer sowie Benzinübernahme möglich.
Hinweis: Der private Jeep-Charter Ortsansäßiger ist immer noch am günstigsten.

4. Mit dem Leihwagen (Selbstfahrer) von Kenia kommend.

5. Mit dem eigenen Kfz (Camper).
Achtung: Linksverkehr! Internationaler Führerschein erforderlich!

Oder man kauft sich gegen Vorlage des deutschen Führerscheins in einer Buchhandlung ein Führerscheinheft in Grün oder Rot. Zusätzlich muß eine gebührenpflichtige Prüfung bei der Polizei abgelegt werden. Man bekommt dann einen Stempel oder eine Plakette ins Heft gedrückt - gültig 2 Jahre.

Nationalparks

Das Gold Tanzanias sind die Nationalparks. Beispiellos pflegt dieses Land eines der größten Freigehege der Welt. Meine Bewunderung gilt den vielen Wildhütern, die trotz geringer Entlohnung ihre Aufgabe sehr ernst nehmen und manchmal auch ihre Gesundheit im Einsatz gegen die Wilderer riskieren. Aber auch meine Anerkennung an die Regierung, welche trotz anderer sozialer Probleme usw. auf eine kommerzielle Nutzung der Tierwelt verzichtet und eine gewissenhafte Politik zur Erhaltung des Wildbestandes betreibt, Jagdsafaris bzw. Großwildjagden durch ein Abschußquotensystem kontrolliert und in den Lebenszyklus der Natur bis jetzt im wesentlichen nicht eingreift. Aber wie wird es einmal weiter gehen? Die Bevölkerung wächst, die Lebenserwartung steigt und der Lebensraum wird für die Menschen sicher einmal zu eng. Natürlich kann das Land aus eigenen Mitteln diese große Aufgabe nicht selbst finanzieren und so werden etliche Entwicklungsprojekte von den Industrieländern übernommen. Auch die Bundesrepublik unterstützt einige Programme. Zur Erhaltung der Serengeti hatte Prof. Grzimek aufgerufen und mit einem jährlichen Beitrag von ca. 1 Million DM wird dieser Nationalpark von deutschen Spenden unterstützt. Seit 1985 erhöhte man die Nationalparkgebühren (Preis siehe Beiblatt), aber auch diese Einnahmen kommen indirekt den Tieren zu Gute.

Nationalparks

1. Serengeti 12.950 km^2 (**s. S.** 219-221)
2. Ngorongoro-Krater 259 km^2(**s. S.** 208-213)
3. Lake Manyara 3.199 km^2 (**s. S.** 199-204)
4. Tarangire 2.589 km^2 (**s. S.** 196-198)
5. Arusha incl. Ngurdoto und Mt. Meru Krater (**s. S.** 170-178) und Momella Seen (mit einer Gesamtfläche von 117 km^2) der kleinste Park (**s. S.** 190-194)

6. **Kilimanjaro Nationalparks** (**s. S.** 76)
7. Ruaha 12.950 km^2
8. Mikumi 1.295 km^2 (**s. S.** 233-234)
9. Katavi 1.683 km^2
10. Gombe Stream 155 km^2 (**s. S.** 229-231)

Wildreservate

11. Selous 41.439 km^2 (**s. S.** 235)
12. Rungwa 9.064 km^2
13. Mikomazi 3.625 km^2
14. Sadehi
15. Biharamulo 1.165 km^2
16. Rubondo Island 220 km^2
17. Ugalla 4.662 km^2
18. Maswa 1.942 km^2
19. Marine Park

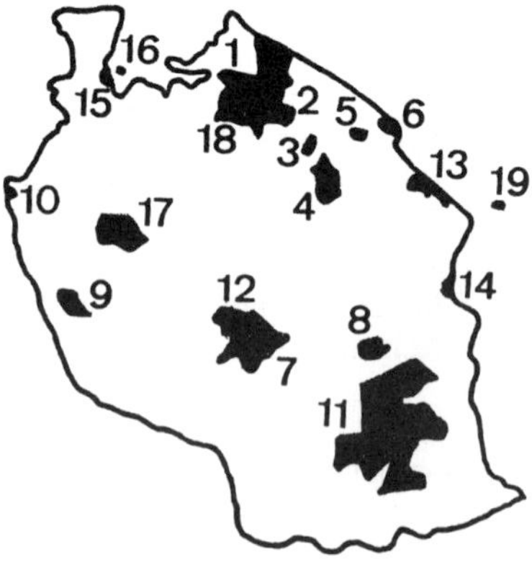

Organisation

Kilimanjaro (**s. S.** 77-79)
Safari (**s. S.** 185-186)
Reisebüros (**s.**Werbung **S.**11,12,15,17,22,23)

Permit

Für die Wanderung vom Embagai-Krater zum Lake Natron benötigt man ein Permit.
Erhältlich: Vor Ort beim Office of the Conservator Headquaters, Ngorongoro
Wichtig: Für die Besteigung des Kilimanjaro über alle Routen ist eine Registrierung am Gate in Marangu erforderlich.

Prostitution

In Tanzania wird die käufliche Liebe angeboten. Nach offiziellen Statistiken des KCMC waren 1994 78 % aller Prostituierten in der Kilimanjaro-Region HIV-positiv.

Rauschgift

Besitz, Erwerb, Verteilung, Ein- und Ausfuhr von Rauschgift jeglicher Art ist verboten und wird strafrechtlich verfolgt.

Religion

Christen, Hindi, Moslems

Foto: «Junge Massai-Krieger»

Schwarzmarkt

Nachdem die Devisendeklaration weggefallen ist, gibt es auch keinen Schwarzmarkt mehr. Die Wechselstuben bieten den besten Kurs.

Schwimmen

An der Ostküste Tanzania's findet man noch kilometerweite einsame Sandstrände, die wegen fehlender touristischer Infrastruktur noch weiterhin den Naturverbundenen erhalten bleiben. Auch auf den Inseln Zanzibar und Mafia blieben die Strände vom Massentourismus verschont.

Schnorcheln

An der Ostküste Zanzibar's (siehe Ortsbeschreibungen) sind die Schnorchelgebiete (Korallenbänke) noch ein Geheimtip. **Schnorchelausrüstung** kann auch auf der Insel Mafia ausgeliehen werden.

Skizze: «Typischer Korallenfisch»

Souvenirs

Teilweise gute Volkskunst sind die Schnitzereien aus Ebenholz (Brieföffner, Haarkämme, Masken, Skulpturen, Lebensbäume usw.). Berühmt sind die Makonde-Schnitzereien, ebenso Batikarbeiten (einfach), Edelsteine, Plastiken, Malereien, Meerschaumpfeifen, Muscheln, Schmuck, Tonfiguren, spezielle Massaigegenstände (Speere, Schilder, Masken) usw.. Es wird aber auch weltweiter Andenkenkitsch angeboten.

Wichtig: Elfenbeinschnitzereien - Einfuhrverbot (siehe WA-Abkommen).

Auskunft:

«Tanzania Handicrafts Marketing Corp. Ltd.»

Tel. 29231/26993 - P. O. Box 9363, Dar es Salaam/Tanzania

Sport

Bergsteigen, Fischen, Golf, Segeln, Schwimmen, Tauchen.

Sprache

Die Landessprache ist Suaheli, daneben Bantudialekte und Nilo- und Khoisanische Mundarten, die Amtssprache ist Englisch. **Lehrbücher und Kassetten in Suaheli bei Franz Lemmer**, Tel. 0711/6407972, Römerstraße 76, 70180 Stuttgart **erhältlich**.

Suaheli-Fibel und Sprachführer

Die Fibel veranschaulicht die afrikanische Sprache (mit Zeichnungen und Skizzen) ähnlich einem Schulbuch in der Grundschule. Zur Fortbildung werden noch zwei Lehrbücher, ein Wörterbuch und eine Sprachkassette angeboten.
«Auszug aus der Fibel» mit freundlicher Genehmigung von Frau Lemmer.
Aussprache - Betonung - Rechtschreibung bereiten keine großen Schwierigkeiten, da es fast genauso gesprochen wird, wie man es schreibt.

Ausdrücke:

Begrüßung	Jambo
Entschuldigung	Samahani
ja	ndiyo
nein	hapana
bitte	tafadhali
danke	asante

Redewendungen:

Wie geht es Ihnen?	Habari gani?
Sehr gut!	Nzuri sana!
Wie war die Reise?	Habari za safari?
Nehmen Sie Platz!	Kaa!/Keti!
Wie heißen Sie?	Jina lako nani?
Wie alt sind Sie?	Una umri gani?

Essen = Chakula

Brot	Mkate
Eier	Mayai
Fleisch	Nyma
Gemüse	Mboga
Kaffee	Kahawa
Milch	Maziwa
Salz	Chumvi
Tee	Chai

Früchte

Ananas	Nanasi
Bananen	Ndizi
Erdnüsse	Njugu
Kokosnuß	Nazi
Mango	Embe
Mais	Hindi
Orangen	Chungwa
Papaya	Papai
Zitronen	Limau

Tiere

Büffel	nyati
Elefant	tembo
Gazelle	swala
Giraffe	twiga
Leopard	chui
Löwe	simba
Pavian	nyani
Schlange	nyoka
Zebra	punda milia

Zählen = Hesabu

1	moja
2	mbili
3	tatu
4	nne
5	tano
6	sita
7	saba
8	nane
9	tisa
10	kumi
11	kumi na moja
20	ishirini
30	thelathini
40	arobaini
50	hamsini
60	sitini
70	sabini
80	themanini
90	tisini
100	mia
110	mia na kumi
1000	elfu

Montag	Jumatatu
Dienstag	Jumanne
Mittwoch	Jumatano
Donnerstag	Alhamisi
Freitag	Ijumaa
Samstag	Jumamosi
Sonntag	Jumaplii
Feiertag	Siku kuu
morgens	asubuhi
mittags	adhuhuri
abends	jioni

Straßenverhältnisse

Die Straße von Arusha-Moshi-Marangu ist leider nur teilweise geteert. Sie wird aber ständig ausgebessert und erweitert. Neu ist die Teerdecke (Straße) von Arusha zu den Nationalparks (Tarangire, Lake Manyara, Ngorongoro, Serengeti) aber nur bis MtoWaMbu. Wer selbst fährt, sollte bei den üblichen Pistenstrecken (Wellblechstraßen) die Fahrgeschwindigkeit dem Querrillenabstand anpassen. In den Nationalparks und z. B. zum Lake Natron ist ein Landrover (Vierrandantrieb) empfehlenswert.

Sternenhimmel

(s. S. 80-83)

Strom

230 Volt Wechselstrom, 50/60 Hz. Mit Stromabschaltungen ist zu rechnen. In ländlichen Gebieten häufig kein Strom.

Tauchen

verbindliche Angaben liegen uns nicht vor.

Telefon/Fax

Vorwahl von Deutschland

Kenia Vorwahl 00 254

Nairobi	2
Mombasa	11

Tanzania Vorw.00 255

Arusha	57
Dar es Salaam	51
Dodoma	61
Kigoma	695
Marangu	55
Moshi	55
Tanga	53
Zanzibar	54

Foto: «Massaifrau»
ein skeptischer Blick
in die Kamera

Touristeninformationen

erhalten Sie bei den örtlichen Tanzania Tourist Boards (siehe Ortsbeschreibungen).

Tourismus

Seit Ende der achziger Jahre hat sich das politische Klima grundlegend geändert. Das Land braucht Devisen um der von 25 Jahren Sozialismus herunter gewirtschafteten Ökonomie wieder auf die Beine zu helfen. Angesichts der landschaftlichen Schönheit und des Tierreichtums bietet sich der Tourismus als Geldquelle an.
Nur: Bis jetzt kommen noch zu wenige um sich die Nationalparks anzusehen, geschweige denn, um an den kilometerlangen Sandstränden zu baden. Es fehlt die Infrastruktur für den Massentourismus a la Kenia.
Während dort 1990 800.000 Besucher registriert wurden, waren es in Tanzania nur 160.000. Den Individualreisenden ist dies ziemlich recht, sie zieht es velhement in die unverbrauchten Parks. Ganz anders ist dies am Kilimanjaro. Hier ist ein Aufwärtstrend zum Leidwesen der Bergsteiger zu beobachten.

Trinkgeld

Abgaben und Tax sind im Rechnungsbetrag enthalten, die Bediensteten im Dienstleistungsgewerbe erwarten ca. 10 % Trinkgeld. Ihr Lohn ist deshalb gering. Die Gepäckträger am Flughafen leben vom Trinkgeld und auch die Hotelboys warten, bis sie etwas bekommen. Bei den Trägern und Führern am Berg und auf Safari hat sich ein täglicher Pauschalbetrag eingebürgert, ein Festbetrag (**s. S.** 85, 188).

Verkehrsmittel

Bus

Man muß unterscheiden zwischen Fern- und Nahverkehr. Beim Ticketkauf für Fernbusse (Expreßbusse) z.B. Arusha/Moshi-Dar es Salaam wird automatisch der Platz reserviert.
Hinweis: Ticketkauf am Vortag ratsam.
Das Reisen im Regionalverkehr z. B. mit Matatu (Kleinbussen) ist insoweit problematisch, als diese oft überfüllt sind. Die Busverbindungen von und nach Kenia sind problemlos. «DHL»-Direktbus täglich 7.30 Uhr von Nairobi-Arusha-Kibo Airport-Moshi (empfehlenswert).

Eisenbahn

Eine Eisenbahnfahrt ist auch in Tanzania ein besonderes Erlebnis
(**s. S.** 229 - Gombe Stream Nationalpark) - (siehe Ortsbeschreibungen).
1. und 2. Klasse muß aber tagelang im voraus reserviert werden.
Die angegebenen Fahrplanzeiten sind unverbindliche Richtlinien.
Bei einer Durchschnittsgeschwindigkeit von 30-40 km/h und unzuverlässigem Fahrplan benötigt man mehr Zeit als mit einem Fernbus.
Eine Ausnahme ist die Zugverbindung Moshi-Dar es Salaam.
Mo, Mi, Fr Abfahrt 16.00 Uhr, Fahrzeit 18,5 Std., 1. + 2. Klasse Schlafwagenabteil.

Schiffe

Am Viktoriasee und an der Küste ist der Personentransport sowohl in staatlicher als auch in privater Hand. Auch hier wird in Klassen, wie bei der Eisenbahn, unterschieden. Hooverboote nach Zanzibar (**s. S.** 253).

Taxi

Bevor man ins Taxi einsteigt muß der Preis mit dem Fahrer ausgehandelt werden. Bei Fahrgemeinschaften (4 Pers.) kann man die bequemere Taxifahrt einer beschwerlichen Busfahrt (z. B. im überfüllten Matatu) vorziehen.

Airport-Transfer Taxis und Kleinbusse haben zwar Festpreise (Flughafen-Arusha/ Moshi oder Dar es Salaam-Kunduchi (Strand)) aber das große Angebot läßt einen Verhandlungsspielraum zu.

Versicherung

Eine Reise-Gepäck-Versicherung ist sicher empfehlenswert, doch beachten Sie, daß die Fotoausrüstung auch voll abgedeckt wird, denn oft ist eine Klausel 50 von Hundert in den allgemeinen Versicherungsbedingungen enthalten.

Im Klartext: Man muß die doppelte Summe versichern,
z.B. Kamerawert DM 1500,-/ Versicherungsabschluß DM 3000,-.

«Service-Plus-Paket» von ELVIA-Reiseversicherung umfaßt Reisegepäck, Reiseunfall, Reisehaftpflicht, Krankenversicherung, Beistandsleistungen und Rücktransport.

Wichtig ist auch der Abschluß einer Reiserücktrittversicherung. Diese deckt in der Regel 60 % des Reisepreises ab und muß innerhalb von 8 Tagen nach Buchung geschehen. Sie wird von allen Veranstaltern empfohlen.

Neu ist das «Last-Minute-Spezial-Fern-Flug-Paket», das zusammen mit der Buchung abgeschlossen werden muß und eine Reiserücktritt-, Kranken- und Reisegepäckversicherung einschließt.

Versicherungen: ELVIA-Reise-, Gepäck-, Rücktrittversicherung erhältlich gegen Zusendung eines Freiumschlages mit DM 2,- in Briefmarken an:
Kultur- und Trekking Reisen München e. V., Waisenhausstraße 2, 80637 München

Hinweis: Fluggepäck ist von den Fluglinien der IATA nur bis zu DM 53,- pro Kilo versichert.

Erkundigen Sie sich auch bei Ihrer Krankenkasse, ob Ostafrika (Tanzania) mit eingeschlossen ist, ansonsten kommen Sie um das Service-Plus-Paket nicht herum.

Visa

Alle Personen, die nicht die tanzanische Staatsangehörigkeit besitzen (z. B. Deutsche, Österreicher, Schweizer usw.), benötigen ein Visum für die Einreise nach Tanzania. Ausgenommen sind Bürger des Commonwealth, der Republik Irland und Skandinaviens (sie erhalten einen Besucherpaß).

Das Visum für Tanzania **erhalten Sie** gegen einen adressierten, mit Einschreibgebühr (falls nötig per Eilboten) freigemachten Briefumschlag bei der:

«Tanzania Embassy» Botschaft der Vereinigten Republik Tanzania
Tel. 0228/358051/54 - Fax 358226
Visa Abteilung, Theaterplatz 26, 53177 Bonn
- Auch für Österreich zuständig. -

«Botschaft der Republik Tanzania»
Tel. 022/318920
47 Avenue Blanc, CH-1202 Genf/Schweiz

Folgende Unterlagen sind erforderlich: (Preis s. Beiblatt) - Ausgefülltes Visumformular (in einfacher Ausfertigung), Reisepaß, 1 Paßfoto, Verrechnungsscheck oder Postanweisung-teuer (Briefmarken werden nicht als Zahlungsmittel angenommen). Dem Antrag sollte eine Bescheinigung des Reisebüros über die bereits gezahlte Rückreise des Antragstellers oder irgendeine andere Garantie für die gesicherte Heimreise beigelegt werden. - **Bearbeitungszeit:** ca. 3 - 4 Wochen
Gültigkeitsdauer: bei einmaliger Einreise bis zu 3 Monate
bei mehrmaliger Einreise bis zu 1 Monate ab Einreisedatum
Hinweis: Das Visum für Tanzania kann auch in Nairobi/Kenia beantragt werden - Ausstellungsdauer ca. 2 Tage / gültig 1 Monat, kann aber 2 x verlängert werden.
Wichtig: Alle wichtigen Dokumente wie Paß, Ticket, Impfpaß, Travellerscheck-Nachweis für evtl. Verlust kopieren. Außerdem ist die Mitnahme von 2 Paßfotos empfehlenswert (**s. S.** 237, Dt. Botschaft, Dar es Salaam).

«WA» - Das Washingtoner Artenschutzübereinkommen

Durch unkontrollierten Handel sind viele freilebende Tiere und Pflanzenarten in ihrer Existenz gefährdet bzw. stehen sogar unmittelbar vor dem Aussterben. Um das zu verhindern, wurde 1973 das «WA» geschlossen. Seit 20.06.1976 wird das Übereinkommen von der BRD verbindlich angewendet und Übertretungen können mit Geldbuße bis zu DM 100.000,- oder Freiheitsstrafe bis zu 5 Jahren geahndet werden.

Kaufen Sie bitte kein Elfenbein!

Die Zahl der Elefanten ist innerhalb der letzten 10 Jahre auf weniger als die Hälfte zurückgegangen, vor allem durch Wilderei bedingt.
Auch die Nashörner stehen in der 1. Gruppe des Artenschutzes. Das Michael Grzimek Gedächtnis-Institut in der Serengeti hat eine Nashornzucht, um die Tiere vor ihrer Ausrottung retten zu können.
Kaufen Sie auch keine Korallen, einige Korallenarten unterliegen dem WA.

«Krokodil-/Reptillederwaren»
(Taschen, Schuhe usw.) Auch diese Tiere sind von Wilderei bedroht, man darf dies durch den Einkauf von Souvenirs nicht fördern.

Auskunft über das WA: Nähere Auskünfte erteilt das Bundesamt für Naturschutz Gruppe I.1. - Konstantinstraße 110, 53179 Bonn
«Schont Fauna und Flora durch sanften Tourismus!»

Währung

Offizieller Kurs (siehe Beiblatt), fremde Währung (Scheine) sowie Travellerschecks müssen bei der Einreise deklariert werden. Die Mitnahme der Landeswährung sowie deren Ausfuhr ist untersagt.
Pflichtumtausch von mind. 50.- US $ wurde 1990 eingestellt.

TShs = Tanzanische Shilingis, es gibt 20er, 50er, 100er, 200er, 500er, 1000er
NEU 5000er und 10.000er Scheine und 5er, 10er und 20er Münzen
Hinweis: Derzeit werden neue Scheine mit gleichem Aufdruck, aber kleiner, in Umlauf gebracht. **Foto:** Der **«Kilimanjaro»** auf dem 10 TShs-Schein.

Zeitverschiebung

2 Stunden nach der MEZ (Mitteleuropäische Zeit). Dar es Salaam plus 1 Stunde und zusätzlich plus 1 Stunde, wenn wir Sommerzeit haben.

Zollvorschriften

Die Abfertigung wird bei der Einreise von Touristen meist großzügig gehandhabt, insbesondere bei Gruppen.

Zollfrei sind: 200 Zigaretten, 50 Zigarren oder 250 g Tabak, 1 Liter Spirituosen, 250 ml Parfüm, Foto-, Filmkamera bzw. Video-/Camcorder und Zubehör sowie Filmmaterial - nicht aber deren Projektionsgeräte. Ebenso die üblichen Wertgegenstände für den persönlichen Bedarf z. B. Reiseschreibmaschine, Sportausrüstung, Geschenke (beschränkt).

Anmeldepflichtig sind Fernseher, Funkgeräte, Radio und andere elektrische Großgeräte. Dieser Privatbedarf wird in den Paß eingetragen.

Verboten ist die Einfuhr von Früchten, Pflanzen und deren Samen, Waffen und besonders Pornografie.
Jagdwaffen sind anmeldepflichtig. Spezielle Auskunft für Jagdsafaris (**s. S.** 9)

Zollvorschriften bei Rückkehr in die BRD

«Urlaubs-Tips für Ihre Fernreise» - Reihe Ratschläge und Hinweise
Diese ausführliche Broschüre erhalten Sie kostenlos vom:
Presse und Informationsamt der Bundesregierung
Welckerstraße 11, 53113 Bonn
oder bei den Zollämtern (z.B.Hauptzollamt München - Tel. 089/51 09 21 33).
Sie beinhaltet nicht nur die allgemeinen Zollbestimmungen, sondern auch Sonderfälle und Freigrenzen (Einfuhr von Waren über DM 420,-), Antiquitäten, Jagdwaffen und vieles mehr: Hinweise für den Autofahrer, Impfdokumente, Konsulathilfe bis zum Reisevertragsgesetz.

Gesundheitlicher Anhang

Einige Tips zur Erkennung und Behandlung von Krankheitssymptomen bei Fernreisen mit freundlicher Genehmigung unter Verwendung der Broschüre «Medizinischer Ratgeber für Tropen- und Fernreisen» von Dr. Hans Ritter
(derzeit leider vergriffen)

1. AIDS

Nachdem AIDS eine weltweit verbreitete Krankheit geworden ist, möchte ich doch auf eine evtl. AIDS-Infektion hinweisen. Infolge der eingehenden Information (Aufklärung) durch die Medien ist ja jedem die Ansteckung durch Sexualkontakt bekannt.
Vorbeugung «Safer Sex»
Kondome von Deutschland mitnehmen. Trotz AIDS-Angst müssen auch die anderen STD-Krankheiten (sexually transmitted diseases) ernst genommen werden. Sie sind meist heilbar, doch **AIDS ist immer tödlich.**
AIDS kann aber nicht nur sexuell übertragen werden sondern z. B. auch über Blutkonserven und es ist nicht bekannt ob in Tanzania Blutkonserven regelmäßig auf AIDS-Viren überprüft werden.
Hinweis: Wenn jeder Tourist seinen Blutgruppenausweis dabei hat, kann im Notfall eine gegenseitige Spende Leben retten.

2. Bilharziose

Anderer Name «Schistosomiasis» (nach dem Erreger Schistosoma mansonii bzw. Schistosoma haematobium). **Symptome:** blutiger Urin
Bei jedem Süßwasser (Seen, Flüsse) besonders in stehenden Gewässern, besteht die Gefahr, daß man sich beim Baden Bilharziose holt. Kleine wurmartige Parasiten, die durch die Haut eindringen und den Darm und die Harnwege durch Ihre Ei-Ausscheidung schädigen. **Biltricide-Tabletten** erhältlich im Krankenhaus Moshi. Nachuntersuchungen nach Rückkehr empfehlenswert.

3. Durchfallerkrankungen

Diese sind wohl die häufigsten Krankheitserscheinungen bei einer Auslandsreise. Eine Infektion kann sich jeder holen, sei es durch

* nicht abgekochtes Wasser - daher Vorsicht in der Nähe von Lodges/Dörfern
* unvorsichtiges Essen (Salate, Eis, Fette, Öle, Röststoffe usw.)
* kalte Getränke in zu großen Mengen
* Verunreinigungen mit Schwefelstoffen, Fäulnisprodukten, Magnesium- und Schwefelsalzen
* dazu die Veränderung im Tagesrhythmus (Zeitverschiebung, Umstellung des Wasserhaushaltes, Tageshitze und nächtliche Abkühlung)
* auch das notwendige verstärkte Trinken trägt zunächst unter Umständen zu Durchfällen bei. Häufige Erreger der Reisediarrhoe sind z.B.Coli-Bakterien.

Hinweis: Der Teufelskreis - das viele Trinken verdünnt den Magensaft, so daß dieser zu schwach zum Abtöten der Bakterien wird. Gleichzeitig verliert der Körper durch Schwitzen Salz, wodurch ebenfalls die Magensäure verdünnt wird. Darum **Speisen kräftig würzen bzw. salzen** (keine Salztabletten). **Dennoch viel trinken**, denn Wassermangel fördert unter anderem die Nierensteinbildung.
Grundsatz täglich soll man 1 Liter Urin ausscheiden.
Vorbeugung Fleischbrühe-Extrakt, Brühwürfel o.ä.
Behandlung Elektrolytgetränke und schwarzer Tee mit Salz

Statt des teuren Elektrolytpulvers kann sich der Individualist dieses Getränk selbst billiger mischen: 2,5 g Natriumhydrogenkarbonat (Speisesoda), 3,5 g Kochsalz, 1,5 g Kaliumchlorid, 20 g Glukose (Traubenzucker) in 1 l Wasser.

Behandlung - Selbsthilfe

Im Anfangsstadium hilft oft nur Tee (löffelweise) ohne Zucker trinken, aber auch Cola (schluckweise) und Salzstangen. Im nächsten Stadium sollte man für die ersten beiden Tage eine Nulldiät zur völligen Entleerung des Darmes einhalten, jedoch reichlich trinken, z. B. «Spezialtee» (1 Liter schwarzer Tee mit 1 Teelöffel Salz und 10 Teelöffel Zucker bzw. Traubenzucker) - Elektrolytgetränke. Dazu Bettruhe und Warmhaltung des Leibes. Ist dann der Durchfall gestoppt, langsamen Nahrungsaufbau beachten, Zwieback, Haferflocken (gekocht), Fleischbrüheextrakt, Bouillon mit Ei, Kartoffelsuppe, Nudeln, Reis, mageres Fleisch (gekocht), Milch (abgekocht), Kamillentee, Bananen und Trockenaprikosen.

Hinweis: Falls unwirksam, insbesondere bei Fieber und blutigen Durchfällen - Arzt aufsuchen. **Amöbenverdacht**, notfalls a) Loperamid (stoppt), b) Antibiotika bzw. Amöbenmittel.

Achtung: Striktes Alkoholverbot!

4. Hauterkrankungen

Die Zahl der Hauterkrankungen in den Tropen ist groß. Milben, Flöhe, Läuse, Wanzen sind die Schrecken der Touristen. Wie erkennt man sie?

Starker Juckreiz über längere Zeit, besonders an Unterarmen und zwischen den Fingern, ist auf Krätze (Milben) verdächtig.

Behandlung mit Jacutin Puder

Sandflöhe befallen häufig den Vorderballen und Zwischenzehenräume. In der Haut bildet sich eine gut erbsgroße, weißliche Blase, in der sich ein Sandflohweibchen inmitten der gelegten Eier befindet. Zur Ausschälung mit desinfiziertem Instrument sollte ein Arzt aufgesucht werden.

Gerötete Haut, z. B. Entzündung der Schweißdrüsen, kann vermieden werden durch Tragen von weiter Baumwollkleidung.

Behandlung soll mit reizhemmendem Puder, zusammengesetzt aus Zinkoxyd, Borsäure und Talkum erfolgen und die Stellen müssen mehrmals am Tag bestreut werden. Auch die kühlende «Calcistin» bzw. «Systral» Salbe bringt in den meisten Fällen Linderung.

Tropengeschwüre hervorgerufen durch Hautverletzungen, sind sofort zu behandeln, z. B. mit heißen Seifenbädern, dann mit «medizinischem Alkohol» oder «Mercurochrom» desinfizieren und zur Heilung mit «Kamillosan Salbe» o. a. Wundsalbe behandeln. Die Wunde mit sterilem Mull abdecken und häufig wechseln.

Kleine Verletzungen mit «medizinischem Alkohol» oder «Mercurochrom» betupfen, gegebenenfalls Tetanus-Impfung nachholen.

Bei Wundinfektion mit Antibiotikasalbe behandeln - nicht lange warten.

Hautpflege (Vorbeugung): «Vaselinsalbe» gegen die Austrocknung der Nasenschleimhaut. «Lippenschutz- und Sonnenschutzmittel» sowie eine rückfettende «Eubos Salbe» zum Händewaschen.

5. Hepatitis

(Gelbsucht bzw. Leberentzündung)
Man unterscheidet mittlerweise zwischen Hepatitis A, B, C, D und E - eine genaue Unterscheidung ist aber für den Laien nicht notwendig, er sollte bei Verdacht auf Hepatitis in jedem Fall einen Arzt aufsuchen! Vorbeugung gegen Hepatits A: Inzwischen spezifischer Impfstoff (**s. S.** 25), wie auch gegen Hepatitis B möglich.

6. Höhenlungenödem

Es kann als Prophylaxe «Diamox» gegen die akute Bergkrankheit mitgenommen werden, es wird dann ab dem 1. Tag der Bergbesteigung bis zum letzten Tag 8- oder 12-stündlich eine Tablette (250 mg) eingenommen (von Sportärzten empfohlen.)
Das wichtigste ist langsame Akklimatisation. Bei Symptomen (Übelkeit, Schwindel entweder sofort etwas absteigen (einige hundert Höhenmeter, dort abwarten) falls am nächsten Tag Besserung, langsam weiter, sonst Abstieg oder länger in großer Tiefe warten. Viel trinken.

7. Malaria

Symptome sind grippeartige Beschwerden, oft mit schnell ansteigendem Fieber bis über 40 Grad, begleitet von Schüttelfrost und Frieren, dazu meist starker Schweißausbruch. Bei der gefährlichen Malaria tropica tritt das Fieber im Regelfall täglich auf. Dazu starke Glieder-, Kreuz-, Kniegelenkschmerzen, schwere Kopfschmerzen, Druckgefühl besonders im Stirn- und Augenbereich, Benommenheit und Schwindelgefühl. **Hinweis:** Wenn Sie also unterwegs oder nach Ihrer Rückkehr eine Art Grippe bekommen, weisen Sie ihren Hausarzt auf eine evtl. Malariaerkrankung hin. In Tanzania kommt praktisch nur die durch Plasmodium falciparum hervorgerufene Malaria tropica vor - diese ist jedoch die gefährlichste und kann untypisch verlaufen (z. B. ohne Fieber, nur Kopf- und Rückenschmerzen, keine «Anfälle» sondern zunehmendes Dauerfieber und Kopfschmerzen).

8. Schlangenbiß

(kommt Gott-sei-Dank selten vor). Nicht jede Schlange, die beißt, muß eine Giftschlange sein. Aber wie soll dies der Laie wissen? Ist ein Einheimischer in der Nähe, so kann dies meist gleich festgestellt werden. In vielen Büchern wird geschrieben, daß man das Tier zum Arzt mitbringen soll, doch wer kann das nach dem Schrecken! **Vorbeugung:** Umsicht ist die beste Vorbeugung!
Knöchelhohe Schuhe tragen sowie geräuschvolles Auftreten - nachts keinen Schritt ohne Taschenlampe - Proviant vom Schlafplatz getrennt aufbewahren.

Antiserum

Die Problematik liegt darin, daß die am meisten gefährdeten Reisenden (Expeditionsteilnehmer, Trekker) ein Serum wegen kurzer Verfallzeiten der Seren (ohne Kühlung) nicht mitnehmen können. Auch stehen die hohen Kosten und Risiken der Serumgabe nicht zur Relation einer tatsächlichen Gefährdung.

Typischer Einstich (Biß)
2 Stichmale bei allen Giftschlangen, meist umgeben von Rötung und zunehmender Gewebeschwellung.

Als erste Hilfsmaßnahmen die gebissene Person beruhigen, flach hinlegen, **nicht** abbinden. Die Bißstelle mit Wasser oder Desinfektionslösung reinigen und durch Auflegen feuchter Tücher kühlen.

Hinweis: Die Wirkung der Wundinzision (Einschnitt) mit sterilem Messer zwischen den beiden Bißstellen ist nach neueren Untersuchungen umstritten und daher zu unterlassen. Patienten sofort ins Hospital bringen.

9. Skorpion

Die Gefahr von einem Skorpion gestochen zu werden ist in der trockenen heißen Savanne Afrika's wahrscheinlicher, als die eines Schlangenbisses.
Vorbeugung:
- Feste knöchelhohe Schuhe tragen (Trekkingschuhe)
- Beim Aufwachen vorsichtig Decken, abgelegte Kleider und Schuhe sowie den Lagerplatz inspizieren
- In heißen Gegenden, besonders nachts, sind Skorpione aktiv und gefährlich.

Antiserum der Firma Twyford erhältlich
Behandlung, möglichst durch einen Arzt.
Schmerzbekämpfung mit Vereisungsspray (Chloräthylen)
Tetanus-Auffrischung empfehlenswert
Hinweis: Abbinden ist bei Skorpionstichen nutzlos.

Hersteller von Schlangenseren
Behringwerke AG, Tel. 06421/390-Fax 39 39 86, Marburg/Lahn
Schweizer Serum-Impfinstitut, Rehagstraße 79, CH-3018 Bern/Schweiz

Tropenarzt «Dr. med. Dietrich Dettmann»
Tel. 089/1296022 - Nymphenburger Straße 87, 80636 München

Tropeninstitut «Institut für Infektions- und Tropenmedizin der Universität München»
Tel. 089/333322 (Impfung und Beratung) - Leopoldstraße 5, 80802 München
Tel. 089/336744 (Tonbandauskunft für Afrika) - Fax 089/336112
geöffnet: Mo-Fr 11.00-12.00 Uhr, Mi + Do 16.30-18.00 Uhr (Beratung für Reisende)

«Gesundheitstips für Globetrotter»
Kostenl.Broschüre der «Bundeszentrale für gesundheitliche Aufklärung» 51101 Köln

«Spartips für Gesundheitsbewußte»
Broschüre rezeptfreier Arzneimittel
RATIOPHARM GmbH & Co., Ulm

Reiseapotheke

für spezielle Fragen sollte eine (haus-)ärztliche Beratung erfolgen; Medikamente, deren individuelle Verträglichkeit und Wirkung bekannt ist, sollten bevorzugt werden. Chronisch Kranke und Personen mit regelmäßiger Medikamenteneinnahme sollten an eine ausreichende Menge (ggf. Reserve) der notwendigen Mittel denken (grundsätzlich ungeeignet sind Sprays und Zäpfchen). Die Mitnahme steriler Einmalspritzen und Nadeln ist immer empfehlenswert, da in entlegenen Krankenhäusern etc. daran oft Mangel herrscht oder die Sterilisation ungenügend sein kann.

Minimalapotheke

Desinfektionsmittel für Hautverletzungen

Magen- u. Darmprobleme (Durchfälle)	- Elotrans, Imodium
Fieber, Entzündungen, Schmerz	- Paracetamol, Aspirin, Buscopan
Kreislaufanregung	- Effortil, Novadral
Insekten	- Autan, Systral-Salbe, Dschungelöl
Verletzungen, wunde Haut	- Heftpflaster,Kamillosansalbe,Verbandszeug

ggf. Fieberthermometer, kleine Schere, Sicherheitsnadeln, Rasierklinge.

Foto: «Medizinstand» im Park von Dar es Salaam. In jedem Fläschchen ein Geheimnis.

Vorschläge zur Ausstattung der Reiseapotheke

Aus den folgenden 20 Arzneimittelgruppen wird Ihr Arzt oder Apotheker gerne behilflich sein, die für Sie geeigneten Präparate auszuwählen.
Zusammenstellung Dr.K.D.Fuchsberger (Apotheker) - **(rp)=rezeptpflichtiges Arzneimittel**

1. **Arzneimittel gegen Übelkeit und Erbrechen** - Paspertin, MCP o.a.
2. **Arzneimittel gegen Schmerzen, auch Zahnschmerzen**
   Aspirin, Benuron, Dolomo (rp), Gelonida (rp), Thomapyrin o.a.
3. **Kreislaufmittel** - Effortil, Novadral, Sympatovit o.a.
4. **Arzneimittel zur Beruhigung und gegen Schlafstörungen**
   Baldriparan stark, Dalmadorm (rp), Valmane o.a.
5. **Arzneimittel gegen Verdauungsstörungen und Fermentschwäche**
   (bedingt durch Zeitverschiebung und Kostumstellung) - Combizym comp., Panzynorm forte o.a.
6. **Arzneimittel gegen Höhenkrankheit** - Diamox (rp)
7. **Arnzeimittel gegen Diarrhoe (Durchfall)**
   Imodium, Kohle Compr., Lopedium ISO, Perenterol, Tannacomp. o.a.
8. **Arzneimittel gegen Obstipation (Verstopfung)** - Dulcolax, Laxoberal Tropfen o.a.
9. **Arzneimittel zum Ausgleich von Elektrolytverlust**
   (z. B. durch Schwitzen, bei Durchfall und Erbrechen) - Bio-Mineralsalztabletten, Elotrans o.a.
10. **Arzneimittel gegen Erkältungskrankheiten**
    a) **Hals-Pastillen** - Dorithricin, Frubienzym, Imposit, Lemocin o.a.
    b) **schleimlösende Mittel** - Fluimucil, Mucosolvan o.a.
    c) **hustenreizstillende Mittel** - Codipront (rp), Silomat o.a.
    d) **Schnupfenmittel** - Nasivin Spray, Rhinopront Kaps. o.a.
    e) **Erkältungskrankheiten allgemein** - Doregrippin, Grippostad, Ilvico o.a.
11. **Vitamintabletten** - Vitamin C und Multivitamine
12. **Augentropfen gegen Bindehautentzündung** - Berberil, Biciron, Yxin o.a.
13. **Ohrentropfen** - Otalgan, Otobacid (rp) o.a.
14. **Arzneimittel zur Verhütung bzw. Behandlung von Insektenstichen**
    Autan, Bonomol, Pellit Mückengel, Tavegil o.a.
15. **Sonnenschutzmittel für Haut und Lippen** - Eclips 15, Ilrido plus 9 Lippenschutz o.a.
16. **Arzneimittel gegen allergische Reaktionen der Haut**
    (z. B. Juckreiz, Sonnenbrand, Insektenstiche) - Fenistil, Soventol, Systral o.a.
17. **Arzneimittel gegen Herpes (z. B. Lippenbläschen)** - Acerpes, Zovirax o.a.
18. **Arzneimittel bei leichteren äußeren Verletzungen** - Verbandpäckchen, elastische Binde, elastische Mullbinde, Hansaplast, Leukoplast, Leukoclip Klammer-Pflaster, Flint Sprühverband, Wundpuder, z.B. Tyrosur, Nebacetin (rp), Wundsalbe z.B. Tyrosur, Bepanthen, Splitterpinzette
19. **Arzneimittel bei Sportverletzungen (Prellungen, Verstauchungen)**
    Dolobene Gel (rp), Etrat, Hepathrombin 30.000, Kälte-Spray, Mobilat, Voltaren Emulgel o.a.
20. **Antibiotika** - Cotrimoxazol (rp), Doxycyclin (rp) o.a.
    (Nur bei hochakuten und fieberhaften Infekten und nach ärztlichem Rat)

Sonstiges: Einwegspritzen, Einwegnadeln, Einweghandschuhe, Fieberthermometer

Hinweis: Die Wiedergabe von Warenzeichen und Handelsnamen sind ohne besondere Kennzeichnung. Dies berechtigt nicht zur Annahme, daß diese Namen im Sinne der Warenzeichen- und Warenschutzgesetzgebung als frei und für jedermann benutzbar zu betrachten wären. Es ist empfehlenswert eine Bescheinigung des Hausarztes (in Englisch) mitzuführen die aussagt, daß die mitgeführten Arzneimittel nur für den persönlichen Gebrauch bestimmt sind.
Rucksackapotheke **(s. S.** 16)

Bergsteigerinformation

Nachdem die Höhenanpassung für einen Gipfelsieg am Kilimanjaro ausschlaggebend sein kann hat Dr. med. F. Berghold, Kaprun/Österreich für alle Trekker diesen Artikel verfaßt:

1. Trainingsplan für Bergsteiger

Es steht heute außer Zweifel, daß sportmedizinische und trainingstechnische Beratung und Betreuung vor einem alpinistischen Unternehmen eminent wichtig geworden sind. Ein Begriff wie «gute Kondition» ist zu wenig, daher «nicht wild, sondern spezifisch rationell und konsequent» trainieren!
Bei Leistungsforderung in Höhe entsteht ein ausgeprägtes Mißverhältnis zwischen Sauerstoffbedarf und Sauerstoffangebot, was sich hauptsächlich auf Herz, Gehirn und Skelettmuskulatur auswirkt. Die Anpassung des Herz- und Kreislauf-Systems kann mit gezieltem Training gefördert werden.

Die angestrebten Ziele sind:
- Vergrößerung der Leistungsfähigkeit des Herzens selbst (d. h. des Herzzeitvolumens)
- Verbesserung der Ökonomie der Herzarbeit. Bei gleichbleibender physikalischer Belastung der Skelettmuskulatur wird die Herzbelastung vermindert.

Die zentrale Steuerung des Herzens reagiert auf Training mit einer Verminderung der Schlaffrequenz, einem herabgesetzten systolischen Arbeitsblutdruck mit Verlängerung der Systolen- und Diastolendauer sowie Verringerung der Katecholaminausschüttung bei submaximaler Leistung. Mit Ausnahme der Diastolenverlängerung wirken diese Mechanismen sauerstoffsparend. Von allen systematisch betriebenen Ausdauertrainingsmethoden hat sich der Lauf (Geländelauf, Langlauf, Skilauf) als beste Trainingsmethode herausgestellt.
Wie sieht das optimale Lauftraining aus? Mindestens 6-8 Wochen regelmäßige Lauftätigkeit im täglichem, zumindest aber zweitägigem Rhythmus ist notwendig.
Wichtig: Die Laufbelastung muß kontinuierlich über mindestens 15 Minuten Dauer beibehalten werden, wobei eine Belastungsintensität von mindestens 50 %, höchstens 70 % der gerade vorhandenen, individuellen, maximalen Kreislaufleistungsfähigkeit angestrebt wird. Dies entspricht bei gesunden Personen unter dem 50. Lebensjahr einer Pulsfrequenz von 130-150 pro Minute.
Faustregel innerhalb 12-15 Minuten - nicht früher und nicht später
120-150 Pulsschläge pro Minute - nicht mehr und nicht weniger.

2. Höhentraining

ist erforderlich, wenn man in den letzten 4 Wochen vor Aufbruch in besonders große Höhen zusätzlich zum submaximalen Lauftraining etwa 1000 Höhenmeter pro Tag zu überwinden sucht und während des Lauftrainings gelegentlich Sprints einlegt. Ein Höhentraining im eigentlichen Sinn, d.h. eine Methode, die die Probleme beim Erreichen großer Höhen trainieren ließe, gibt es trotz gegenteiliger Meinungen nicht. Eine Akklimatisation kann nur bis zu einer Höhe von 5500 m erreicht werden - darüber hinaus gibt es keine Akklimatisation mehr, sondern nur mehr kurzfristige Anpassungsvorgänge, die umso substanzzehrender sind, je höher man steigt.

Körpergewicht

Das Körpergewicht bzw. seine Abnahme entspricht dem aktuellen Flüssigkeitsverlust, da akute Gewichtseinbußen fast völlig auf Kosten des Körperwassers erfolgen.
Die Statistik zeigt Wasser/Gewichtsverlust

bei Extremsportlern	6,2 %
bei Normalsportlern	8,3 %
bei untrainierten Sportlern	10,7 %

Schlußfolgerung

Laufende Gewichtskontrolle; Verluste mit Elektrolytgetränken ausgleichen; regelmäßiges Lauftraining.

3. Höhenkrankheiten

Lungenödem

Zeichen eines Lungenödems sind Atemlosigkeit (auch in Ruhestellung), schwerer Husten mit bräunlichem Auswurf, Brennen hinter dem Brustbein, brodelndes Atemgeräusch, fahlgraue Gesichtsfarbe, Puls unter 100.

Behandlung mit Sauerstoff und sofortiger Abtransport ins Tal sind unbedingt erforderlich. Während des Abstiegs ist der Patient mit Elektrolytlösungen zu versorgen, um den Kreislauf einigermaßen stabil zu halten. Hat man keinen Sauerstoff zur Hand und steht der Patient auf der «Kippe», so besteht die Möglichkeit, mit einer sterilen Nadel 1/4 Liter Blut abzulassen. Diese Sofortmaßnahme wird zwar nicht von jedem Arzt befürwortet, kann jedoch das Leben retten.

Netzhautblutung

Sie kann bei nicht akklimatisierten Personen bereits in 3500 m Höhe auftreten. Die Blutungen sind flächenhaft oder punktförmig, flammenartig, immer aber oberflächig. Leichte Rötungen verblassen in der Tiefe wieder nach 4-6 Wochen.

Wie verhält man sich als Bergsteiger in der Höhe?
Gezieltes Ausdauertraining unter Puls- und Gewichtskontrolle ab mindestens 8 Wochen vor Antritt der Besteigung.
Genaue sportärztliche Abklärung des Gesundheitszustandes
Sanierung chronischer Infektherde (Zähne, Mandeln, Kieferhöhlen usw.).

Flüssigkeitsbedarf
Vorsicht vor Durchfallerkrankungen und Infekten (besonders Atemwegsinfekte) unmittelbar vor Aufstieg in größere Höhen (z. B. beim Anmarsch), sie erschweren die Höhenanpassung beträchtlich und erhöhen die Gefahr der Höhenkrankheit.
Oberster Grundsatz für den Höhenalpinisten:
TRINKEN, TRINKEN und nochmals TRINKEN!

Vorsicht: Weder das Durstgefühl noch die Intensität des Schwitzens sind in der Höhe verläßlich genug zur Feststellung des Flüssigkeitsbedarfes. Es besteht beim Höhenbergsteigen praktisch immer ein bedenkliches Flüssigkeitsdefizit! Es kommt also nicht auf's Durstlöschen, sondern auf die mit Elektrolyten angereicherte Flüssigkeitsmenge an.
Faustregel 1 Liter Flüssigkeit pro 1000 Höhenmeter
1 Liter Flüssigkeit pro 1000 Höhenmeter
empfohlen
- pro Stunde mäßiger Anstrengung
  1 Liter alkoholfreie Flüssigkeit **zusätzlich**
- pro Stunde extremer körperlicher Anstrengung
  2 Liter alkoholfreie Flüssigkeit

Anstelle des Durstens gibt es in der Höhe folgende **zwei** leicht feststellbare **Alarmzeichen:**
1. akuter Gewichtsverlust (= Wasserverlust)
2. tägliche Urinmenge (nicht die Farbe)

normal	= ca.	1,8 Liter/24 h
bedenklich	= unter	1 Liter/24 h
A L A R M	= um	0,5 Liter/24 h

Gewichtsverluste und Tagesharnmenge sind sichere Zeichen für ein Elektrolyt-Wasserdefizit, das für die Höhenverträglichkeit von entscheidender Bedeutung ist. Man kann die tägliche Urinmenge mit etwas Übung auch notfalls ohne Meßgeräte schätzen.

Elektrolytgetränke
(auch in auflösbarer Pulverform zu kaufen) stellen heute die ideale Flüssigkeitszufuhr dar. Sie sind wichtig für die Akklimatisierung und Leistungsfähigkeit sowie gegen Erfrierung und Thrombosen. Daher viel wichtiger als Traubenzucker, Vitamintabletten oder Energiekonzentrate!

4. Ernährung

Faustregel
Bis einschließlich Basislager
2/3 Kohlehydrate - 1/3 Eiweiß - wenig Fett.
Je höher man steigt (Hochlager)
mehr Kohlehydrate - weniger Eiweiß - viel trinken zu den Kohlehydraten.

Oligosaccharide bzw. Schokolade, Nougat usw. sind **besser** als Monosaccharide (Traubenzucker), da sie langsamer abgebaut werden und daher länger zur Verfügung stehen. Traubenzucker ist für Dauerleistungen ungeeignet, weil er zu kurzfristig wirkt und zudem viel zusätzliches Wasser benötigt (ca. 10 x soviel Wasser wie Oligosaccharide).

5. Besteigungstips

Faustregel
Wenn der morgendliche Ruhepuls 20 % und mehr über dem persönlichen Ausgangswert liegt, darf nicht weitergestiegen werden - der morgens vor dem Aufstehen gemessene Ruhepuls ist so lange erhöht, so lange man noch nicht akklimatisiert ist (Pulstagebuch führen).

WARNZEICHEN
Kopfschmerzen - Schlaflosigkeit - Übelkeit - Appetitlosigkeit - Atemnot bei Anstrengungen.

Was ist zu tun?
Nicht höhersteigen, bis die Symptome verschwunden sind!
Wenn sie beispielsweise nach einem Rasttag verschwinden, mit verminderter Geschwindigkeit weitersteigen!
Bleiben sie aber bestehen: Sofort absteigen! (Keine Medikamente)

ALARMZEICHEN
Atemlosigkeit auch in Ruhe - schwerer Husten mit Auswurf - Brennen hinter dem Brustbein - brodelndes Atemgeräusch - **Höhenlungenödem!**
Schwere Kopfschmerzen - extreme Müdigkeit - wankender Gang - Erbrechen - irrationales Verhalten - graue Hautfarbe - blaue Lippen - **schwere Höhenkrankheit eventuell mit Hirnödem!**

Was ist zu tun?
Sofortiger Abtransport in tiefere Lagen - so rasch wie möglich künstliche Beatmung mit Sauerstoff

LEBENSGEFAHR

Anfahrt zum Kilimanjaro

I. Einreise nach Tanzania

Mit dem Flugzeug
von Europa (**s. S.** 21-22) oder von Kenia mit Air Tanzania (**s. S.** 54).

Kilimanjaro Airport

Bei der Ankunft
Bereits im Flughafen erhält man das Einreiseformular mit Devisenangabe zum Ausfüllen, das bei Ankunft mit dem Impfausweis noch vor der Paßkontrolle kontrolliert wird. Nach dieser Kontrolle bleibt man vor dem Strich bis zur Aufforderung zur Paßkontrolle stehen. Dann Paß- und Visakontrolle, Abgabe des Einreiseformulars und Stempelung einer Paßseite. Anschließend kann das Gepäck vom Förderband geholt und die Zollabfertigung passiert werden. Transportwägen nur bis zum Zoll. Stichproben, Zählung der Gepäckstücke laut Abschnitte. Gruppenabfertigung problemlos. Nach der Sperre rechts die Bank - kein Zwangsumtausch.
Hinweis: Ausfuhrverbot für Tanzanische Shillinge - Kontrolle (bei Abflug).
Wichtig: Achten Sie darauf, daß Sie bei der Einreise einen Stempel in den Paß bekommen, sonst müssen Sie mit großen Schwierigkeiten rechnen. Eventuell helfen nur Dollarnoten. Auch die Aufenthaltsdauer muß angegeben sein, bitte kontrollieren.

Flughafentax - bei Abflug (siehe Beiblatt).

Transfer nach Aruhsa/Moshi/Marangu
Gleich beim Ausgang warten viele Taxis und Hotelbusse auf die Touristen. Gruppen werden meistens von ihrer Agentur abgeholt.

Entfernungen Aruhsa - Moshi 85 km
Moshi - Marangu 45 km

Fahrzeiten
Kilimanjaro Airport - Arusha
ca. 1 Std. 45 Min.
Kilimanjaro Airport - Moshi
ca. 1 Std. 30 Min.
Kilimanjaro Airport - Marangu (Gate)
ca. 2 Std. 30 Min.

Weiterflug nach Dar es Salaam mit Air Tanzania, täglich - Flugzeit 45 Minuten.

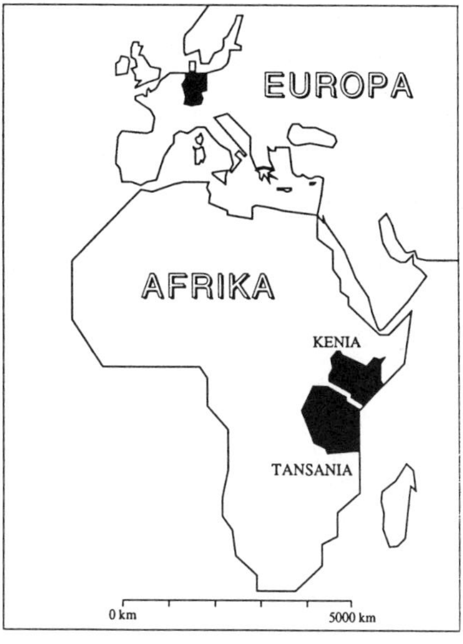

II. Einreise nach Kenia

1. Flug von Europa nach Nairobi/Kenia

Transfer vom Flughafen in die Stadt/Hotel
a) Servicebus der Kenia Airways (Schalter im Ankunftsterminal des Intern. Airport)
b) Citytaxi

Nairobi (Hauptstadt)

Banken
EC-Schecks werden in Kenia 1x pro Tag bei Commercial Bank of Africa akzeptiert.

Botschaften
«Deutsche Botschaft» Tel. 8911513 (Notfall)
4th Ngong Ave., Williamson House 1th, 8th+9th floor, P.O.Box 30180
«Österreichische Botschaft» Tel. 22821
City House, Standard/Wabera Street, P.O.Box 30560, Nairobi
«Schweizer Botschaft» Tel. 228735
Intern. House, Mamea Ngina Street, P.O.Box 30752, Nairobi
«Tanzania» Tel. 331056
Continental House, County Lane, P.O.Box 47790, Nairobi

Bus nach Arusha/Moshi - DHL-Office (IKIA) beim Hotel Norfok
«Matatu-Stand» = Sammeltaxis befinden sich ca. 500 m vom Busbahnhof entfernt.

Flüge
«Air Tanzania» - Büro in der Loita Street (Nähe Koinange Street) Nairobi/Kenia
geöffnet: Mo-Fr 8.30-12.30 Uhr und 14.00-17.00 Uhr

Hotels
«Embassy LTD» Tel. 224087 - Fax 224534
«Hotel Terminal» Moktar Daddah Road
Tubman Road, P.O.Box 47247, Nairobi/Kenia-Restaurant im Haus empfehlenswert
«YMCA» Central Nairobi - günstig

Reisebüro
«African & Alpine Safaris (D.Lockwood)»
P.O.Box 49505, Nairobi/Kenia - hat sich auf Bergtouren spezialisiert.
«World in Tours & Travel LTD» Tel. 218824 - Fax 218825
I.P.S.Building 12th Floor, P.O.Box 10414, Nairobi/Kenia
Arbeitet mit Equatorial Safaris in Arusha zusammen und verkauft auch Tickets der Buslinie «DHL».
«Safari Services LTD» Tel. 442097 - Fax 445007
P.O.Box 45205, Nairobi/Kenia
Organisiert Transfers und volles Berg-/Safari-Programm auch in Tanzania.
«Kearline Tours» P.O.Box 46660, Nairobi/Kenia

2. nach Mombasa/Kenia

a) Mit der Eisenbahn

Nachtzug Mo-Fr Abfahrt 17+19 Uhr/Ankunft Mombasa 7.30 bzw.8.30 Uhr morgens Abteil 1. Klasse Schlafwagen mit 2 Betten; 2. Klasse mit 4 Betten; Preis incl. Abendessen und Frühstück

Tagzug Sa + So Abfahrt 7.30 Uhr - Ankunft Mombasa 20.30 Uhr Es ist empfehlenswert die Strecke 1 x am Tag zu fahren. Der Zug führt einen Aussichts- und Speisewagen mit.

Rückfahrt Nachtzug Mombasa - Nairobi Abfahrt 19.00 Uhr - Ankunft 8.30 Uhr

Hinweis: Die Züge sind häufig ausgebucht, Tickets einige Tage vorher reservieren!

b) Mit dem Flugzeug «LTU» (Charterflug von Deutschland)

Mombasa (Hafenstadt)

Sie liegt an der ostafrikanischen Küste und kann als touristisches Zentrum Kenias bezeichnet werden. Die naheliegenden Strände sind berühmt.

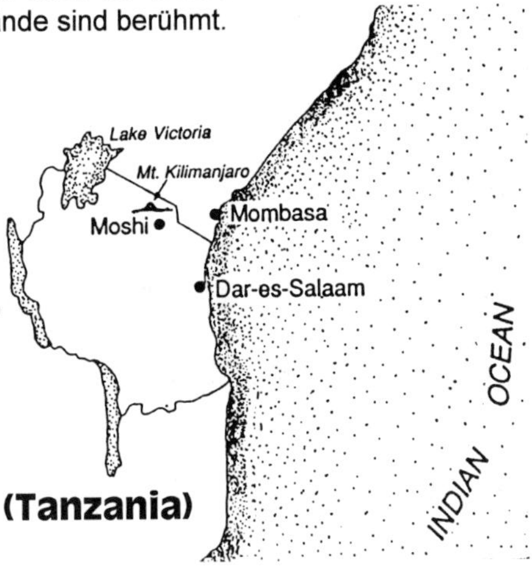

Ausflug

mit dem Bus nach Tiwi (Strand)

Hotels

«New Palm Tree Hotel» - sauber, günstig
«Manson» - sehr sauber, Frühstücksbuffet
«Tiwi Lodge» - Bungalowanlage am Strand, einfach, sauber, empfehlenswert

Restaurants

und Bars am Platz von Tiwi

3. Von Mombasa nach Tanga (Tanzania)

Bus

Abfahrt So, Di, Do 14 Uhr (Nähe Markt), Fahrzeit 6 Std. incl. 3 Std. Grenzaufenthalt

Tanga 187.000 Einwohner Metropole der Sisal-Industrie.

Hotel

«Tanga» - mittlere Preisklasse.
«Mkonge» - gehobene Preisklasse

Restaurant

«Tanga Chinese Restaurant LTD» Tel. 40628
Nasaco Building - P.O.Box 1704, Tanga

Von Tanga fahren auch Busse nach Dar es Salaam.

Grenzorte sowie Anfahrtsmöglichkeiten zum Kilimanjaro

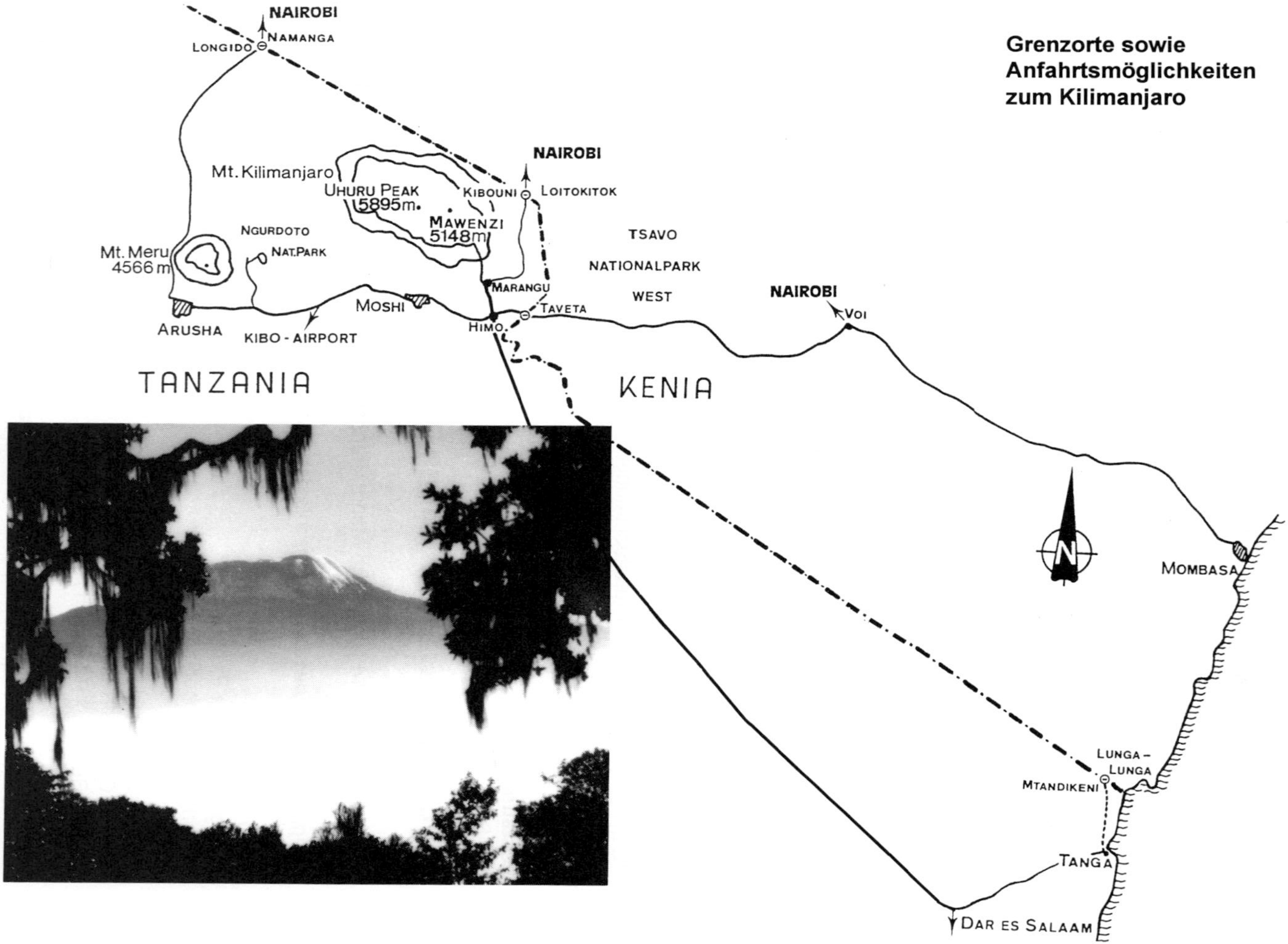

III. Weiterfahrt von Kenia zum Kilimanjaro

Von Kenia aus bieten sich **4 Grenzübergänge** an:

a) Von Nairobi über Namanga (Kenia)/Longido (Tanzania) nach Arusha/Moshi

Bus
«DHL» Direktbus Nairobi (Hotel Norfok) -
Flughafen Nairobi - Arusha (Hotel Mount Meru = Ticketoffice)
Flughafen Kilimanjaro - Moshi (Kahawa Haus = Office)
DHL bietet bequeme Reisebusse der 1. Klasse

Nairobi 7.30 - Arusha 14.00 Uhr (Ortszeit)
Arusha 14.30 - Moshi 16.00 Uhr - Fahrzeit ca. 8 Stunden.
Hinweis: Grenzaufenthalt ca. 1 Stunde

«Matatu» = Sammeltaxi
Nairobi - Namanga 2 Stunden - 180 km
Niemandsland Namanga/Longido ca. 400 m

b) Von Nairobi über Loitokitok(Kenia)/Tarekea(Kibouni Tanzania) nach Marangu

Bus
Abfahrt Accra Road bis zur Grenze
Hinweis: Auch von Taveta siehe c) fahren Matatus nach Loitokitok. Diese Möglichkeit ist für Bergsteiger, welche die Rongai Route besteigen, interessant.

Loitokitok/Kenia (Grenzort)

Hotel
«Kibo Slopes Cottages and Safaris» Tony Tschank, Tel. 22091
Fax 254-0302-2247, P.O.Box 218, Loitokitok/Kenia (**s.** Rongai Route **S.** 125)
Die Lodge gehört dem Österreicher B. N. Tschank. Guter Service, empfehlenswert. Bietet auch Safaris mit eigenem Landrover im Amboseli und Kimana Nationalpark, verbunden mit einem Besuch des Massaidorfes Olomunyak Manyata an, einem Schaudorf für Touristen.
«Hilton Lodge» - sauber

Markt - Dienstag und Samstag

Restaurant - Peter's Cafe - günstig

c) Von Mombasa über Taveta (Kenia) / Himo (Tanzania) nach Marangu

Bus
a) «Coastline» Jomo Kenyata Avenue, Mombasa Office geöffnet 7.30 Uhr

Abfahrt 8.30 nach Voi, Ankunft 11.00 Uhr - 161 km
Weiterfahrt nach Taveta mit «Matatu» ca. 3 Stunden - 108 km
b) «Taveta Express» Kenyata Road, Mombasa
Das Office befindet sich hinter dem Busbahnhof (**s. Skizze**)

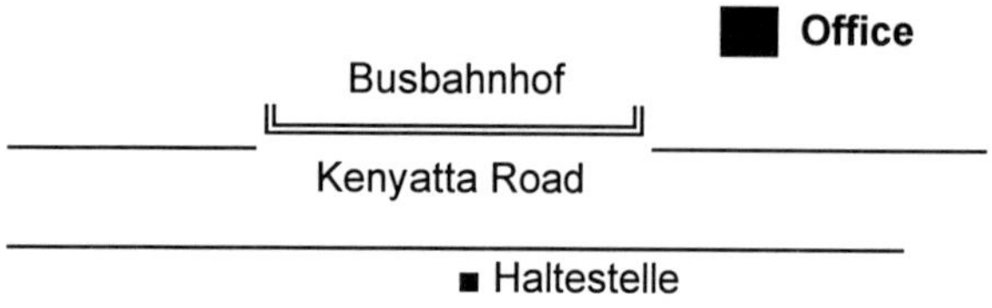

Abfahrt Mo-Fr 7.00 Uhr, Ankunft in Taveta ca. 13.00 Uhr, ca. 6 Std.
Hinweis: City-Bus Mombasa ab 6.00 Uhr vom Hotel Malenka (African Safari Club) zur Down Town. Fahrzeit ca. 30 Minuten bis Busbahnhof.
Der Taveta Express fährt pünktlich um 7.00 Uhr ab und erreicht nach ca. 3 Stunden den Ort Voi. Hier ca. 15 Minuten Frühstückspause. Dann weiter über eine Pistenstraße.
Wichtig: In Taveta kann man sich gleich das Rückfahrtticket in KSh kaufen, denn z.B. samstags schließen die Banken um 11.00 Uhr und nach Tanzania ist die Einfuhr von KSh verboten.

Taveta

Ausflug - Lake Chals sehenswerter Kratersee (Tagesausflug)
Der See hat eine Ausdehnung von ca. 2 x 3 Kilometer, hier leben Fische und Krokodile. Pfade führen zum steilen Kraterrand und zum Seeufer, sie werden auch von vielen Tieren frequentiert. Baden sowie Wassersport ist verboten. Die Staatsgrenze verläuft mitten durch den See. Schutzgebiet von ökologischer Bedeutung.

Hotel - einfache Hotels vorhanden

Niemandslandproblem - Wichtig: Das Problem ist das ca. 3 km lange «Niemandsland», welches entweder per Taxi (teuer), evtl. per Lkw (Samstag ?) oder ansonsten zu Fuß passiert werden muß.
NEU: Fahrradtaxis bieten ihre Dienste an, sowie Träger (Jugendliche und Männer) die Lasten gegen Entgelt zwischen den Grenzen tragen.

Weiterfahrt
ab Grenze mit örtlichen Bussen/Matatus nach Marangu.

d) Von Tanga über Lunga Lunga (Kenia)/Mtandikeni (Tanzania) nach Moshi/Arusha

Bus - Abfahrt von Tanga 19.00 Uhr

IV. Von Dar es Salaam nach Moshi

a) Expreßbus 8-9 Stunden (**s. S.** 237)
b) Eisenbahn 18 Stunden (**s. S.** 236, 238)

V. Mit dem Mietwagen (evtl. mit Fahrer)

von Mombasa über Taveta (Kenia) bis Himo (Tanzania) nach Marangu. Bis ca. 20 km hinter Voi Teerstraße, dann ca. 120 km Sandpiste durch den Tsavo Nationalpark. Viele Wildtiere sind zu sehen.
Vorsicht: Sie kreuzen natürlich auch die Piste, daher nicht nachts fahren!

Hinweis: Seit 1986 zahlt man für Mietwagen oder eigenen Pkw bei Einfahrt in die Nationalparks Tanzanias eine Gebühr (siehe Beiblatt).

Taxi
zu allen Grenzorten ist die Anfahrt mit dem Taxi möglich.

Grenzabfertigung

Auch an den Landesgrenzen Kenia/Tanzania ist ein Einreiseformular auszufüllen. Eine Devisenerklärung ist nicht mehr erforderlich.

Visa
Für Grenzgänger von Kenia besteht Visumpflicht. Das Visum kann bereits in Deutschland beantragt werden. In Nairobi ca. 2 Tage Wartezeit. Gültigkeitsdauer 1 Monat, kann aber 2 x verlängert werden. Die Grenzformalitäten sind unproblematisch.

Hinweis: Achten Sie darauf, daß Sie bei der Einreise auch einen Stempel in den Paß bekommen, sonst müssen Sie mit großen Schwierigkeiten rechnen. Auch die Aufenthaltsdauer muß angegeben sein, bitte kontrollieren.

Impfbescheinigung
Der Impfpaß wird selten verlangt, trotzdem rate ich zur eigenen Sicherheit ihn mitzunehemen.

KSh (Kenianische Shilingis) - Normalerweise darf man nach Tanzania keine KSh einführen und muß sie beim Zöllner in Kenia abgeben. Natürlich erhält man eine Quittung und bekommt den Gegenwert beim Zöllner in Mombasa oder Nairobi wieder, allerdings nur, wenn genügend KSh durch anderweitige Einnahmen vorhanden sind, das kann viele Laufereien mit sich bringen.

Wichtig: Die Ausfuhr von TShs (Tanzanische Shilingis) ist verboten. Größere Scheine werden bei Kontrolle am Flughafen bzw. Landesgrenze evtl. abgenommen.

Skizze:
Anfahrt zu den Routen am Kilimanjaro
Auszug aus dem «Kilimanjaro Nationalpark General Management Plan»
Mit freundlicher Genehmigung der Nationalparkverwaltung, Arusha

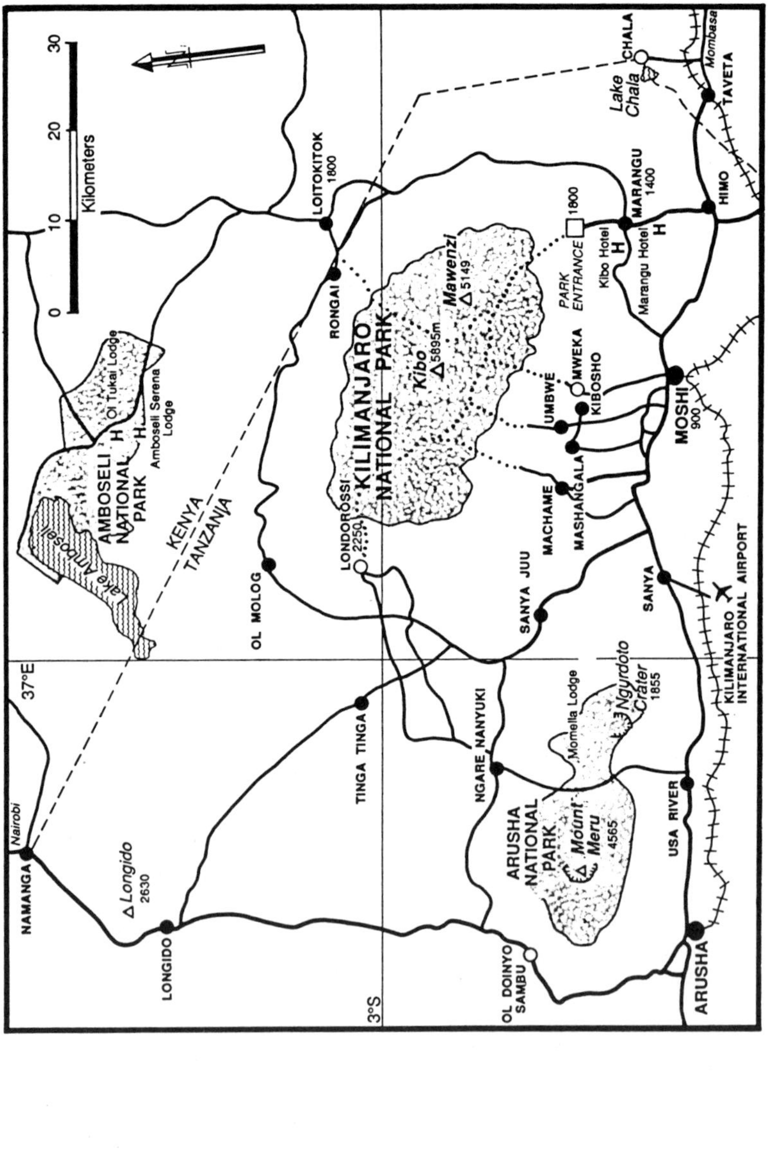

Ausgangsorte zum Kilimanjaro

Arusha

1380 m Höhe, ca. 135.000 Einwohner - Ausgangsort zum Kilimanjaro und Safaris

Agenturen zum Kilimanjaro (**s. S.** 78), für Safari (**s. S.** 185-186)

Anfahrt (**s. S.** 53) - (Preis siehe Beiblatt)
Taxi Kilimanjaro Airport - Arusha, ca.1 Std.; Bus Moshi - Arusha, 1 ½ Std.

Bus
«DHL» Arusha-Moshi vom Hotel Mount Meru, Abfahrt ca.14.30, Ankunft ca.16 Uhr
«Matatu» Arusha-Moshi-Marangu, 2 ½ Stunden
Arusha-Moshi-Dar es Salaam täglich 14.00 Uhr
Expreßbus ca. 10-11 Stunden, normal 16 Stunden
über Dodoma (Pistenstraße) ca. 20 Stunden

Flug
«Air Tanzania Corp.» Tel. 3201
E.L.C.T.Building Boma Road, P.O.Box 740, Arusha
«Ethiopian Airlines» Tel. 2013 im Safari Hotel
«KLM» Royal Dutch Airlines Tel. 6063/8062
Nähe Safari Hotel, Boma Road, P.O.Box 44, Arusha
«Precision Air» Tel. 6903/2836 - Fax 8204
Arusha Intern. Airport, P.O.Box 1636, Arusha (fliegt zum Ngorongoro)

Hotels (Preise siehe Beiblatt) **Skizzen Nr. (Sk.) s. Skizze S. 62**
«Annex Hotel-Arusha by Night» **Sk.24**, Arusha
«Arusha by Night» **Sk.24a**, Tel.2836, Swahili Street, P.O.Box 360, Arusha
«Golden Rose Hotel» **Sk.25**, Tel.8861/7959-Fax 8862; Col.Middleton Road - sauber
«Impala» **Sk.26**,Tel.2962/7083-Fax 8220;P.O.Box 7302, Arusha, Preis-/Leistungsverhältnis in der selben Kategorie zu anderen Hotels empfehlenswert, Essen mittel
«Ecuator» **Sk.27**, Tel.3127, Am Clock Tower, P.O.Box 3002, Arusha
«Mount Meru» **Sk.28**, Tel. 2711, P.O.Box 877, Arusha
«Naaz Hotel» **Sk.29**, einfach, sauber, mittlere Preiskl., gutes Self-Service-Restaurant
«New Arusha Hotel» **Sk.30**, Tel.3241/2, am Clock Tower, P.O.Box 88, Arusha
«New Safari Hotel» **Sk.31**, Tel. 3261, P.O.Box 303, Arusha, empfehlenswert
«Tourist Inn» **Sk.32**, Nähe Arusha Denkmal - sauber, Dusche
«Seventy Seven» Tel. 3811, P.O.Box 1184, Arusha-Ein Luxushotel, das fast immer Platz hat.
«YMCA» **Sk.33**, kleines Hotel, nur für Einzelreisende zu empfehlen
«Guesthouse Kilimanjaro Villa» **Sk.34**, billig, empfehlenswert

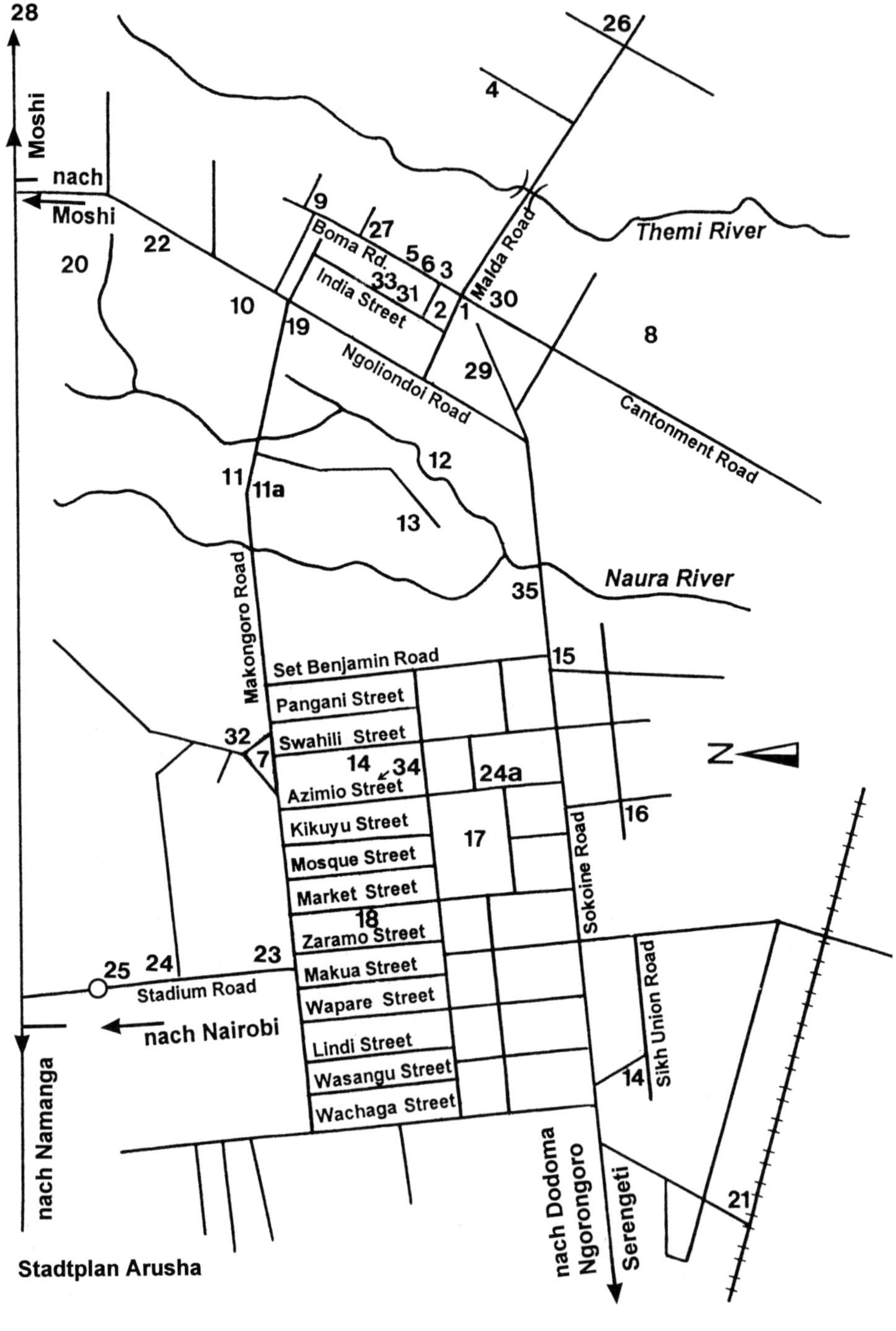

Stadtplan Arusha

Öffnungszeiten
Banken Mo-Fr 8.30-12.30 Uhr, Sa 8.30-11.30 Uhr
Geschäfte Mo-Sa 8.30-12.00 Uhr und 14.00-18.00 Uhr
Post am Clocktower Mo-Fr 8.00-16.00 Uhr, Sa 8.00-12.30 Uhr

Reisebüro «Zodiac Travel CTD LTD» Tel. 6999
P.O.Box 8261, Arusha im Hotel Mount Meru - stellt Bustickets der 1.+ 2. Klasse aus.

Restaurants
«Arusha Chinese Restaurant LTD» **Sk.35**, Tel. 7860
Arcu Building, P.O.Box 2151, Arusha - empfehlenswert
«Arusha Library» - chinesisch mit Self-Service - empfehlenswert
«Chick-King LTD» Tel. 3224, AICC Building, P.O.Box 14116
«Mambo the Cafe» Tel. 6995, UTC Building - 1. Stock (Kaffe,Tee,Kuchen,Snacks)
«Mayur Snacks» Sokoine Road, vegetarische indische Küche - empfehlenswert
Souvenirs
«Bushfriendly» Boutique Tel. 6707 - Goliondoi Road im kleinen Theatre Building
P.O.Box 1025, Arusha -empfohlen - Viele antike und ländliche Sammlerstücke.
«Handico Art Gallery» Tel. 2825, Joel Maeda Road
«M.Lookmanjis Curios & Crafts» Tel. 6807
Kisongo, Ngorbob Dodoma Road, P.O.Box 1961, Arusha
Der Inhaber besitzt mehrere Antik-/Souvenirläden in Arusha, Dar es Salaam und auf Zanzibar.
Hinweis: Hier im Zentrum Arusha sowie am Platz um den Clocktower befindet sich ein Laden neben dem anderen. Wer sucht, findet auch alte Sammlerstücke.
Eine Seitengasse mit kleinen Marktständen bietet die ganze Souvenirpalette in der mittleren und unteren Preisklasse. Aber auch in den Hotels befinden sich Shops. Je nach Qualität der Ware läßt sich bis zu 30% handeln, bei Billigsouvenirs bis zu 50%.

Ein Stadtbummel
brachte nichts Erwähnenswertes, nur der Markt war interessant. Vorsicht mit der Kamera, hier sind viele Massai, die das Fotografieren nicht wünschen.
Skizze: «Stadtplan Arusha»

1	Clock Tower	**12**	Lutheran Church
2	Post Office	**13**	Roman Catholic Church
3	Air Tanzania	**14**	Moschee
4	Centerhouse Diocese	**15**	Metropole Cinema
5	Lutheran Centre	**16**	Elite Cinema
6	Touristenbüro	**17**	Market
7	Uhuru Monument	**18**	Busstation
8	School	**19**	Bank of Tanzania
9	Municipal Office	**20**	Arusha General Hospital
10	Government Office	**21**	Railway Station (Bahnhof)
11	Police Station	**22**	Immigration Office
11a	Regional Police	**23**	Stadion

Moshi

813 m Höhe, 135000 Einwohner

Agenturen für Bergsteiger (**s. S.** 78) und Safaris (**s. S.** 186)
Bergsteigen
Man kann den Kilimanjaro auch von Moshi über die Machame Route, Mweka Route oder die klassische Umbwe Route besteigen (**s. S.** 144).
Die Anmeldung sowie Bezahlung der Gebühren (Hütten, Nationalpark) muß beim Gate in Marangu geschehen.

Bus:* (Sk.9) *Moshi - Nairobi (Kenia)
«DHL» Zentrale im Kahara-Haus, Abfahrt Moshi 12.00 Uhr, über Flughafen Kilimanjaro-Arusha-Flughafen Nairobi; Ankunft Hotel Norfok Nairobi 19.30 Uhr
Hinweis: Tickets auch im Hotel Mount Meru Arusha erhältlich.
Bus: Moshi - Mombasa (Kenia)
a) Moshi - Mombasa «Lang Ata» Mi, Sa Abfahrt 8.00 oder 10.00 Uhr (9-11 Std.) Grenzaufenthalt unterschiedlich; Mombasa - Moshi 7.30 und 19.30 Uhr
b) Taveta - Mombasa Abfahrt 13.50 Uhr, Ankunft ca. 20.15 Uhr
Bus: Moshi - Dar es Salaam Abfahrt 15.30 Uhr
Ankunft 7.30 Uhr - Expreßbus (8-9 Stunden)
Eisenbahn:* (Sk.11) *Moshi - Dar es Salaam Mo, Mi, Fr Abfahrt 16.00 Uhr
Fahrzeit 18,5 Std., 1. Klasse Zweibettabteil, Platzreservierung einige Tage vorher notwendig. Getränke im Zug erhältlich (Bier, Cola, Soda)

Essen kauft man in den Supermärkten «Alims» **Sk.6**, schräg gegenüber der Nationalbank oder bei «Hole in the Wall» **Sk.13**, hinter dem Hotel Castel, New Street
Filme Fotogeschäft in der Hauptstraße Nähe Busbahnhof (Agfa, Fuji, Kodak)

Hotels
«A + O Royal Crown» Tel. 512, P.O.Box 10084 Majengo, Moshi
großzügige Zimmer, sauber, WC/Dusche.
«Green Cottage LTD» Hostel Tel. 3198, P.O.Box 1697, Moshi
ländliche Atmosphäre, gute eigene Küche, empfehlenswert
«Key's Hotel» Bungalows - Swimmingpool, asiatische Küche, empfehlenswert
«Lutherin Uhuru Guesthouse» - sehr sauber, warme Dusche im Zimmer
«Mountain Inn» Tel. 2370 - P.O.Box 1821, Moshi
Außerhalb, an der Straße nach Himo, geführt von Shah Tours & Travels LTD.
«Motel Silva» - internationaler Standard
«New Castle» **Sk.12**, Tel.53203,MawenziRoad,P.O.Box2000,Moshi-empfohlen
«New Kindoroko» Tel. 52988, P.O.Box 1341, Mawenzi Road, Moshi
«Siesta Guesthouse» - gutes Essen
«Uhuru Hostel» Kilimanjaro Road
«YMCA» P.O.Box 85, Moshi - vernachlässigt, im Hotel Trans Kibo Travels LTD
M.J.Safaris Intern. LTD (YMCA Bulding)

Restaurants
«Mountain Inn»; «New Castle Hotel» **Sk.12**, Dachterasse; «Chinese» Kingsway; «Mama Kuckuck» - kennt jeder Taxifahrer; Bar «Babylon» - Inh. Willy Moocha, organisiert Führer und Träger für den Kibo und Safarifahrten mit seinem Landrover.
Reisebüros (s. S. 186)

Skizze Moshi (Zentrum)

1 Clock Tower
2 Kahawa House CDHL Centrale
3 Bank
4 Immigration Office
5 Moshi Hotel
6 Alims (Supermarkt)
7 Post Office
8 Lutheran Centre
9 Bus Station
10 Police Station
11 Railway Station (Bahnhof)
12 New Castle Hotel
13 Hole in the Wall

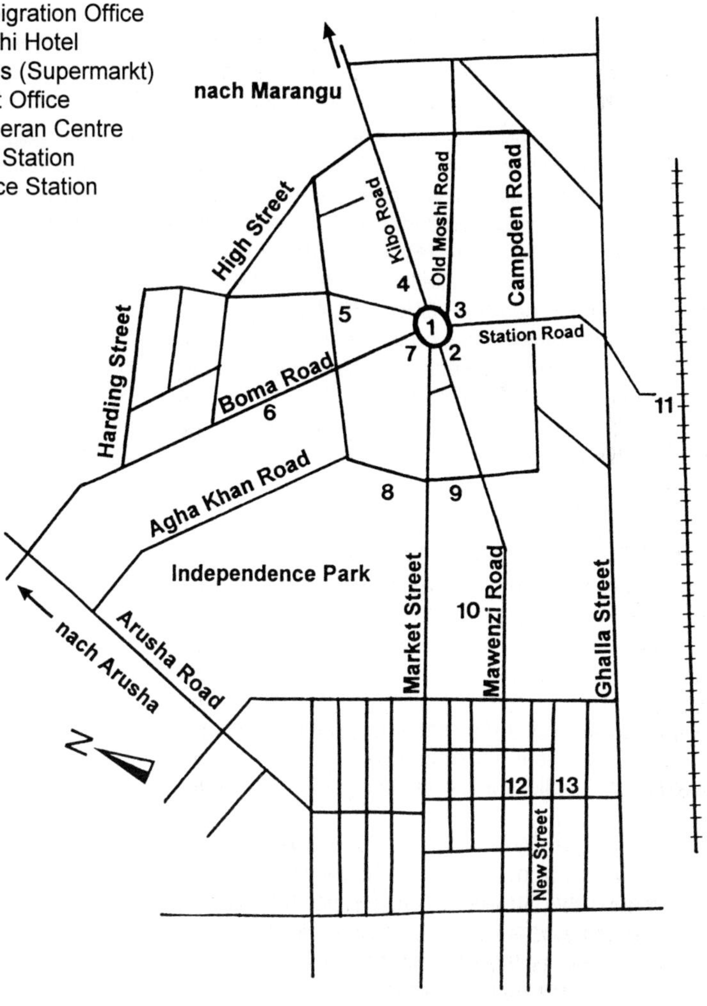

Marangu

1800 m Höhe - Ausgangsort zum Kilimanjaro über die Normalroute

Agenturen (**s. S.** 79)

Hotels

«Marangu Hotel 1315 m» Tel. 11, P.O.Box 40, Moshi
7 km zum Gate, 2 km vor dem Ort Marangu
«Campingplatz» hinter dem Hotel (Wiese), Dusche, Toilette, Waschgelegenheit vorhanden. Essen im Hotel (empfehlenswert).
Das Marangu Hotel wird bzgl. Preis-/Leistungsverhältnis von vielen empfohlen und bietet einen schönen tropischen Garten zum Erholen an.
«Kibo Hotel 1425 m» Tel. 43151 - Fax 52687/51308, P.O.Box 102, Moshi

Das Hotel hat schon bessere Zeiten erlebt - zu teuer für das Preis-/Leistungsverhältnis. Dem Hotel haftet der Ruf namhafter Taten an. Viele Bilder und Andenken an den deutschen Erstbesteiger Hans Meyer erinnern daran. Essen lobenswert, großer Aufenthaltsraum, schöner Garten zum Erholen, Service schlecht, zu teuer.
«Guesthouse Babylon» Tel. 5, P.O.Box 227, Moshi
sehr einfach, sauber, Dusche, Toilette, günstige Unterkunft
«Kilimanjaro Mountain Lodge», P.O.Box 50, Marangu - 1830 m am Gate neben dem Eingang des Nationalparks. Die Lodge gleicht einer einfachen Herberge bzw. Hütte. Vierbettzimmer/Stockbetten (sauber), Warmwasserduschen, Vollverpflegung im Restaurant möglich, Gepäckdepot.
«Privatquartier» Mr. Abby Sawaya, P.O.Box 449, Marangu - empfehlenswert.
Hinweis: Lassen Sie Ihre Wertgegenstände (Schecks und Flugtickets) im Hotelsafe zurück. **Transfer** - Jeeptransport von den Hotels zum Gate.

Organisation - Alle Hotels bieten Pauschalangebote für Routen am Kilimanjaro an. Am günstigsten ist die Kilimanjaro Mountain Lodge für die Marangu Route (Normalroute). Die Machame Route sollte man von Moshi aus organisieren lassen.

Markt - Freitag

Besichtigung

a) Die Wege zwischen den Bananenplantagen und kleinen Anwesen der Landbevölkerung sind nicht nur wegen der tropischen Vegetation interessant sondern bieten auch Einblicke in die sauber gehaltenen Höfe.

b) Spaziergang zum Wasserfall ca. 15 Minuten.
Ein Pfad führt von der Hauptstraße bei der Cornerbar gegenüber dem Hospital (Abzweigung am Stromtrafo) vorbei an Bananenplantagen entlang dem Berghang zum Wasserfall. Der Weg wie auch der Abstieg zum Fluß sind gefahrlos. Vor den Hotels bieten sich Führer zur Besichtigung der Umgebung Marangus an (nicht erforderlich).

Kilimanjaro

Die deutsche Schreibweise ist Kilimandscharo und unter Bergsteigern spricht man nur vom «Kibo» oder «Kili». Es gibt keinen Konsens, wie der Berg zu seinem geläufigen Namen Kilimanjaro kam. Die hier lebenden Landbauern nannten den höheren Gipfel «Kiboo» und den kleineren «Kimawenzi». Andere sprechen von Wortteilung, so kommt «Kilima» aus der Kiswahilli Sprache und «njaro» würde in der Kichagga Sprache Karawane/Orientierungspunkt bedeuten, bei den Massai Ursprung des Wassers, bei den Küstenbewohnern hingegen war «ngare» ein Dämon der Kälte.

Der Kilimanjaro ist der höchste Berg Afrikas und einer der größten freistehenden Berge der Welt. Sein Hauptgipfel «Uhuru Peak» wird in alten Büchern und Karten mit 5895 m angegeben. Neueste Vermessungen ergaben 5896 m = 19344 feet. Er ist ein typischer Vulkanberg, Kraterdurchmesser ca. 2,5 km. Im Krater befindet sich versteckt ein kleinerer Krater, der sogenannte «Reusch Krater» mit einer Erhebung von 5835 m, Kraterdurchmesser 820 m, in dem sich wiederum die «Aschengrube» mit einem Kraterdurchmesser von 340 m befindet. Ihre weißlich-gelb leuchtenden Schwefelhänge fallen 150 m steil in die Tiefe. Leider wird in den offiziellen Informationsblättern der «Reusch-Krater» nie erwähnt, zählt er mit der «Aschengrube» doch zu einer der perfektesten Kraterformen der Erde.

Der Normaltourist bzw. Bergsteiger erreicht den Kilimanjaro über die Marangu-Normalroute:

Gate 1840 m	- Mandara Hütte 2675 m	ca. 8 km
Mandara Hütte	- Horombo Hütte 3725 m	ca. 11 km
Horombo Hütte	- Kibo Hütte 4700 m	ca. 11 km
Kibo Hütte	- Gillman's Point 5715 m	ca. 3,5 km
Gillman's Point	- Uhuru Peak 5896 m	ca. 1,5 km

Laut staatlicher Statistik geben 80 % der Bergsteiger am Gillman's Point 5715 m auf bzw. begnügen sich mit seiner Erreichung, denn er zählt bereits als Kibobesteigung. 20 % erreichen den Uhuru Peak 5896 m; beweist dies, daß viele vielleicht zu wenig akklimatisiert waren oder den Berg zu schnell angegangen sind?
Es muß auch erwähnt werden, daß nicht alle Kilimanjarobezwinger Bergsteiger sind und daß sich in der Hauptsaison im Januar oft über 200 Touristen auf der Gesamtroute befinden und davon aber nur ca. 60 % den Gillman's Point erreichen.
Das Gebiet um den Kilimanjaro wurde 1973 zum Nationalpark erklärt und umfaßt 756,75 km².

Besiedelung

Obwohl keine größeren Überreste im Nationalpark gefunden wurden, gibt es eine Reihe von Beweisen über eine vorzeitige Besiedelung im Umfeld des Rift Valley. Bogen und Ringe aus Lavagestein aus der Kiboregion sowie Gefäßscherben wurden altersmäßig mit mehr als 2000 Jahren datiert. Man vermutet, daß die Siedler mit Eintreffen der Wachagge wegzogen. Sie nutzten die furchtbaren Hänge für Pflanzungen

und bauten Bewässerungskanäle, Dämme und Wehrdörfer. Auch eine nah verlaufende Karawanenstraße führte am Kilimanjaro vorbei. Die ersten Aufzeichnungen über den Kilimanjaro stammen von Ptolomaeus, er erwähnt einen großen Schneeberg im inneren Afrikas. Auch chinesische Seefahrer haben von Zanzibar aus im 6. Jahrhundert den Berg entdeckt.
Als eigentlicher Entdecker wird der christliche Missionar Johann Rebmann genannt, der 1849 mit seinem Bericht eines schneebedeckten Berges in Äquatornähe Aufsehen in Europa erregte.

Geologie
Das große Rift Valley veränderte über einen langen Zeitraum seine Form und erreichte seine heutige Formation vor ca. 2 Millionen Jahren. Dort wo heute der Kilimanjaro steht, befand sich eine sanfte, ebenmäßige Fläche. Verschiebungen der Erdplatten erlaubten geschmolzenem Gestein (Magma) aus dem Erdinnern an die Oberfläche zu gelangen. Drei Vulkane bauten sich auf und bildeten ein enormes Bergmassiv (100 km lang, 65 m breit und 3000 m hoch). Dies geschah vor ca. 750.000 Jahren und wurde 360.000 vor unserer Zeitrechnung beendet, als der Hauptgipfel die 5900 m Marke erreichte. Dann veränderten Erosion, Erdrutsche und Eis seine Form. Übrig blieben das Shira Plateau, der Mawenzi und der heutige Kilimanjaro. Auch die Schneegrenze änderte sich im Laufe der Zeit und es scheint, als setzen die Witterungs- und Umwelteinflüsse den Abbau der Gletscher fort.

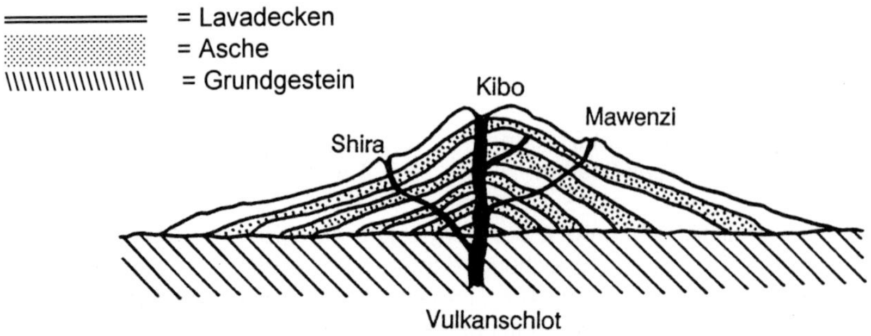

Zur Geschichte in Stichpunkten

11.05.1846 Der Missionar Rebmann sah als erster Europäer den Kibo.

29.11.1862 Carl Claus von der Decken und Otto Kersten kamen bis auf 4316 m.

06.10.1889 Prof. Hans Meyer (deutscher Geograph) und Ludwig Purtscheller (österr. Bergführer) erreichten den Hauptgipfel und nannten ihn Kaiser Wilhelm Spitze. Dieser Name wurde erst 1961 nach der Unabhängigkeit in den heutigen Uhuru Peak umgetauft. Damit war die Erstbesteigung geglückt und die nach ihm benannte Meyer-Höhle in ca. 5200 m (wurde zwar von den Erstbesteigern nicht benützt), blieb für die nächsten Jahrzehnte das bekannteste Biwak vor dem Gipfelsturm.

1925	entstanden die ersten Filmaufnahmen - eine UFA-Produktion. Die Kameraleute erreichten den Gillman's Point.
17.07.1927	R. Reusch erstieg den nach ihm benannten Krater und entdeckte die Aschengrube.
31.07.1927	Sheila G. Mac Donalds, die erste weibliche Bezwingerin.
1932	wurde die erste Kibohütte errichtet. In den letzten Jahren die jetzige Mandara- und Horombohütte, als Entwicklungsprojekt der Norweger.
31.08.1978	Reinhold Messner beging die bisher schwierigste Route an der Breach Wall über die Eiskaskaden zum Diamond Gletscher.
08.02.1980	Rudolf Jauk stieg von Himo (850 m) zum Uhuru Peak (5896 m), das ist Weltrekord: 5045 m hoch und 52 km weit an einem Tag (24 Std.).

Auch mit Drachen und Gleitern wurde bereits in alle Himmelsrichtungen vom Kibo gestartet. Und die Sensationen reißen nicht ab - sei es die Radbefahrung mit dem Mountain Bike oder das Erreichen des Gillman's Point mit dem Motorrad.
Alle diese Abenteuer-Sportarten wurden 1993 offiziell verboten.

Gründungsdaten zum Nationalpark

1900	Erklärung zum Wildreservat
1921	Erklärung zum Waldreservat
1972-1976	Erschließung des Parks (Straßen-u. Hüttenbau durch die Norweger)
1973	Gründung des Nationalparks Kilimanjaro
1977	Offizielle Öffnung des Parks für Besucher
1989	Erklärung zum Weltkulturerbe

Foto: «Kilimanjaro 5896 m» - **Kamerastandort:** Kibowüste (Sattel) 4310 m
Die Normalroute zum Gillman's Point (Bildmitte) ist gut erkennbar.

Allgemeines zur Organisation (A-Z)

Ausgangsort

Marangu Nationalpark Gate 1840 m.
Pro Tag betreten laut staatlicher Statistik ca. 30-50 Personen den Nationalpark.

Agenturen (ortsansässig) **s.** unter Organisation **S.** 78-79

Ankunft am Gate

1. Registrierung durch Nationalpark Office mit Paß erforderlich (übernimmt evtl. die Agentur). Bei Aufsteigen über eine andere Route muß die Registrierung vorher zumindest durch die Agentur vorgenommen werden.
2. Eine Direktbuchung am Gate für Führer und Träger ist nicht mehr möglich. Alle Touren müssen über eine ortsansässige Agentur gebucht und organisiert sein. Damit soll eine Überbuchung der Hütten vermieden werden.
3. In der Hochsaison ist vor Abreise die Kontaktaufnahme mit einer Agentur für Gruppen empfehlenswert.
4. Offiziell muß jede Gruppe, je nach Stärke, mindestens 1 Bergführer, 1 Koch und 2 Träger pro Person nehmen. Einzelreisenden wird immer 1 Bergführer und mindestens 1 Träger zugewiesen.

Ausrüstung

Man muß unterscheiden zwischen der Marangu Route (Hüttenübernachtung) und den anderen Routen (Zeltübernachtungen) - (**s. S.** 86-87).

1. Der gipfelstrebende Bergsteiger braucht Hochgebirgsausrüstung (Checkliste für Bergsteiger). In den Monaten Dezember bis Februar sind evtl. Steigeisen oder Grödeln erforderlich.

2. Wenn bei uns der Sommer anfängt, beginnt in Tanzania der Winter. Daher zusätzlich Pullover mitnehmen.

3. Im Juli/August ist der Regenwaldgürtel am Kilimanjaro fast trocken (weniger Regen als in der Hochsaison Dezember/Februar).

4. Außerdem hat sich Goretex und Faserpelz-Kleidung bewährt. Der Schlafsack muß je nach Übernachtungsort (Hütte oder Zelt) wärmedämmend sein (bis -15° C).

5. Ein Tagesrucksack mit Pullover, Regenschutz, Brotzeit (Lunchpaket), Thermosflasche und Fotoausrüstung ist empfehlenswert.

Hinweis: Ersatzbatterien für Foto und Taschenlampe sowie Ersatzbirne nicht vergessen. Müllsäcke schützen den Ruck- oder Seesack vor Regen. Als Schutz vor Regen kann ein Jutesack mit Müllsack (innen) in Marangu gekauft werden.

Leihausrüstung

Für den kurzentschlossenen Bade- und Safaritouristen bietet sich eine Besteigung mit Leihausrüstung an. Leihausrüstung erhält man gegenüber der Meldestelle des Nationalpark Office am Gate sowie bei den Agenturen und Hotels.

Hinweis: Theoretisch können Sie alles im Hauptquartier des Nationalparks in Marangu mieten. Die Ausrüstung wurde nach neuester Information teilweise erneuert und soll sich in einem guten Zustand befinden. Als Pfand muß der Paß hinterlegt werden.
Folgende Ausrüstung wird angeboten: Handschuhe, Gletscher-Schutzbrille, dicke Jacken, Mützen, dicke Pullover, lange Regenhosen, Regenmäntel, Rucksäcke, Schlafsäcke, Stiefel, lange Unterhosen, Unterhemden. **Wanderstock** - Bergsteiger ohne Skistöcke sollten sich auf jeden Fall eine Bambusstange ausleihen.

Bergführer

Sie sind auf der Normalroute eigentlich nicht notwendig **aber Pflicht**. Bei Gruppen (je nach Größe) wird aus Sicherheitsgründen noch ein Hilfsbergführer zugewiesen. Dadurch erhöhen sich die Kosten, doch man sollte bedenken, daß

1. sollte ein Teilnehmer gesundheitliche Schwierigkeiten bekommen, die Gruppe nicht umkehren muß
2. der Aufstieg ab der Kibohütte nicht im Gänsemarsch erfolgen muß
3. ein reibungsloser Ablauf mit den Trägern gesichert ist
4. einem Einheimischen zum täglichen Brot verholfen wird.

Wichtig: Nicht jeder Bergführer darf jede Route führen, doch alle bemühen sich um ihre Touristen und nehmen ihre Aufgabe ernst. Die Normalroute darf nach offizieller Auskunft jeder Führer mit amtlichem Führer-Ausweis (auch die der Hotels) führen, spezielle Routen am Kilimanjaro nur die staatlich anerkannten Bergführer des Nationalparks. Sie müssen ihre Lizenz jährlich mit einer Prüfung erneuern und ein Trainingsprogramm absolvieren. Gepäck tragen sie nicht, evtl. gegen Trinkgeld den Tagesrucksack des Touristen mit Brotzeit, Tee und Foto am Gipfeltag. Bei ausgefallenen Routen unbedingt vorher mit einer Agentur von Deutschland aus korrespondieren. **Hinweis:** Wer direkt mit einem Bergführer verhandelt (ohne Office) kann diesen in TShs bezahlen (für Einzelreisende bzw. 2 Personen preislich evtl. vorteilhaft). Für Gruppen weniger zu empfehlen, da sie meistens keine Fahrzeuge für den Transfer und Esseneinkauf besitzen, ausgenommen sie arbeiten mit einer Agentur zusammen.

Adressen von Bergsteigern empfohlen:
Mr. Di Das Reginald c/o Nicent MTEY, zuverlässig
P.O.Box 132, MKUU-Ranbo/Tanzania
Mr. Melkiori Ignas Mtui, zuverlässig, Fax 00255-57-8213
P.O.Box 13214, Arusha/Tanzania
Mr. Mathew Lanbelin,Tel.75067,P.O.Box 13214,Arusha/Tanz.
Mr. Augusto Lengasani, spricht kein Englisch,
P.O.Box 167, Mbake, Marangu/Tanz.
Mr. Peter Mato, P.O.Box 733, Marangu, Moshi/Tanzania
Mr. Caspar Kasmiri Mtui/Mbahe Arisi Parishi, P.O.Box 167, Marangu, Moshi/Tanz.
Mr. Ires SMTEY, P.O.Box 610, Marangu, Moshi/Tanzania

August Mandora (staatl.gepr.Bergführer) spricht deutsch u. Gasper Stephen Kinabo, Tel. 2253, Fax 00255-57-8220, P.O.Box 2533, Arusha
Hinweis: Die Bergführer besitzen meistens keine eigenen Fahrzeuge und müssen diese selbst anmieten. Deshalb sind sie bei Gruppen oft überfordert.

Besteigungsmonate

Januar und Februar besonders empfehlswert (beste Zeit)
März noch möglich
April und Mai Regenzeit (nicht zu empfehlen)
Juni und Juli wieder möglich
Juli und August Winterzeit - wenig Regen (kühl)
August/September/Oktober besonders empfehlenswert (wolkenlose Zeit)
November und Dezember möglich
Schneefreie Gipfel (in der Regel)
September bis Anfang Dezember und Ende Januar bis März

Besteigungszeit

Alle beschriebenen Bergrouten können in 5 Tagen durchgeführt werden. Die Einplanung eines zusätzlichen Ruhetages ist zur besseren Akklimatisierung oder evtl. Wettersturz vorteilhaft (empfehlenswert).

Bergrettung

Bergrettung/Hospital - KCMC=Kilimanjaro Christian Medical Centre-Tel.2741 Moshi
Rescue Team = Rettungsservice an der Marangu Route **(siehe Foto unten)**

Essen / Getränke

können mitgebracht werden (siehe Vorbereitung).
Bei eigener Organisation: Bevor die Träger die Verpflegung besorgen, müssen Sie mit Ihrem Führer zusätzliche Verpflegungswünsche besprechen.
Die kommerziellen Organisationen bieten 3 Mahlzeiten an:
«Frühstück» Brot (Fladenbrot), Marmelade, Haferflocken, Rühreier, Kaffee/Tee, Obst
«Mittag» Lunchpaket (Sandwich, evtl. gekochtes Ei, Obst)
«Abend» Suppen, Gemüse, Hühnerfleisch, Dosenfleisch, Kartoffeln, Reis und Obst.
Bei jeder Mahlzeit werden Kaffee und Tee sowie Pulvergetränke serviert und können für die eigene Thermosflasche abgefüllt werden. Bier, Cola, Limonade meistens beim Hüttenwart erhältlich. - **Hinweis:** Man kann sich auch vegetarisch verpflegen lassen, wenn dies vorher vereinbart wurde. Vegetarischen Brotaufstrich sowie Erdnußbutter in der Dose müßte man sich von zu Hause mitbringen.

Fauna

Die Tierwelt bietet dem Bergsteiger nur wenig. Auf der Marangu Route verschiedene Vogelarten, z. B. Nektarvögel bei den Lobelien vor der Horombo und vielleicht Affen im Regenwald. Auch kann vereinzelt einmal eine Elenantilope anzutreffen sein, doch das ist selten. Zwischen Namwai und Tarakia River leben ca. 220 Elefanten.
Hinweis im Nationalpark kann man treffen auf:
«Geierraben» bis zum Gillman's Point 5715 m, «Elenantilopen» bis in die Heidekrautzone 3500 m, «Ratten» im Moorgebiet ca. 3000 m, diese jagt der «Bartgeier» oder auch «Lämmergeier» genannt, «Hügelschmetzer» bei den Lobelien 3000-3500 m und «Colobusaffen» im Tropenwald ca. 1500-2000 m.

Flora

Die Waldzone reicht bis 2800/3000 m Höhe, wo Steineiben und Feigenbäumen häufig anzutreffen sein. Dann folgt die Baumheide, eine Erikaart, die bis zu 10 m hoch werden kann. Um die Horombohütten trifft man auf Lobelien, Baumsenecien (Senecio Kilimanjarico), eine am Kilimanjaro typische Proteaart und das Riesen-Kreuzkraut an. Ab ca. 4000 m Höhe folgt eine heidekrautähnliche Flächenbewachsung, auch Ruhrkraut genannt. Später ziehen sich nur noch Flechtengewächse um die Lavasteine.

Foto: «Tropischer Regenwald»

Vegetationszonen
Uhuru Peak 5896 m - 5715 m Gillman's Point

wüstenähnliche Vegetation	(Kibo Sattel) bis	4600 m
Heidelandschaft/Hochheide	(Horombo Hütte) bis	4000 m
Regenwaldgürtel	(Mandara Hütte) bis	3000 m
fruchtbare Plantagenlandschaft	(Marangu) bis	2000 m

Brennholzverbrauch - Trotz Verbot wird in allen Hütten und Höhlen mit Holz gefeuert, darum sollte in den hochgelegenen Camps und Hütten Kerosin verwendet werden. In der Horombogegend wird der Holzbestand bereits knapp und hat schwerwiegende Auswirkungen auf das Ökosystem.

Foto-/Filmmaterial

Zum Tragen schwerer Fotoausrüstung kann auch ein Träger engagiert werden. UV- und Polfilter nicht vergessen. Vorteilhaft ist für den Regenwald auch die Mitnahme hochempfindlicher Filme, doch sollte man bedenken, daß bei der Projektion von Dias mit 400 Asa eine Kornzeichnung erkennbar ist.

Gebühren

des Staatlichen Nationalpark Office (**s. S.** 9 - Preise siehe Beiblatt)
Trotz der enormen Preiserhöhung seit 1985 und der Devisenpflicht (Bezahlung in US Dollar bzw. US Dollar Schecks), zieht es noch viele Bergsteiger zum höchsten Berg Afrikas. Nur die Gebühren für Führer und Träger können bei eigener Organisation in TShs bezahlt werden. Alle anderen anfallenden Gebühren sind in Devisen an die Agenturen zu bezahlen.

Gletscher

Die Vergletscherung am Kilimanjaro nimmt aus unbekannten Gründen zunehmend ab und soll im Jahre 2000 ihren Nullpunkt erreicht haben (**Foto Seite** 112, 155).

Höhenangaben

Die Höhenlinien sind in den Karten in «feet» angegeben.
Umrechnung: feet x 0,30485 = Meter

Höhlen

Durch die intensive Nutzung von Höhlen (Kochen) auf verschiedenen Routen stirbt in unmittelbarer Nähe die Pflanzenwelt zunehmend ab. Besonders Lobelien und Riesen-Kreuzkräuter sind gefährdet.
Einige Höhlen weisen bereits Risse und Verwitterung, Spuren der offenen Feuerstellen, auf.

Hütten

Die Zahl der Hütten wurde zunehmend erweitert. Sie sind für Träger und Touristen getrennt. Auch die Küchenräume sind zum Kochen für Träger und Touristen getrennt, sowie die Toiletten (siehe örtliche Angaben). Ein Hüttenwirt (Reception) sorgt für die Belegung und hat Funkkontakt mit der Parkverwaltung am Gate. Hier bekommt man in der Regel Bier, Cola und Limonade. Ein eigenes Bett kann in der Hauptsaison (Januar) oft nur bei frühzeitigem Eintreffen gewährt werden. Zu spät kommende müssen evtl. auf dem Boden im großen Eßraum nächtigen. **Höhenangaben s. S.** 90.

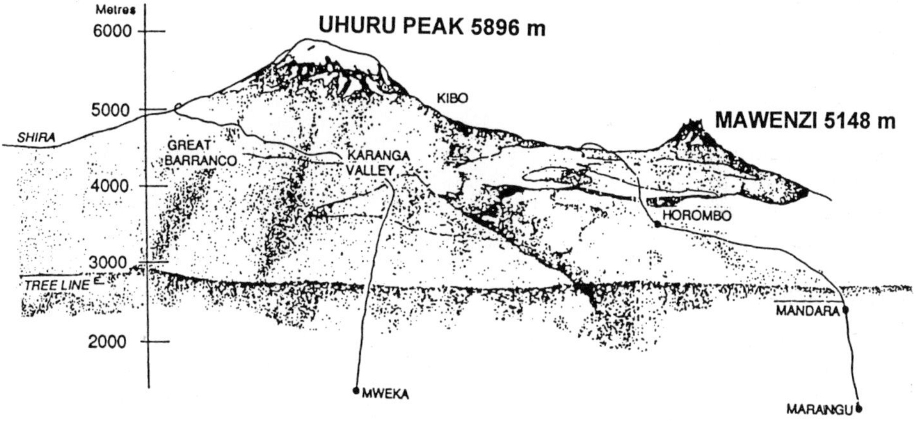

Skizze: Höhendiagramm
Auszug aus dem Buch «Kilimanjaro National Park General Management Plan»
Mit freundlicher Genehmigung der Nationalparkverwaltung Arusha

Klima

Von offizieller Seite kann der Kilimanjaro das ganze Jahr bestiegen werden.
Die angenehmste Reisezeit ist Mitte Dezember bis Februar. Die meisten Veranstalter bieten ihre Kilimanjarobesteigung im Januar an. Dann ist die Aufstiegsroute zum Gillman's Point meist ohne Schnee, sowie Teilabschnitte zum Uhuru Peak.

In den Sommermonaten Juli bis September ist mit Plankeis zu rechnen. Die Regenzeiten erstrecken sich: von Ende Oktober bis Ende November/Anfang Dezember (kurze Regenzeit), von Mitte März bis Ende Juni (lange Regenzeit). Natürlich ab 4000 m in Schnee übergehend. Die meisten Niederschläge gehen in den Regenwaldzonen der S/O, S-, S/W-Berghänge nieder.

Nationalparkverordnung

1. Bei Ankunft am Gate für alle Routen Registrierungspflicht.
2. Pflücke keine Blumen oder Pflanzen und zerstöre nicht die Vegetation.
3. Halte den Berg/Nationalpark sauber und wirf nichts weg.
4. Brennholz im näheren Umkreis der Hütten ist knapp, deshalb Brennholz oberhalb Waldgrenze mitbringen, falls offenes Feuer notwendig ist. Vorgesehene Feuerstellen benützen, keine Neuen anlegen.
5. Nach Möglichkeit mit Kerosin kochen, bei Gruppen unumgänglich.
6. Mind. 1½ l Flüssigkeit mitführen.

TTB
TANZANIA
The land of Kilimanjaro

Foto: «Hinweisschilder für Touristen» sind am Gate und zur 2. Etappe (Mandara) angebracht.
Wenn Du Dich auf dem Berg ernsthaft krank fühlst oder Du unter Höhenkrankheit leidest, steige sofort ab und versuche medizinische Hilfe zu bekommen.
Gib dem Körper genügend Zeit sich zu akklimatisieren, indem Du langsam aufsteigst.
Bei Herz- und Lungenproblemen versuche auf keinen Fall den Berg zu besteigen.
Du solltest in guter physikalischer Verfassung sein, wenn Du den Gipfel (5896 m) erreichen willst.
Gehe nicht weiter, wenn Dein Körper erschöpft ist.
Kinder unter 10 Jahren dürfen nicht höher als 2700 m steigen, also Endstation Mandarahütten.

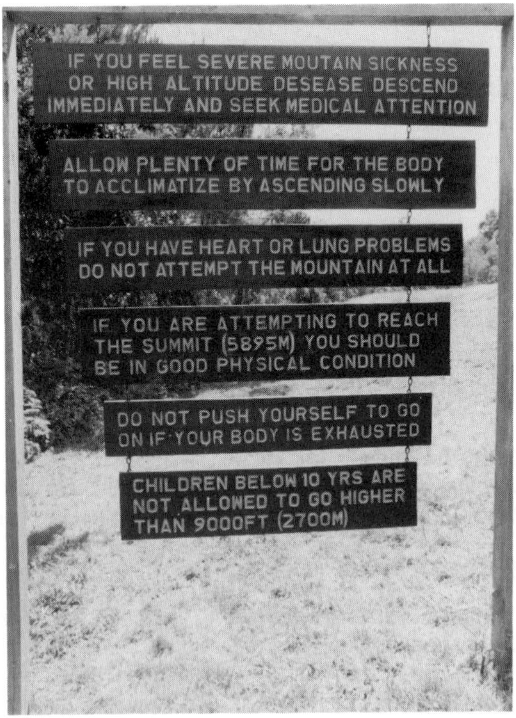

Niederschläge

Marangu 2300 mm im Jahr
Mandara 1300 mm im Jahr
Horombo 525 mm im Jahr
Kibo Hütte 200 mm im Jahr

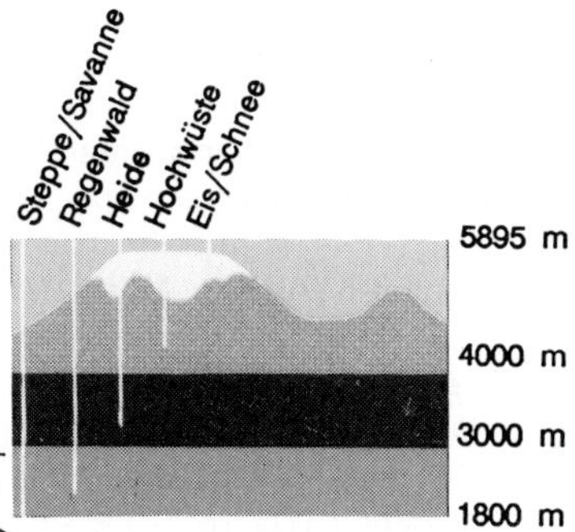

Winde

ab 4000 m Höhe trockene Winde von Nordost (Mai-Oktober). In niedrigeren Höhen bringt der Südwestwind Wolken und Regen, der Nordsüdwind meist Schnee.

Organisation

(Preise siehe Beiblatt)

1. Die eigene Organisation ist problemlos.

Folgendes sollte beachtet werden:

a) Die Führung durch einen Bergführer sowie 2 Träger pro Person wurden Pflicht (z. B. benötigen 3 Touristen 5 Träger).

b) Bergführer und Träger können bei eigener Preisverhandlung in TShs bezahlt werden.

c) Die Hütten-, Nationalpark- und Rettungsgebühr **muß in Devisen** bezahlt werden (US Dollar, Travellerschecks)

Die Kosten teilen sich auf in:
Parkgebühr/Eintritt pro Tag/pro Person
Übernachtung/Hüttengebühr pro Tag/pro Person
einmalige Reservierungsgebühr pro Person
einmalige Rettungsgebühr
einmalige Parkgebühr für jeden Bergführer
einmalige Parkgebühr für jeden Träger
Führer- und Trägergebühren pro Tag

Wichtig: In der Hauptsaison sollten Gruppen bei einer Agentur buchen. Die Vorreservierung sollte mindestens 10-4 Wochen vor Beginn der Bergtour erfolgen.
Die Gebühren variieren in Abhängigkeit von der gewählten Route.

2. Örtliche Organisation

a) Man kann zwischen einer privaten Tour (organisiert von einem Bergführer) **s. S.** 71-72 wählen oder

b) Travel Agenturen (Arusha, Moshi, Marangu sowie Mombasa) z. B.

Arusha (Telefon-Vorwahl national 057 / international 255-57)
«Dik Dik LTD» Tel. und Fax 8110/8498 (Schweizer Unternehmer)
P.O.Box 1499, Aursha/Tanzania - Hotel Restaurant Tour Operator
«Equatorial Safaris LTD» Tel. 7006 - Fax 2617
P.O.Box 2156, Arusha/Tanzania
«Kilimanjaro Mountaineers Safaris» Tel. 7468 - Fax 8418
P.O.Box 7155, Arusha/Tanzania
«KTA-Kili Trekking Agency» - Tel. 8247/3741 - Fax 8213
P.O.Box 2171, Arusha/Tanzania
«M.T.Safari Intern. LTD» Tel. 6963
Branch P.O.Box 6031, Arusha/Tanzania
«Shidolya Tours & Safaris LTD» - Tel. 8506 - Fax 8242
AICC Complex, 3rd Floor, Serengeti Wing
P.O.Box 1436, Arusha/Tanzania
«Smart Tours» - Fax 8812
AICC Complex, Serengeti Wing
P.O.Box 10887, Arusha/Tanzania

Moshi (Telefon-Vorwahl national 055 / international 255-55)
«M.T.Safari Intern. LTD» Tel.+Fax 52017
im YMCA - P.O.Box 9593, Moshi/Tanzania
«Prince Kili Safaris» Tel. 50419 - Fax 52038
P.O.Box 9519, Moshi/Tanzania
«Prince Masai Adventures Tour, Safari and Travel Agency LTD»
Tel. 52516 - Fax 50352, P.O.Box 8911, Moshi/Tanzania
«Shah Tours & Travels Limited» Tel. 2370 - Fax 51449
P.O.Box 1821, Moshi/Tanzania
englisch sprechender Bergführer = August Kishingo
«State Travel Service LTD»
im Luthern Centre, Moshi/Tanzania
«The Snow Cap Mountain Climbing Camp» Tel. 52256 - Fax 8922
P.O.Box 117, Moshi/Tanzania
hat sich auf die Rongai Route spezialisiert
«Trans-Kibo Travels LTD» Tel. 52017 - Fax 54219
im YMCA - P.O.Box 558, Moshi/Tanzania
«Zara Intern. Travel Agency» Tel. 54240 - Fax 53120
im Moshi Hotel, P.O.Box 1990, Moshi/Tanzania

Marangu
«Alpin Tour LTD» an der rechten Straßenseite die zum Gate führt
«Masai Mamba» Mr. Meck S. Minja, P.O.Box 367, Marangu/Moshi/Tanzania
«Adventure Tours & Safaris», Gasper Meela, P.O.Box 428, Marangu/Tanzania
Auch das «Kibo-und Marangu Hotel» bieten organisierte Kilimanjarobesteigungen an.
Wichtig: Vergleichen Sie das Preis-/Leistungsverhältnis. Bei Billiganbietern sind meistens die hohen Nationalpark- und evtl. die Hüttengebühren nicht enthalten.

Hinweis: Auch die Hotels in Moshi («YMCA», «Motel Silva» und «New Castle») vermitteln Führer/Träger und bieten organisierte Pauschalangebote (siehe Ortsbeschreibungen) an. Wo man sich seinen Träger oder Führer besorgt, hängt immer von der jeweiligen Situation ab. In der Regel ist Vollverpflegung enthalten.

3. Reiseveranstalter (siehe Werbeanzeigen S. 11, 12, 15, 17, 22, 23)
Natürlich kann bereits bei den europäischen Reiseveranstaltern eine Pauschalreise gebucht werden, in der die Besteigung des Kilimanjaros vorgesehen ist.

4. «Special Kilimanjaro Climbing Expedition»
Auch die Kilimanjaro Tourist Corp. bietet alljährlich im September ein 8-tägiges Pauschalangebot für den Kibo an. Eingeladen werden Bergsteiger aus aller Welt. Die Begegnung soll der Völkerverständigung dienen und natürlich Devisen bringen, da in US $ zu zahlen ist. Kleine Folklore-Veranstaltungen und gemeinsame festliche Abendessen runden das Programm ab.
Info's: Tanzania Tourist Corp., P.O.Box 24 85, Dar es Salaam/Tanzania

Parkgebühren/Permit

(siehe Beiblatt). Das Permit besorgt in der Regel die Agentur oder der angeheuerte Bergführer. Die Registrierung für alle Routen mit Paßnummer erfolgt beim Gate in Marangu.

Resident Permit

Aufenthaltserlaubnis für in Tanzania arbeitende Ausländer. Dieses Permit ist zwar schwierig zu bekommen, der Preisnachlaß bei Agenturen, Hotels, Hütten- und Parkgebühren ist aber der Mühe Lohn. Man benötigt: Empfehlungsschreiben der Arbeitsstätte, Lebenslauf und Paß (Gebühr US $ 50.-).

Restgepäck

(für Baden/Safari) bleibt natürlich zurück. Alle Hotels haben einen Gepäckraum und man kann meistens kostenlos sein Gepäck sicher verwahren lassen.

Hinweis: Absperrbaren Koffer oder Seesack mit Vorhängeschloß mitbringen!

Sperrzonen

Damit verschiedene Pfade (Abkürzungen) wieder zuwachsen, wurden sie mit Schildern (Wanderverbot) zu Sperrzonen erklärt. Diese Zonen bitte nicht betreten.

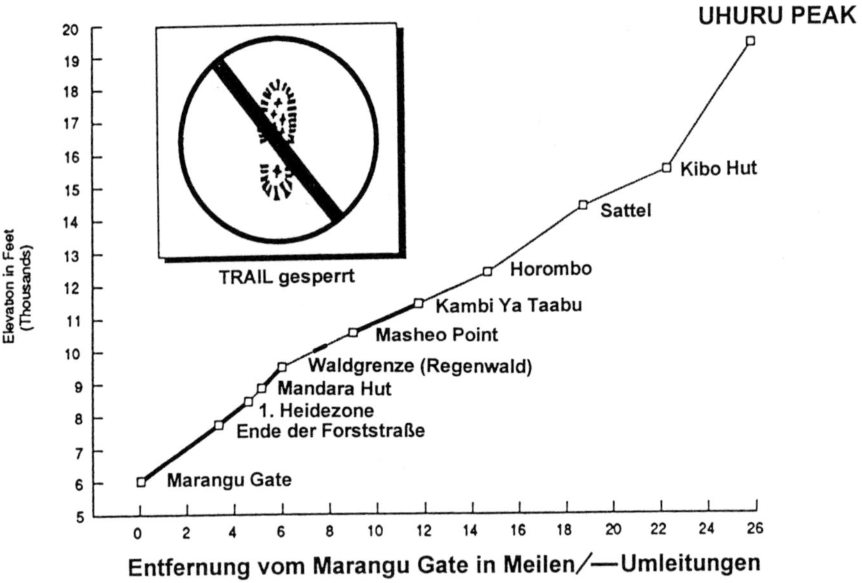

Sternenhimmel

von Prof. Dr. Helmut Kattenborn

Erklärungen zu den Skizzen: Die Karten sind über den Kopf zu halten.

Am 1. Dezember gelten die Sternenkarten 2 Stunden später und am 30. Januar 2 Stunden früher. Pro 15 Tage Zeitverschiebung ist 1 Stunde abzuziehen oder hinzuzufügen. Sterne südlich der eingetragenen Kurve können von Deutschland aus nicht gesehen werden.

GMW/KMW = Große/Kleine Magellansche Wolke
OAZ = ostafrikanische Zeit
α = Centauri ist der nächste Fixstern zur Sonne (4 Lichtjahre Entfernung)

Der Kohlensack ist die dunkelste Stelle der Milchstraße.

Wiedergegeben sind alle Sterne 1. Größe und andere ausgewählte Sterne bis Größe 3. Der dunkel getönte Streifen ist die Milchstraße. Nicht enthalten sind die zwar auffallend hellen aber positionsvariablen Planeten.

Sternenhimmel am 31. Dezember
20 Uhr OAZ

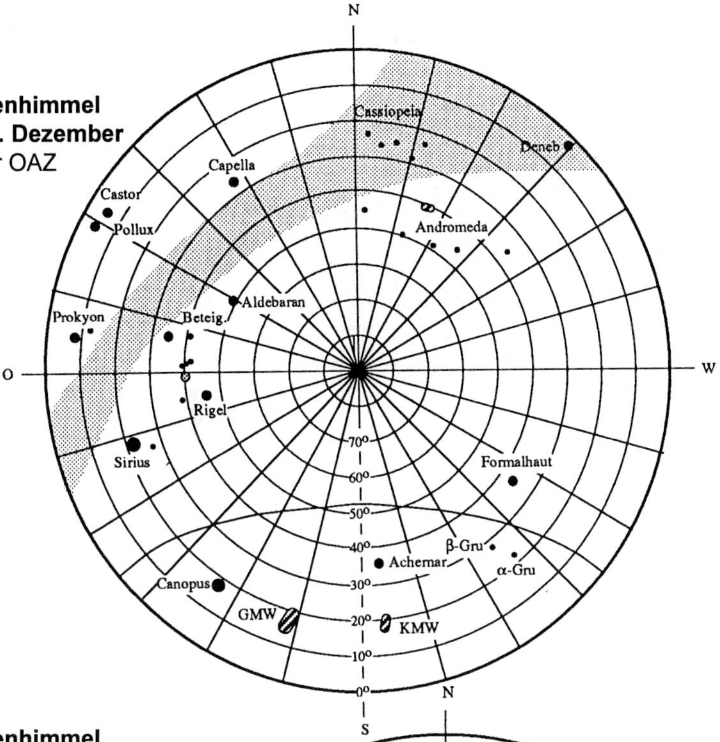

Sternenhimmel am 31. Dezember
24 Uhr OAZ

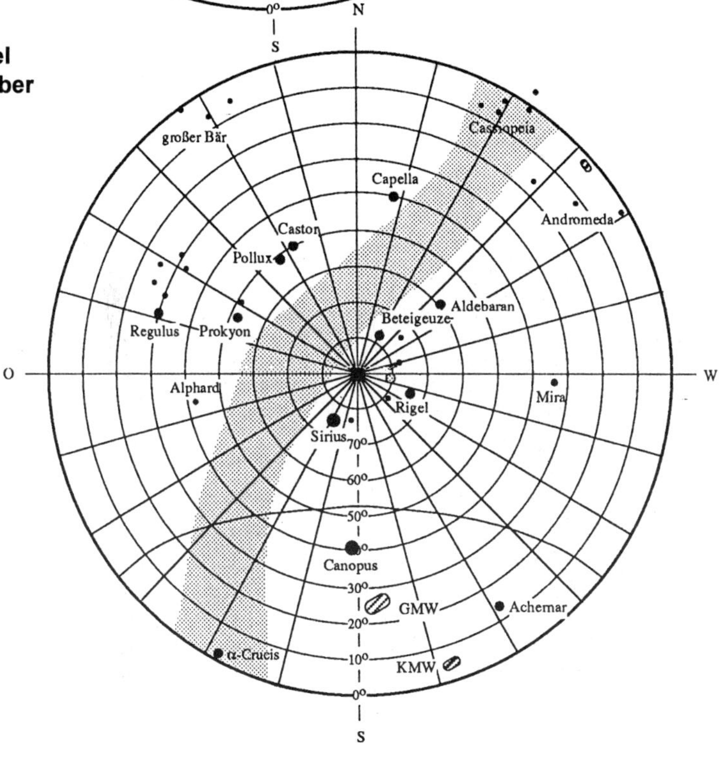

Sternenhimmel am 31. Dezember
4 Uhr OAZ

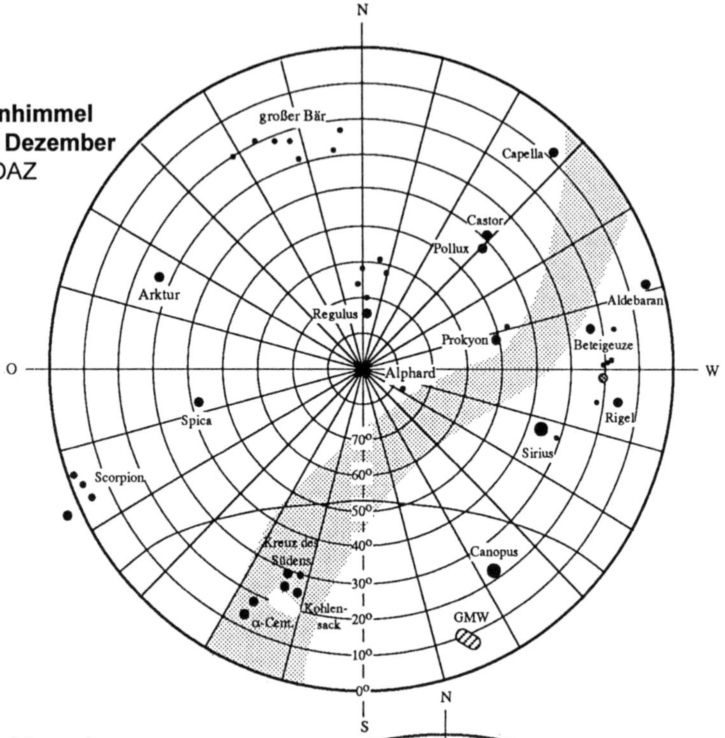

Sternenhimmel am 1. Juli
20 Uhr OAZ

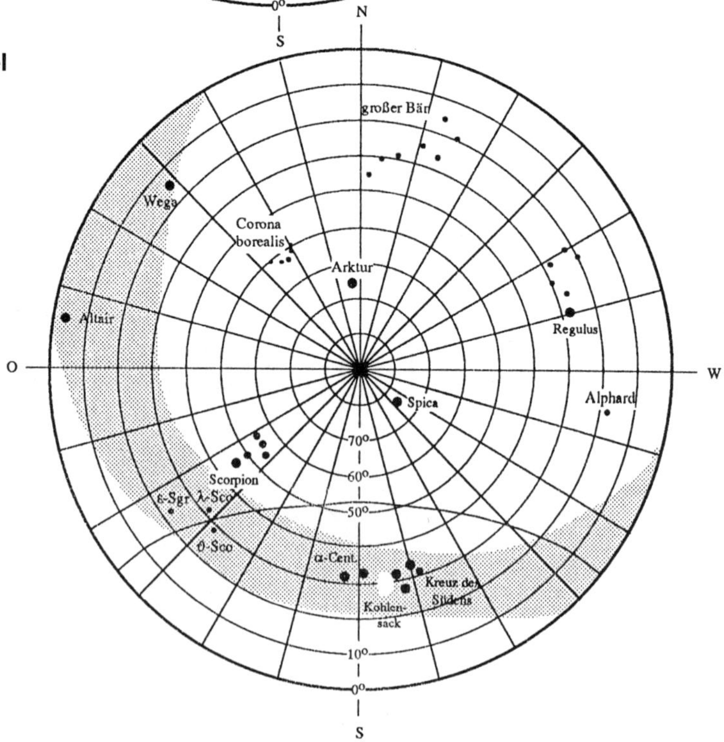

Sternenhimmel am 1. Juli
24 Uhr OAZ

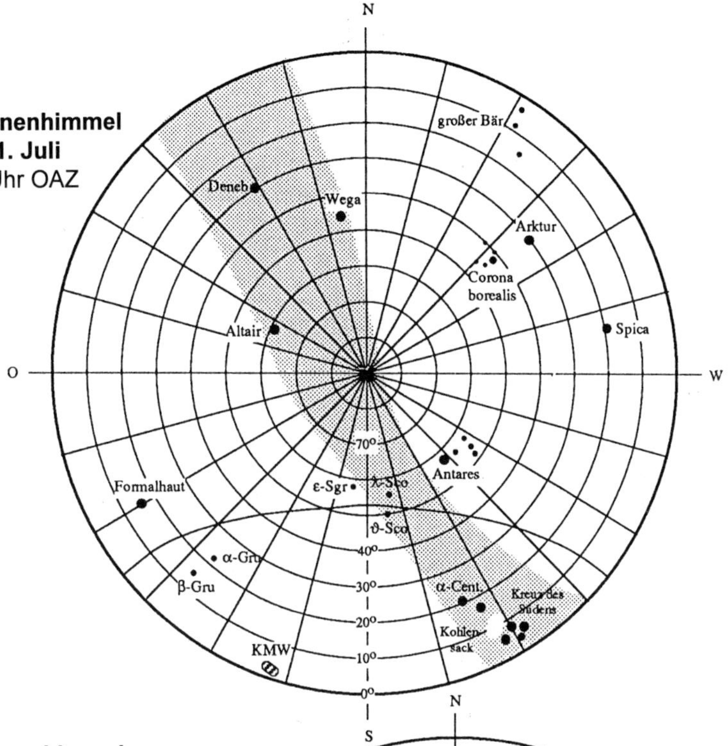

Sternenhimmel am 1. Juli
4 Uhr OAZ

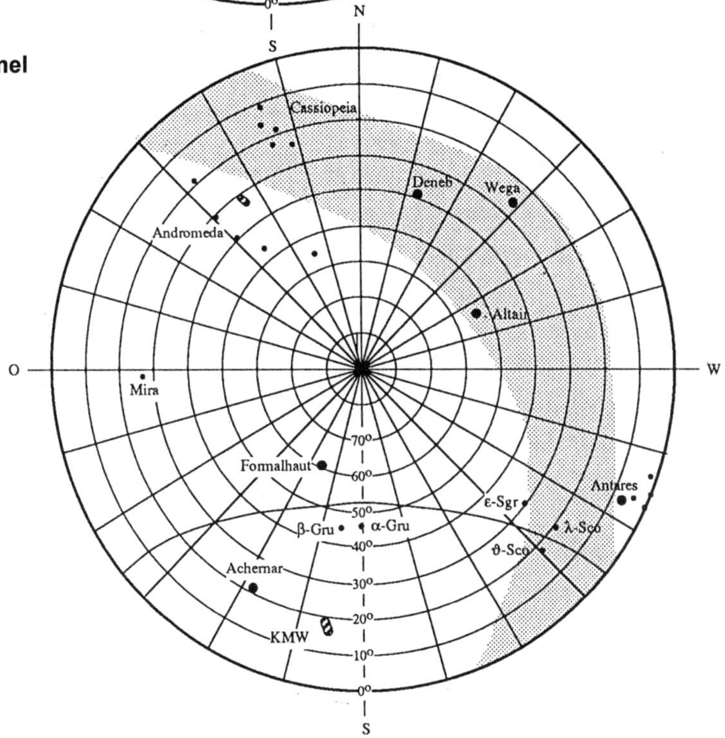

Stromversorgung

Alle Hütten auf der Marangu-Route (Mandara-, Horombo-, Kibo-Hut) haben seit 1991 Solaranlagen und selbst die Toiletten sind mit Strom (Licht) versorgt.

Toilettenproblem

Es wäre ratsam wenn Trekker darauf achten, daß Exkremente, Toilettenpapier, Abfall usw. an den dafür vorgesehenen Stellen hinterlassen (evtl. vergraben) werden und die Campingplätze sauber verließen.

Touristik

Wie bereits erwähnt, ist die Zahl der Besucher am Kilimanjaro bzw. dessen Nationalpark ansteigend (siehe staatliche Statistik von 1991 unten).
Die am stärksten frequentierte Route am Kilimanjaro ist die von Marangu, an deren Etappen relativ komfortable Hütten errichtet wurden. Von Gruppen wird zur Zeit die Rongai Route als Alternative zur Marangu Route gewählt. Sie ist auch wesentlich teurer, so daß Bergsteiger über die anspruchsvollere Machame Route ausweichen. Auf beiden Routen ist die Mitnahme von Zelten erforderlich. Pro Tagesetappe dürfen auf der Machame, Rongai, Shira und Umbwe Route nur Gruppen bis maximal 16 Touristen mit höchstens 32 Trägern, 1-2 Köchen und 1-2 Führern unterwegs sein.

Hinweis: Offizielle Angaben der Nationalparkverwaltung. Als Gruppe sind bis zu 16 Touristen und 32 Träger angegeben. Jeweils 2 Touristen und je 4 Träger teilen sich ein Zelt. Bei den Zeltplätzen befinden sich jeweils ein Toilettenhäuschen mit 2 Plumpsklos. Diese Beschränkungen sollen verhindern, daß über 4 Routen nicht mehr als 3.000 Bergsteiger pro Jahr Auf- bzw. Absteigen.

Besucherzahlen des Nationalparks 1991 (Statistik) Tendenz ansteigend

Jan.	Feb.	März	April	Mai	Juni	Juli	Aug.	Sept.	Okt.	Nov.	Dez.
1454	1085	490	147	95	452	1263	1924	982	827	675	1446

Touristisches Abenteuer

Das Ziel der Parkverwaltung (TANAPA) des Tanzania Nationalparks ist es, das Kilimanjarogebiet und seine natürlichen Lebensbedingungen zu erhalten und ein relativ unverdorbenes Naturerbe weiterzugeben. Der Park soll zum Zwecke der Erholung dienen und nicht zur Ausübung von Sportarten, die die Wertschätzung der Natur untergraben. **Deshalb hat «TANAPA» folgende Sportarten verboten:** Ballonfahren, Drachenfliegen, Geländefahrten (Auto, Motorrad), Mountainbike, Paragleiten und Skifahren. Lediglich das Bergsteigen und Wandern ist unter Leitung einer ortsansässigen Agentur erlaubt.

Hinweis: Der Andrang am Berg bringt natürlich auch Probleme, so z. B. die Abfallbeseitigung und zunehmende Verschmutzung einzelner Routen.

Träger

offizielles Eigengepäck 5 kg, Fremdgewicht 15 kg, Normallast 20 kg
Sie tragen auch mehr (bis ca. 25 kg), doch sollte man dies auch gebührend honorieren. Das Gepäck wird auf dem Kopf getragen, somit wird die Wirbelsäule erheblich entlastet, im Vergleich zu unserer Rucksackschlepperei. Sie sind verpflichtet, einmal jährlich einem Trainingsprogramm beizuwohnen, das sie über die Bedeutung der ökologischen Verhaltensweise informiert. Auch werden sie von staatlicher Seite angehalten, eine Gewerkschaft (Vereinigung) zu gründen, um eine leistungsgerechtere Bezahlung bei den Agenturen durchzusetzen. Die Bereitstellung einer warmen Ausrüstung und Schuhwerk sollte von Seiten der Tourenveranstalter selbstverständlich sein, wird aber nicht praktiziert.

Trinkgeld

Am Ende der Bergtour erwarten der Führer, der Koch, die Träger und Helfer ein Trinkgeld. Es hat sich eine Staffelzahlung (siehe Beiblatt) eingebürgert. Vergleicht man die hohen Forderungen mit ihrem Verdienst, dann kann das Trinkgeld als Zweitlohn eingestuft werden, das den eigentlichen Sinn einer Belohnung für gute Dienste verfehlt. Man sollte noch bedenken, daß ein Träger bei einer 5-Tagestour am Kilimanjaro den selben Lohn erhält, der dem Durchschnittseinkommen eines Arbeiters im Monat entspricht. **Hinweis:** Eine ausgewogene psychische Einstellung zu den örtlichen Problemen hilft uns sicherlich Unverständliches zu verstehen.
Foto: «Träger am Kilimanjaro» Die Crew für 10 Bergsteiger vor der School Hut.

Überbuchung

der Marangu Route (Hütten) - Wegen der starken Nachfrage von Touristen kommt es in der Hauptsaison regelmäßig zu Überbuchungen bei der Hüttenbelegung. Eine Direktbuchung von Einzelbergsteigern ist daher am Gate nicht mehr möglich. Die Besteigung muß von einer ortsansässigen Agentur koordiniert werden.

Wasser/Abwasserproblem

Das Abwassersystem entlang der gesamten Marangu Route ist unzureichend. Die sanitären Anlagen sind völlig überlastet. Die verschmutzten Toiletten werden von den Touristen oft nicht benützt. Eine Reinigung ist wegen Wassermangels schwierig. Die Sickergruben sind zu klein und laufen ständig über. Die Abwässer fließen ungeklärt talwärts. Das Problem ist der Parkverwaltung bekannt.

Zelte

Zelten ist auf allen Routen, außer der Marangu Route (Normalroute), erlaubt. **Ausnahme:** Man steigt von einer anderen Route kommend über die Marangu Route ab, dann wiederum muß z. B. auf der Horombo gezeltet werden. Man kann sein eigenes Zelt mitnehmen. Die Agenturen besitzen meistens auch eigene Zelte. «Snow Cap» bietet sogar sehr gute Salewazelte an. Die Zeltgebühren sind gegenüber den Hüttengebühren höher. **Nachteil:** Die Zelte sind am nächsten Tag naß vom Tau und der Weitermarsch verzögert sich.
Für individuelle Exkursionen, z. B. Übernachtung am Kilimanjaro-Gipfel oder im Krater, ist ein Zelt notwendig. **Hinweis:** Es ist mit bis zu 15 ° C Minus zu rechnen.
Nach offiziellen Angaben sollen sich zwei Touristen bzw. 4 Träger ein Zelt teilen.

Zeltplätze

(**s.** Skizze der Parkverwaltung **S.** 87)

«Arrow Glacier Campsite»	4900 m	max. 32 Zelte	max. 2 Gruppen
«Barafu Campsite»	4540 m	max. 32 Zelte	max. 2 Gruppen
«Baranco Campsite»	3965 m	max. 32 Zelte	max. 2 Gruppen
«Karanga Campsite»	3900 m	max. 32 Zelte	max. 2 Gruppen
«Lava Tower Campsite»	4600 m	max. 32 Zelte	max. 2 Gruppen
«Machame Campsite 1»	2990 m	max. 16 Zelte	max. 1 Gruppe
«Machame Campsite 2»	4200 m	max. 16 Zelte	max. 1 Gruppe
(liegt nicht auf der Normalroute, denn diese führt über die Shira Hut)			
«Mweka Campsite»	2835 m	max. 32 Zelte	max. 2 Gruppen
«Rongai Campsite 1» (1.Höhle)	2830 m	max. 16 Zelte	max. 1 Gruppe
«Rongai Campsite 2» (3.Höhle)	3850 m	max. 32 Zelte	max. 2 Gruppen
«Shira Forest» ca.	2700 m	max. 16 Zelte	max. 1 Gruppe
«Shira Campsite 1» ca.	3500 m	max. 16 Zelte	max. 1 Gruppe
«Shira Campsite 2»	3880 m	max. 16 Zelte	max. 1 Gruppe
«Umbwe Campsite»	2850 m	max. 16 Zelte	max. 1 Gruppe
«WestBreachCraterCampsite»	4880 m	max. 32 Zelte	max. 2 Gruppen

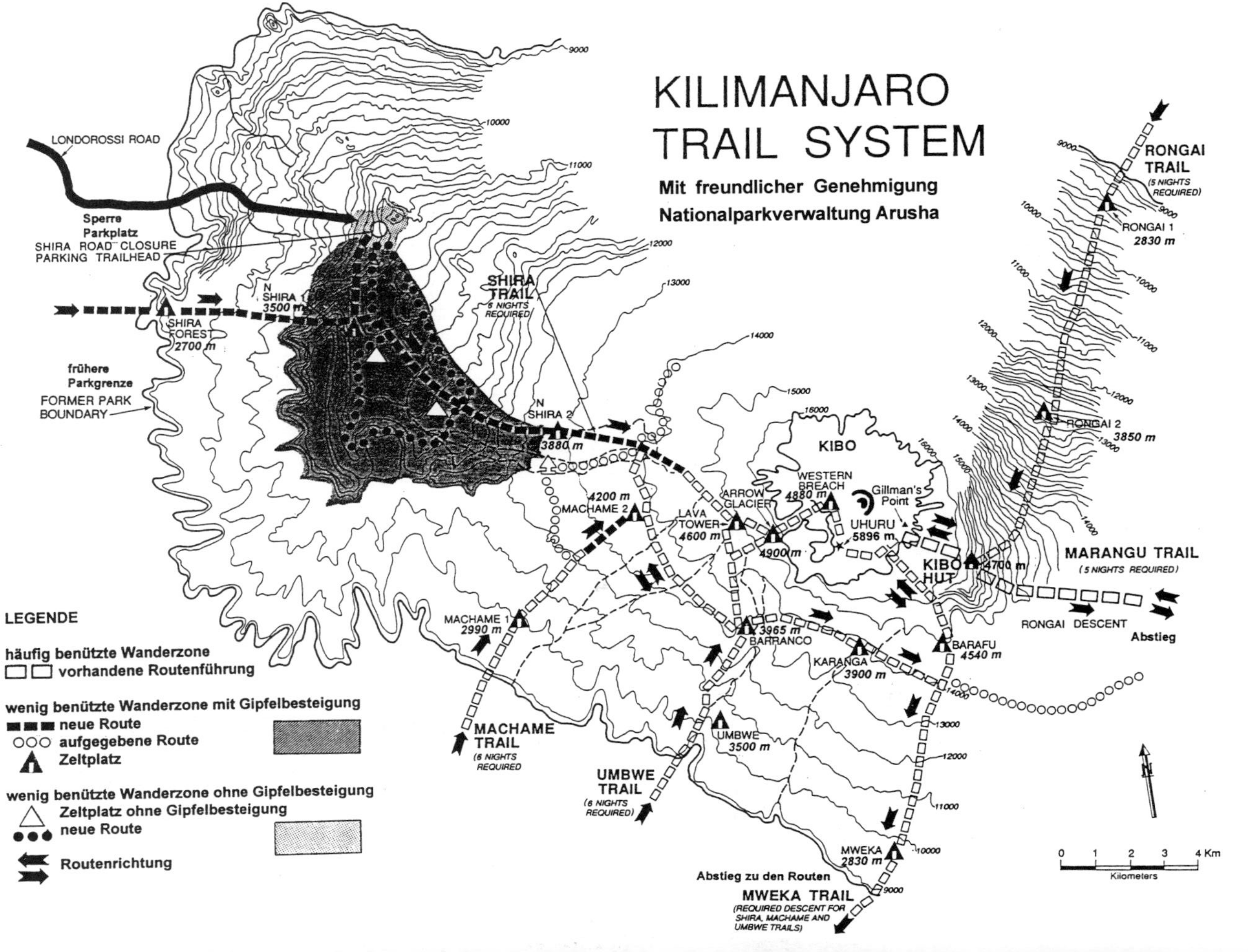
KILIMANJARO
TRAIL SYSTEM
Mit freundlicher Genehmigung
Nationalparkverwaltung Arusha
LONDOROSSI ROAD
Sperre
Parkplatz
SHIRA ROAD CLOSURE
PARKING TRAILHEAD
SHIRA
FOREST
2700 m
N
SHIRA 1
3500 m
SHIRA
TRAIL
6 NIGHTS
REQUIRED
frühere
Parkgrenze
FORMER PARK
BOUNDARY
N
SHIRA 2
3880 m
4200 m
MACHAME 2
LAVA
TOWER
4600 m
ARROW
GLACIER
4900 m
WESTERN
BREACH
4880 m
KIBO
Gillman's
Point
UHURU
5896 m
KIBO
HUT
4700 m
RONGAI
TRAIL
(5 NIGHTS
REQUIRED)
RONGAI 1
2830 m
RONGAI 2
3850 m
MARANGU TRAIL
(5 NIGHTS REQUIRED)
RONGAI DESCENT
Abstieg
MACHAME 1
2990 m
MACHAME
TRAIL
(6 NIGHTS
REQUIRED
3965 m
BARRANCO
KARANGA
3900 m
BARAFU
4540 m
UMBWE
3500 m
UMBWE
TRAIL
(6 NIGHTS
REQUIRED)
MWEKA
2830 m
Abstieg zu den Routen
MWEKA TRAIL
(REQUIRED DESCENT FOR
SHIRA, MACHAME AND
UMBWE TRAILS)
9000
10000
11000
12000
13000
14000
15000
16000
LEGENDE
häufig benützte Wanderzone
vorhandene Routenführung
wenig benützte Wanderzone mit Gipfelbesteigung
neue Route
aufgegebene Route
Zeltplatz
wenig benützte Wanderzone ohne Gipfelbesteigung
Zeltplatz ohne Gipfelbesteigung
neue Route
Routenrichtung
N
0 1 2 3 4 Km
Kilometers

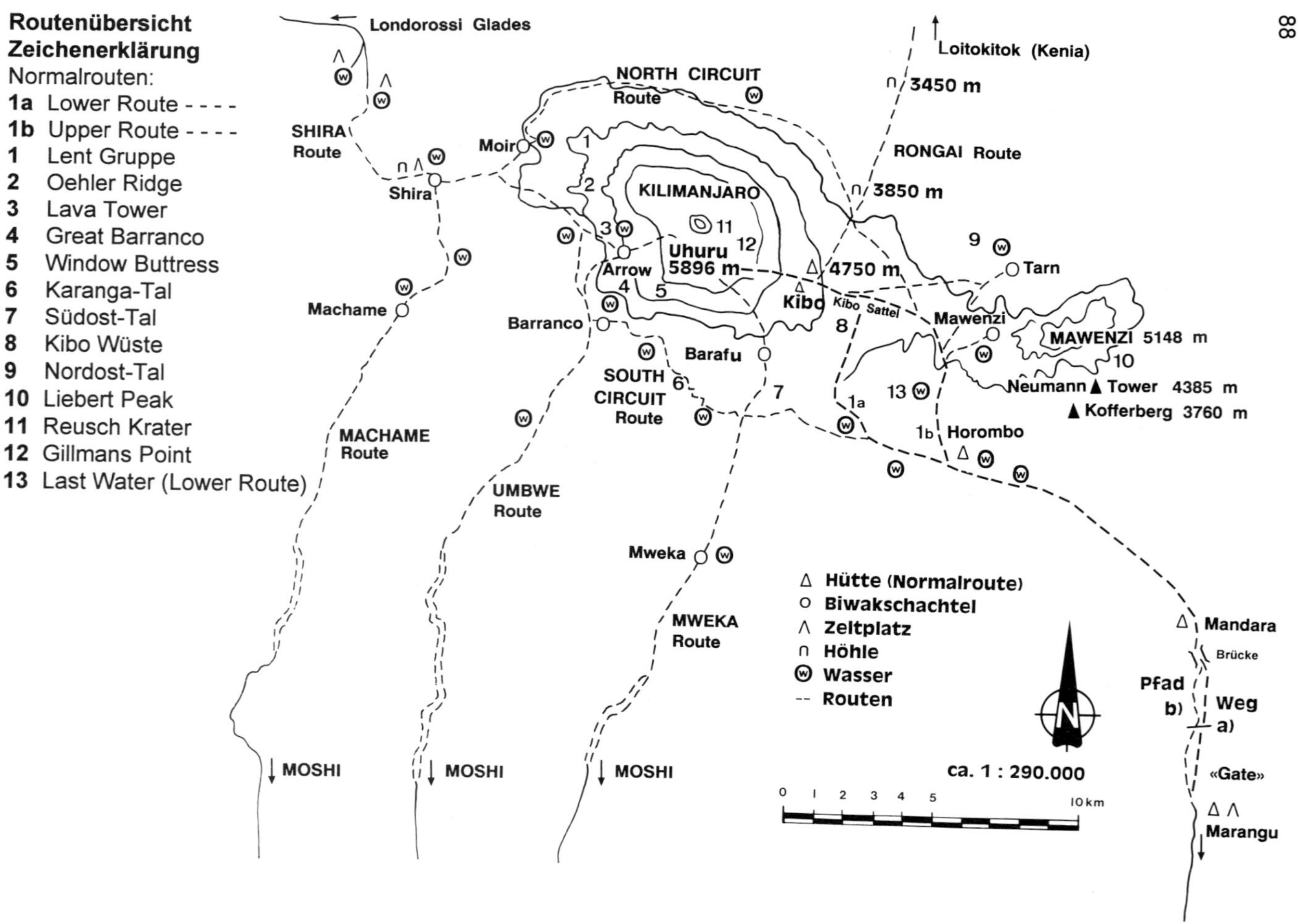
Routenübersicht
Zeichenerklärung
Normalrouten:
1a Lower Route
1b Upper Route
1 Lent Gruppe
2 Oehler Ridge
3 Lava Tower
4 Great Barranco
5 Window Buttress
6 Karanga-Tal
7 Südost-Tal
8 Kibo Wüste
9 Nordost-Tal
10 Liebert Peak
11 Reusch Krater
12 Gillmans Point
13 Last Water (Lower Route)
Londorossi Glades
Loitokitok (Kenia)
NORTH CIRCUIT Route
3450 m
RONGAI Route
3850 m
SHIRA Route
Moir
Shira
KILIMANJARO
Uhuru 5896 m
Arrow
4750 m
Kibo
Kibo Sattel
Tarn
Mawenzi
MAWENZI 5148 m
Neumann Tower 4385 m
Kofferberg 3760 m
Machame
Barranco
Barafu
SOUTH CIRCUIT Route
Horombo
MACHAME Route
UMBWE Route
Mweka
MWEKA Route
Hütte (Normalroute)
Biwakschachtel
Zeltplatz
Höhle
Wasser
Routen
Mandara
Brücke
Pfad b)
Weg a)
«Gate»
Marangu
MOSHI
MOSHI
MOSHI
ca. 1 : 290.000
0 1 2 3 4 5 10 km

Normalroute - «Marangu Route»

Von Kritikern als «Coca-Cola Route» bezeichnet.

Chronologische Beschreibung - 5-6 Tage

Meldepflicht

Bevor man den Park betritt, haben sich alle Touristen mit Reisepaß im Office (Gate) des Nationalparks zu melden, **geöffnet ab 8.00 Uhr**.
Hier werden alle Parkbesucher, auch die Führer und Träger der Gruppen, registriert und die beabsichtigte Aufenthaltsdauer festgehalten. Bei Vorreservierung warten hier bereits die angeforderten Bergführer und Träger auf die Gruppen.
Eintragung ins Registrierbuch mit Paßnummer.

Exkursion

5-6 Tage; Gesamttour und Tage (etwaige Varianten) unbedingt vor Abmarsch mit dem Office abklären, nicht alle Führer sind flexibel.

Anmerkung zu den Zeitangaben der Normalroute (Kibo)
Natürlich bleibt es jedem selbst überlassen, wie lange er sich für die einzelnen Etappen Zeit nimmt. Auch will ich zu keinem Leistungsvergleich anreizen, sondern nur darauf hinweisen, daß ausreichend Spielraum vorhanden ist.
«Pole, pole» sagen die tanzanischen Bergführer, also langsam, langsam.

Ein durchtrainierter Bergsteiger schafft natürlich die erste Etappe in 2 Stunden, auch der Gipfelsturm braucht nicht ab 1.00 Uhr in der Frühe zu erfolgen. Sie können um 3.00 Uhr oder später aufbrechen, man muß aber berücksichtigen, daß der Schnee, je später man losgeht weicher und die Sicht (durch Wolkenbildung) auch schlechter wird. Wer den Reusch Krater mit einbezieht, muß früh weggehen. Einige Bergsteiger haben geschrieben, daß bei der letzten Etappe im Geröllfeld von der Kibo Hütte zum Gillman's Point nachts Steine abgetreten werden und somit Steinschlaggefahr herrscht. Fehltritte auf lockerem Geröll lassen sich auch bei Tage nicht vermeiden. Wenn es nachts kalt ist bzw. friert, kann man davon ausgehen, daß sich nichts löst. Eventuell Taschenlampe beim Aufstieg erforderlich - Stirnlampe empfehlenswert.

Höhenangaben
Die in unserem Reiseführer enthaltenen Höhenangaben sind unter Berücksichtigung aller erreichbaren Unterlagen am zutreffendsten, auch wenn sie von den Tafeln an den Hütten geringfügig abweichen. Rudolf Jauk hat sie mehrfach überprüft.
Der Uhuru Peak wurde neu vermessen und mit 19344 feet = 5896 m angegeben, das ist 1 m höher als vor 10 Jahren.

Panorama Kilimanjaro
Aufnahmestandpunkt Normalweg (Lower Route)
Diesen Blickwinkel erhalten Sie kurz nach den Horombo Hütten in ca. 3800 – 3900 m. Links Kibo, rechts Mawenzi.

Höhe:						
1840 m	2675 m	3725 m	4700 m	5895 m	3725 m	1840 m
Marangu	**Mandara**	**Horombo**	**Kibo Hütte**	**Uhuru Peak**	**Horombo**	**Marangu**
Gate	1. Etappe	2. Etappe	3. Etappe	4. Etappe	Abstieg	5. Etappe
Höhenmeter	835 m	1050 m	975 m	1195 m	2170 m	1885 m
Entfernung	8 km	13 km	11 km	5 km	16 km	21 km
Gehzeit ca.	3 Std.	5 Std.	5 Std.	5 Std.	3,5 Std.	6,5 Std.
Temperatur 7 Uhr	8° C	3° C	0° C	-5° C	-	21° C
im August 15 Uhr	18° C	16° C	1° C	bis-15° C	-	30° C

1. Tag

Etappe - ca. 8 km - Marangu Gate 1840 m - Mandara Hütten 2675 m
breiter Weg, neu angelegt, oder schmaler Pfad westlich davon.

Gehzeiten	Marangu Gate 1840 m - Holzbrücke 2380 m, ca. 2 Std.
	Holzbrücke 2380 m - Mandara 2675 m, ca. 1 Std.
Gesamtzeit	offiziell 3 Stunden, von mir empfohlen 3-4 Stunden.
Hinweis:	Warme Kleidung kann im Seesack bzw. Rucksack bleiben.

Kurzbeschreibung
Ein breiter Weg windet sich durch undurchdringlichen Dschungel bis zur Holzbrücke 2380 m. Am Anfang ist man sicher über die Fahrstraße enttäuscht, doch nach ca. 30 Minuten geht ein kleiner Pfad (Abzweigung gekennzeichnet) links am Bach entlang durch dichten Urwald.
Hinweis: Dieser Pfad kann evtl. gesperrt sein und die Abzweigung leicht übersehen werden. Am Normalweg (Fahrstraße) wurde in 2280 m ein Picknickplatz mit Toilette eingerichtet. Gehzeit ca. 1 ½ Std.. Romantischer ist aber der kleine Pfad durch den Regenwald. Riesige Farne, moosbewachsene Urwaldriesen und prachtvolle Hagiabäume, dazu das ewige Zirpen sowie die unbekannten Tierlaute des Urwaldes. Einzeln versteckt leuchtet die Feuerball-Lilie aus dem Dunkel. Auf halbem Weg ein Richtungsanzeiger für Auf- und Abstieg. Bei einer kleinen Holzbrücke 2380 m treffen dann beide Wege zusammen. Dieser Pfad ist beim Abstieg Mandara-Marangu Gate nochmals beschrieben (**s. S.** 122). **Foto: «Parkeingang»** (Marangu Gate)

Der Weg führt dann weiter durch mannshohe Farne bergauf bis zu einer Lichtung. Wenn Sie wie wir, erst mittags in Marangu losgegangen sind, dann können Sie hier evtl. das erste Mal naß werden, reißen die Regenwolken auf (falls vorhanden), dann hat man einen imposanten Blick über den Regenwaldgürtel ins Tiefland - **sicher gibt es auch viele Tage ohne Regen** (z. B. der März ist sehr trocken). Wieder verdichtet sich der Wald und bei evtl. Nebel erscheinen die Bäume mit ihrem leuchtenden Irishmoos gespenstisch.

Foto: Im Tropenwald (Urwald) trifft der Botaniker verschiedene Farne, Begonien, Schmarotzerpflanzen, Kibo-Springkraut usw. (**s.** Flora **S.** 73) an.

Der Weg ist leicht ansteigend, die Witterung schwül und feucht, so daß man doch ins Schwitzen kommt.

Bereits einige Minuten vor Ankunft hört man das Stimmengewirr der Mandarabesucher und plötzlich, auf einer hügeligen Lichtung, stehen die «Mandara Hütten».

Foto:
«Hütte für 4 Personen»

Mandara Hütten 2675 m

Die Höhenangabe am Haupthaus ist mit 2725 m angegeben, aber wie bereits erwähnt, 2675 m wäre korrekt. Norwegische Zeltdachhäuser wurden mit Entwicklungshilfe gebaut, die Häuschen sind für 2-4 Personen und in Gruppengröße errichtet.

Anlage:

5 Hütten für je 8 Personen	= 40 Schlafplätze
1 große Hütte mit	
«unten» Eßraum für 50 Personen sowie	= 20 Schlafplätze
«oben» Eßraum für 20 Personen sowie	= 24 Schlafplätze
für Touristen	= 84 Schlafplätze
für Führer und Träger	
6 Hütten mit 28 Lagern	= 168 Schlafplätze
1 Hütte für den Hüttenwirt mit	3 Schlafplätzen
Gesamtkapazität	= 255 Schlafplätze

Außerdem gibt es:

2 Küchenräume für die Köche der Touristen
1 Küchenraum für d.Träger
2 Toiletten mit Wasserspülung für Touristen
2 Toiletten ohne Wasserspülung/Plumpsklo für Touristen
2 Toiletten ohne Wasserspülung/Plumpsklo für Träger
3 Wasserstellen (Becken)

Hinweis: Solaranlagen sorgen für Licht in den Hütten und im Eßraum. Die Mandara-Anlage wurde in den letzten Jahren immer wieder erweitert. Ein Hüttenwart sorgt für Ordnung. Man kann bei ihm zusätzl. Tee und Coca Cola sowie Bier kaufen. Für's Essen sorgen die eigenen Träger (falls vereinbart) oder man kocht selbst. Im angrenzenden Urwald kann man evtl. Affen beobachten. Einige Min. westl. vom Mandara Haupthaus steht die alte Bismarck Hütte.

Foto: Die größte Hütte mit Eßraum, der auch als Notlager genutzt wird. Im Dachgeschoß Schlafsaal für 24 Personen.

Foto: «Mandarahütten mit Hinweisschild zum Maundi Krater» Gut erkennbar die Solarzellen an den Dächern und die langen Kamine der Küchenräume (Hütten).

2. Tag

Etappe ca. 11 km (bzw. 13 km wegen Maundi Krater)
Mandara Hütten 2675 m - Horombo Hütten 3725 m.

Gehzeit offiziell 5 Stunden, von mir empfohlen 5-6 Stunden.
Ich selbst war 7 Std. unterwegs. Schuld daran waren die Blumenwiese am Maundi Krater mit 30 Minuten Aufenthalt und 50 Minuten Unterstehen wegen Regen.

Hinweis: Persönliche Regenbekleidung mitnehmen und die Ruck- bzw. Seesäcke der Träger mit großen Plastikhüllen (Müllsäcken) schützen, denn ab hier regnet es oft. Die Landschaft wechselt von Regenwald in Hochmoor und laut Statistik soll es an 200 Tagen im Jahr regnen. Meist ziehen die Gewitterwolken um die Mittagszeit auf, daher früh abmarschieren. Im Frühjahr und Herbst Trockenzeit.

Natürlich bekomme ich immer wieder Briefe, in denen Trekker über Sonnenwetter berichten, doch vorbeugen ist besser als naß werden.

Weitermarsch

a) Entweder man wählt den Weg von der Haupthütte direkt zum Maundi Krater (**s.** Foto **S.** 94) 15 Minuten (steil und oft glitschig) **oder**

b) am Hinweisschild vorbei (**s. S.** 96) in den Urwald und trifft nach 30 Minuten auf die Blumenwiese. Von hier zum Maundi Krater 15 Minuten.

Hinweis: Die Variante b) ist nicht so anstregend (steil), dafür ein Umweg. Bei beiden Wegen muß auf Baumwurzeln geachtet werden.

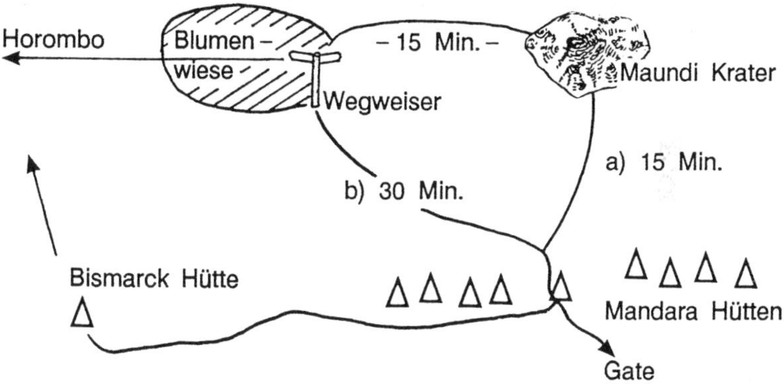

Foto: Die **«Blumenwiese»** mit ihren Fackellilien. In den Wolken der Mawenzi.

Foto: «Blüte einer Fackellinie»
Ihre Färbung verläuft von tiefem Rot in ein leuchtendes Geld.

Kurzbeschreibung
Gleich hinter der Haupthütte führt der Weg leicht ansteigend hinein in den tropischen, flechtenbehangenen Urwald. Nach ca. 30 Minuten erreicht man dessen oberen Rand und trifft auf eine Blumenwiese. Hier kann sich der Fotograf «austoben». Wie Kerzen stehen die gelben und roten Fackellilien, und versteckt im Gras findet man erikaähnliche Gewächse, blühende Strohblumen, blühenden Zuckerbusch, rote Iris usw. (je nach Witterung Dezember bis Ende Januar).
Bei schönem Wetter schmückt im Hintergrund der Mawenzi das Panorama, rechts daneben der Neumann Tower.

Von hier aus zum Maundi Krater 2775 m - Gehzeit ca. 15 Minuten.
Man kann ihn aber auch gleich anstreben und dann zur Blumenwiese gehen (**s.** Skizze **S.** 95 Route b).

Der Maundi Krater inmitten reizvoller Vulkanlandschaft ist mit niedrigem heidekrautartigem Geflecht bewachsen. Nur vereinzelt stehen Bäume bzw. Buschgruppen durchsetzt mit Myrthen- und Doldenblütlern. Im Januar blüht hier die Protea.
Bei schönem Wetter bietet der Standort einen Blick auf Kilimanjaro und Mawenzi.

Foto: «Maundi Krater»
Die Umwanderung des Kraters benötigt nur 5-10 Minuten.
Tiere haben wir keine angetroffen.

Nun den Weg zurück bis zur Abzweigung zur Mandara und dann dem Wegweiser zur Horombo folgen. Man überquert eine tropisch bewachsene Senke und erreicht an deren gegenüberliegenden Höhe die Baumgrenze des Regenwaldgürtels (**s. Foto**).
Foto: Baum mit Irishmoos und Schmarotzerpflanzen bewachsen.

Dann zieht sich der Weg leicht bergauf, teilweise fast eben und wieder ansteigend über große Wiesenflächen in nordwestlicher Richtung. Der eintönigste Streckenabschnitt.

Beim Masheo Point 3182 m kann der Höhenmesser nachjustiert werden.

Dann an gelb blühenden Büschen vorbei, einen langen Hang querend, zum Picknickplatz in 3480 m Höhe. Ein Tisch mit Holzbänken lädt zur Rast ein. Auch ein Toilettenhäuschen (Plumpsklo) wurde hier aufgestellt.

Wieder leicht ansteigend nach Westen über kleinere Rinnsale, die bei einem evtl. Gewitter rasch Wasser führen.
Zirka 45 Minuten vor den Horombo Hütten in ca. 3570 m stehen in einem Bachbett die ersten Baumsenecien und in ca. 3620 m mehrere kleinere und größere Senecien.

Hier findet man den Walachit-Sonnenvogel. Er bestäubt die Lobelien und Senecien anstelle der Insekten. Mit Geduld und einem Teleobjektiv können auch grüne Nektarvögel fotografiert werden. Ihr schneller Flügelschlag gleicht dem von Kolibris.

Auch Riesen-Kreuzkräuter (siehe Foto) sind hier anzutreffen.

Foto links: Die **Riesen-Kreuzkräuter** (oder Geißkräuter genannt) wachsen im Karanga Tal und um die Horombo Hütten. Ihre abgestorbenen Blätter schützen die Pflanze vor Frost und lassen so ihr Inneres nie gefrieren.

Foto unten: «Horombo-Anlage»
links das Haupthaus mit Eßraum, rechts die Übernachtungshütten für die Touristen. Im Hintergrund der Kilimanjaro (Süd/Ostseite) mit Rebmann- und Decken Gletscher.

In ca. 3700 m stehen am Berghang große Protea-Büsche (siehe Farbteil).

Dann durchquert man noch zwei Bachläufe und erreicht nach ca. 15 Minuten das Plateau der Horombo Hütten.

Horombo Hütten 3725 m

Das Hüttenschild ist mit 3787 m beschriftet.
Sie sind im selben Stil wie die Mandara Hütten gebaut - norwegische Zeltdachhäuser (120 Schlafplätze).
An dieser Stelle möchte ich meinen Dank an die Norweger aussprechen. Ein Beispiel sinnvoller Entwicklungshilfe (nicht nur für Bergsteiger).
Der Hüttenwart verteilt die Übernachtungsplätze. Die Räume haben bis zu 8 Schlafmöglichkeiten. Das Haupthaus dient als Eßraum mit offenem Kamin und auf dessen Dachboden befinden sich noch ca. 20 Schlafplätze - Hüttenruhe 22.00 Uhr.
Die Horomboanlage erscheint wie eine Zeltstadt. Die älteren Häuser dienen den Trägern als Quartier und sind die reinsten Räucherkammern.
Temperaturmessung im Januar 22.00 Uhr +2°C; 6.00 Uhr +4°C; 7.00 Uhr +9°C
Foto: «Horombo» links das Haupthaus, davor eine Wasserstelle, rechts Übernachtungshütten für Touristen und im Hintergrund der Mawenzi (Upper Route).

Anlage:

10 Hütten für je 8 Personen	= 80 Schlafplätze
Hütte mit 1 Eßraum für 50 Personen	= 20 Schlafplätze
für Touristen	= 100 Schlafplätze

Hinweis: Die Horombo soll bis auf 190 Schlafplätze für Touristen erweitert werden.

für Führer und Träger	
7 Hütten mit 28 Lagern	= 196 Schlafplätze
1 Hütte für den Hüttenwirt mit	3 Schlafplätzen
3 Hütten für die Köche (Küche) mit je 2	= 6 Schlafplätzen
Gesamtkapazität zur Zeit	= 305 Schlafplätze

sowie ein großer Zeltplatz für die Bergsteiger, welche nicht über die Marangu Route aufgestiegen sind. **Hinweis:** 1995 wurden zwei neue Hütten errichtet.

Außerdem gibt es:
1 Funkstelle (radio call)
6 Küchenräume für die Köche der Touristen
1 Küchenraum für die Träger
2 Lagerräume (Vorratsräume)
4 Toiletten mit Wasserspülung für Touristen
1 Toilette ohne Wasserspülung (Plumpsklo) für Touristen
2 Toiletten ohne Wasserspülung (Plumpsklo) für die Träger
2 Wasserstellen (Becken)

Zeichnung: «Nektarvogel»

Hinweis: Solaranlagen sorgen für Licht in den Hütten und im Eßraum. Beim Hüttenwirt erhalten Sie Cola und evtl. Bier.
Wichtig: Bitte die Toilettenanlagen benützen, auch wenn sie nicht immer sauber sind.

Akklimatisierungs-Ruhetag (3. Tag)

Dem nicht akklimatisierten Bergsteiger (Trekker), der z. B. direkt von einer Safaritour oder einem Badeaufenthalt zum Kilimanjaro reist, empfehle ich einen Tag auf der Horombo zwischen 3700 m und 4300 m zu bleiben. Entweder einen Ruhetag einlegen oder über die Upper Route zu den in 3800 m Höhe wachsenden Riesen-Kreuzkräutern (siehe Foto unten) aufzusteigen. Hier stehen die größten Exemplare, die ich am Kilimanjaro gesehen habe (**s. S.** 98).

Weitere Erholungsplätze sind die Wiesen in der Nähe der Horombo. Hier können Sie Nektarvögel (**s. S.** 97) beobachten, die Lobelien und Senecien studieren, und die Ruhe abseits des Hüttenrummels genießen. Dem aktiven Trekker bietet sich ein Spaziergang zum Mawenzi Sattel (Upper Route) 4345 m an (**s. S.** 104-105) und dem Bergsteiger eine Tour zum Mawenzi (**s. S.** 169).

Foto:
Eines der größten **«Riesen-Kreuzkräuter»** an der Upper Route. Das Kreuzkraut Senecio (Geißkraut) zählt zur artenreichen Korbblütlergattung.

Foto: «Träger auf dem Weg zur Kibohütte» sie bringen Kochtöpfe, Holz u.Wasser.

4. Tag

Etappe - ca. 11 km
Horombo Hütten 3725 m - Kibo Hütte 4700 m
Gehzeit offiziell 5 Stunden, von mir empfohlen 5-6 Stunden.
Aufstiegsrouten (**s.** Skizzen **S.** 88). Zur Kibo Hütte bieten sich 2 Wegvarianten an, von denen die **Lower Route** als übliche Auf- und Abstiegsroute begangen wird.

a) Lower Route (Nr. 1 a - **s. S.** 102-103)
entlang des Kibo-SO-Hanges (Auf- und Abstieg der üblichen Normalrouten)
b) Upper Route (Nr. 1 b - **s. S.** 104-105)
über den Mawenzi Sattel (ehemalige Normalroute).

Hinweis: Die Träger gehen immer die «Lower Route». Sie ist leichter und steigt gleichmäßiger auf. Einige Führer wollen die «Upper Route» nicht gehen, ihr Argument: sie ist steiler und führt länger durch die Hochwüste, in der evtl. mit starkem Wind und kühleren Temperaturen zu rechnen ist. Touristisch gesehen ist sie aber reizvoller. **Wichtig:** Eine Quelle an der «Lower Route», nach ca. 1 ½ Std. als Last Water gekennzeichnet, sorgt noch für ausreichend Flüssigkeit. Die Träger nehmen hier evtl. Wasser für ihre Gruppe mit. Das Sammelwasser auf der Kibo Hütte ist knapp und zeitweise zugefroren.
Wer die Upper Route wählt, sollte bereits von der Horombo Hütte Wasser mitnehmen, denn die Last Water Stelle nach ca. 45 Minuten ist oft nur ein Rinnsal.

Anmerkung
Wenn Sie während der Hochsaison merken, daß die Horombo Hütten bereits voll sind, dann soll der Führer die Bettenbelegung (Reservierung) auf der Kibo Hütte organisieren. Eventuell muß ein konditionsstarker Bergsteiger mit einem Träger vorausgehen, sonst kann es Ihnen passieren, daß bei Ihrer Ankunft die Kibo Hütte voll ist. Pfiffige Führer kennen diesen Trick bereits.

Ausrüstung
Außerdem sollte in den Tagesrucksack ein Pullover (Fleece) oder Anorak. Bis zur Kibo Hütte reichen leichte Trekkingschuhe.

a) Lower Route (**s.** Skizze Nr. **1 a S.** 88 - - - - - - -)
Bei strahlender Sonne marschierten wir um 8.00 Uhr von der Horombo Hütte ab. Gleich hinter den Horombo Hütten teilen sich die Wege. Rechts nach Norden zur Upper Route und geradeaus nach Westen zur Lower Route den Wiesenhang querend. Durch hohes heidekrautartiges Gewächs und teilweise über sumpfige Moospolster führt der Weg leicht ansteigend in Richtung Kibo Sattel.
Nach ca. 30 Minuten bieten sich die ersten Panoramaaufnahmen von Kibo und Mawenzi an (**s. S.** 90). Herrliche Motive, wenn die Träger mit ihren Lasten auf dem Kopf vorbeimarschieren. Sie gehen natürlich alle Streckenabschnitte in wesentlich kürzeren Zeiten, falls sie nicht persönliche Lasten, z. B. Fotoausrüstung, tragen. Nun folgt ein kurzer Abstieg von ca. 50 m. Große Felsblöcke säumen den Weg. Sie wurden bei den Vulkanausbrüchen bis fast zur Horombo Hütte geschleudert. Dann werden die einzelnen Hügelanstiege schon steiler und ein Wegweiser zeigt die Abzweigung (Pfad) zur Barranco/Arrow Hütte an. In ca. 3900 m trifft man auf die letzte Wasserstelle. **Kennzeichnung: «Last Water»** an einem flachen Zwischenstück.
Gehzeit bis zum Last Water 3900 m ca.1-1 ½ Std.. Das Quellwasser ist sauber.
Foto: «Mawenzi» aufgenommen von der Lower Route

Foto: «Letzte Wasserstelle» der Lower Route in ca. 3900 m Höhe. Im Hintergrund eine Gruppe Jugendlicher.

Nun wechselt die Vegetation in eine heidekrautähnliche Flächenbewachsung über, Ruhrkraut genannt. Wie mit weißer Asche bedeckt schimmern die mit Ruhrkraut bewachsenen Lavarücken. Die Luft wird spürbar dünner, wenn man die weite, wüstenhafte Hochfläche erreicht, die sich zwischen den beiden Bergmassiven Kibo und Mawenzi ausbreitet.

Gehzeit
Last Water - Hochfläche ca. 2 Stunden.
Man steigt von der letzten Anhöhe wieder ca. 30 m ab und erreicht das Kiboplateau. Anschließend muß man dieses Plateau, die sogenannte Kibowüste (eine endlos wirkende Steinwüste) in etwa 4300 m Höhe überqueren. Hier wachsen verstreut Strohröschen- bzw. Strohblumenbüsche (auch Kilimanjaro Edelweiß genannt) schutzsuchend hinter vereinzelten Steinen oder sich flach auf die trockene Erde klammernd.
Der Weg, besser gesagt die Spur, zieht sich langsam ansteigend zur flachen Senke zwischen Triplets und Middle Red Hill. Sie trifft danach in 4470 m Höhe am Kibo Sattel auf die Upper Route. In dieser Sand- und Steinwüste wachsen nur noch Flechten auf vereinzelten Steinen bzw. Felsblöcken. Nun wieder leicht ansteigend zur Kibo Hut. Der letzte Aufschwung ist stark ausgetreten (von vielen Trägern frequentiert). Erst wenn man den Felsen näher kommt, wird es steiler.

Gehzeit
Hochfläche - Kibo Hütte 4700 m, 2-3 Std.

b) Upper Route (**s.** Skizze Nr. **1 b S.** 88 **- - - - -**)
Gleich nach dem Abmarsch stößt man auf die Wegteilung. Geradeaus (Westen) zur Lower Route und rechts (Norden) zur Upper Route, der in Aufstiegsrichtung landschaftlich interessanteren Route. Sie ist zwar schöner, dafür aber auch anstrengender. Zuerst steil über einen mit heidekrautähnlichen Büschen bewachsenen Rücken in Richtung Norden aufsteigen. Zur rechten Seite (Osten) zieht sich ab 3700-3810 m eine fantastische grüne Wiese von der Horombo kommend am Bach entlang hinauf. Prachtvolle Lobelien, Senecien und Riesen-Kreuzkräuter stehen in ihr.
Hinweis: Bitte verlassen Sie den Weg nicht, die Wiese ist sumpfig und durch das Betreten werden zarte Moospolster zerstört. Nach ca. 45 Minuten erreicht man die gekennzeichnete letzte Wasserstelle (Last Water 3940 m). Auch hier Lobelien zwischen Grasbüscheln.

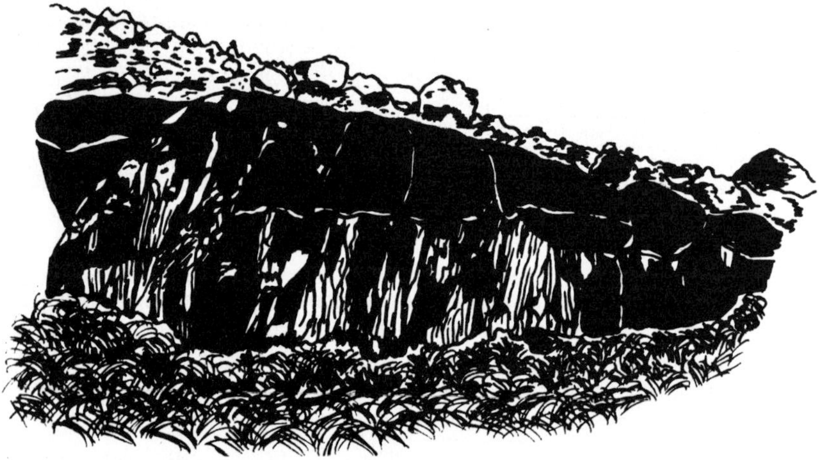

In 4000 m Höhe steht man den Zebrafelsen gegenüber = East Lava Hill 4380 m. Die Streifen sind durch Sinterungen entstanden. Auch hier wieder heidekrautartige Büsche, genannt Ruhrkraut. **Gehzeit** vom Last Water ca. 1 Stunde.

Nun wird das Bachbett trockener und der Aufstieg steiler, bis man schließlich in 4345 m den **Mawenzi Sattel** erreicht hat. Ein Wegweiser zeigt nach Süden zum beschriebenen Auf- bzw. Abstieg zur Horombo, nach Osten zum Mawenzi (Mawenzi Hütte) und nach Westen zum Kilimanjaro.
Hinweis: Die Upper Route ist mit vielen Steinmännchen gut gekennzeichnet.
Gehzeit Horombo - Mawenzi Sattel ca. 2 ½ Stunden.

Hier, oder vom nahen Gipfel des **East Lava Hill 4380 m**, genießt man einen herrlichen Ausblick auf den majestätischen Vulkankegel des Kilimanjaro und die zerklüfteten Spitzen des Mawenzi (South West Ridge).
Eine Abzweigung unterhalb des Sattels führt zur Mawenzi Tarn Hütte hinüber. Wir aber folgen den Steinmännchen (Weg) nach Westen. Die Vegetation nimmt seit Überquerung des Mawenzi Sattels zunehmend ab. Strohblumen säumen nun den Weg. Im flachen Abstieg von ca. 45 Höhenmetern gelangt man nun auf das Plateau des **Kibo Sattels 4310 m** und überquert dann fast eben die sogenannte Kibowüste.
Der Weg wird allmählich steiler. In 4470 m Höhe trifft er auf die Lower Route und verläuft vereint als breiter ausgetretener Weg bis zu den Kibo Hütten weiter.
Der letzte Aufschwung zur Kibo Hütte 4700 m ist sicherlich nicht mehr zu verfehlen, denn auf der Lower Route herrscht ein reges Kommen und Gehen.
Gehzeit Mawenzi Sattel - Kibo Hütte ca. 2 ½ Stunden.

Foto: Dr.K.Kilberth **«Kilimanjaro Südostseite»** aufgenommen von der Lower Route 1.Kersten-,2.Decken-,3.Rebmann Gletscher/---- Aufstieg(Normalroute)z.Gillman's Point

Der Kibo Sattel 4310 m
Am Kamerastandort treffen folgende Routen zusammen: North Circuit, Lower- und Upper Route sowie die Abzweigung zur Mawenzi Tarn Hut und Rongai Route.

Foto: «Mawenzi»
Kamerastandort: Kibo Sattel 4310 m
1 Abzweigung nach Osten zum Mawenzi
2 Weg nach Norden zur Mawenzi Tarn Hut und Rongai Route
3 Abzweigung zur Upper Route/Mawenzi Sattel 4345 m
4 Mawenzi Hut 4315 m
5 Oehler Schlucht
6 Nordecke 5135 m
7 Hans Meyer Peak 5149 m
8 Purtscheller Peak 5120 m
9 Borchers Peak 5115 m
10 Klute Peak 5100 m
11 Latham Peak 5067 m
12 Pinnacles 5000 m
13 Londt Peak 5020 m

Foto rechts: «Strohblumengewächs»

Der Kamerastandort beider Aufnahmen
links Mawenzi, rechts Kilimanjaro befindet sich exakt in der Mitte des Kibo Sattels. Die Berge stehen sich hier genau gegenüber.

Foto: «Kilimanjaro»
Kamerastandort: Kibo Sattel 4310 m
1 Abzweigung nach Westen zur Kibo Hut mit Aufstieg zum Gillman's Point
2 Rongai Route mit Aufstieg zum Hans Meyer Notch
3 Rebmann Gletscher
4 Ratzel Gletscher
5 Bismarck Tower 5735 m
6 Gillman's Point 5715 m
7 Leopard Point 5680 m
8 Hans Meyer Notch 5630 m (Übergang zum Reusch Krater)
9 Stufengletscher

Skizze: «Kilimanjaro-Ory» = Büschelohr Spießbock

Kibo Hütte 4700 m

Ein ungemütlicher kalter Steinbau (Natursteine). Für Selbstversorger kein Essensraum vorhanden. Stockbetten für bis zu 15 Personen pro Raum. Die Träger und Bergführer schlafen in der alten Hütte; gleicht einer Räucherkammer, denn es wird auf offener Feuerstelle ohne Kaminabzug gekocht.

Hinweis: Nach Möglichkeit zwischen 16.00-18.00 Uhr kochen und dann freiwillige Bettruhe anordnen, denn Wecken ist evtl. um Mitternacht.

Verbindungen zur School Hut 4750 m - **Gehzeit** ca. 30 Minuten

Essen Empfehlenswert leichte Kost für den Gipfeltag. Am Vortag (abends) ein Nudelgericht (wie bei Leistungsport). Außerdem viel trinken, trinken, trinken (**s.** Bergsteigerinformation **S.** 49-52). Die Thermosflasche kann schon am Vorabend mit heißem Tee für den Gipfelsturm gefüllt werden.

Wichtig: Auf der Kibo Hütte haben bereits einige Bergsteiger Akklimatisierungsprobleme - Kopfschmerzen, Unbehagen, Kreislaufschwierigkeiten, Schlafstörungen.
Bei Kopfschmerzen evtl. Aspirin bzw. Ähnliches, jedoch nur beschränkt einnehmen, oder versuchen Sie einmal **im Sitzen zu schlafen**, es soll Kopfschmerzen lindern.

Temperaturmessung im Januar 1.00 Uhr -2°C; 6.00 Uhr 0°C

Foto: «Kibo Hütte» mit Verwaltung und Trägerhütte

Anlage:

1 Hütte für	58 Personen (Touristenschlafplätze)
1 Hütte für	116 Personen (Schlafplätze für Träger und Führer)
1 Hütte für	3 Personen (Hüttenwirt)
Gesamtkapazität	177 Schlafplätze

sowie ein Zeltplatz für 8 Zweimannzelte

Außerdem gibt es:
1 Funkstelle (radio call)
1 Küchenraum für die Köche der Touristen
1 Küchenraum für die Träger
3 Toiletten ohne Wasserspülung (Plumpsklo) für Touristen
2 Toiletten ohne Wasserspülung (Plumpsklo) für die Träger
3 Wasserstellen (Becken)
Hinweis: Auch hier sorgt Solarenergie für Licht in den Hütten. Außerdem erhalten Sie beim Hüttenwirt (Verwalterhütte) Cola, Fanta, Sprite und evtl. Bier.
Bergsteiger die nicht über die Marangu Route aufsteigen (z.B.Rongai Route) können während der Hauptsaison nur im Zelt, nicht auf der Kibo Hütte übernachten.

Foto: Dr.K.Kilberth, **«Normalroute zum Gillman's Point 5715 m»**
a) Kibo Hütte **b)** Meyer Höhle **c)** Gillman's Point

5. Tag

Abmarsch in der Regel zwischen 1.00 und 2.00 Uhr früh (fast 1200 Höhenmeter)

Aufstieg
Kibo Hütte 4700 m - Gillman's Point 5715 m, ca. 3 ½ km (1000 Höhenmeter)
viele Trekker benötigen 4-5 ½ Stunden
Gillman's Point 5715 m - Uhuru Peak 5896 m, ca. 1 ½ km

Abstieg wieder bis zur Horombo Hütte 3725 m, ca. 14 ½ bzw. 16 km
Uhuru Peak - Gillman's Point 45 Minuten
Gillman's Point - Kibo Hütte ca. 1 Stunde
Kibo Hütte - Horombo Hütte ca. 2 ½ Stunden

Gehzeit (Gesamtzeit) offiziell 8-12 Stunden, von mir empfohlen 11-13 Stunden

Wichtig: Die Träger gehen nicht zum Gipfel weiter, man muß die Brotzeit, Fotoausrüstung usw. selbst tragen. Handschuhe, Mütze, Gamaschen, Daunenjacke (Anorak mit Pullover), Skistöcke und evtl. Steigeisen nicht vergessen.

Kurzbeschreibung
Wir sind gegen 24.00 Uhr aufgebrochen, damit alle Teilnehmer den herrlichen Sonnenaufgang vom Gillman's Point miterleben konnten, der Schlaf war ohnehin nicht überwältigend.
Hinweis: Dies war viel zu früh, denn es kann empfindlich kalt werden und so froren wir auch auf dem Gillman's Point bis zum Sonnenaufgang.
In der Regel versuchen alle Führer zwischen 24.00 und 1.00 Uhr aufzubrechen. Es reicht auch noch zwischen 1.00 und 2.00 Uhr.

Während unser Führer in gleichmäßig langsamen Tempo voran ging, beklagten sich andere Trekker über zu schnelles Vorantreiben ihrer Führer. Lassen Sie sich nicht aus der Ruhe bringen und gehen Sie Ihr Tempo, sobald Sie sich auf dem Pfad nach oben befinden, können Sie sich theoretisch nicht mehr versteigen.
Achtung: Keine losen Steine abtreten - Steinschlaggefahr. Ein Bergsteiger schrieb mir, daß er infolge eines Steinschlages einen Beckenbruch erlitt. Sollte vor Ihnen eine große Gruppe unterwegs sein: Abstand halten, rufen!

Unser Bergführer ging voran, gleich nach der Hütte in steilen Serpentinen, die sich verengen je höher man hinaufsteigt. Ohne Taschenlampe und «Steinmännchen» fand er zielbewußt die Aufstiegsroute. Vorbei war es mit dem bisherigen «Bergwandern». Lavasand und die Höhe zehren an den Kräften.

Steil führt der Pfad bergauf, eisiger Wind erschwerte die Atmung. Bei Tage würde noch zusätzlich die Hitze und der lockere Lavasand belasten; nachts ist er gefroren. Wir fanden sogar eine dünne Neuschneeschicht vor.

Foto: Die berühmte **«Meyer Höhle»** in 5200 m. Bevor man die Kibo Hütte baute, diente sie den Bergsteigern vor dem Gipfelsturm als Biwakschutz.

Viel zu erzählen gibt es über die nächtliche Besteigung nicht. Vor einem die Schatten der Lavahänge, hinter einem die Lichterprozession der einzelnen Gruppen. Kaum glaubt man den Gipfel zu erkennen, da erhebt sich aus der Dunkelheit ein neuer Schatten.

Bei der Meyer Höhle 5200 m gab ein Teilnehmer wegen Kreislaufschwierigkeiten auf. Wahrscheinlich ging er am Vortag zu schnell (sein Körper war noch nicht akklimatisiert). Hier zeigten sich auch die ersten Konditionsschwächen und so ging jeder nach eigenem Ermessen alleine weiter. Der Aufstieg ab der Meyer Höhle erfolgt in vielen Serpentinen.

Eine halbe Stunde vor Sonnenaufgang erreichte ich den Gillman's Point und konnte das gesamte Farbenspiel mit Blick über den Mawenzi fotografisch festhalten. Je nach Witterung trifft man hier auf Schnee und Fels.
Den Sonnenaufgang erlebt man selbstverständlich auf der gesamten Aufstiegsroute.

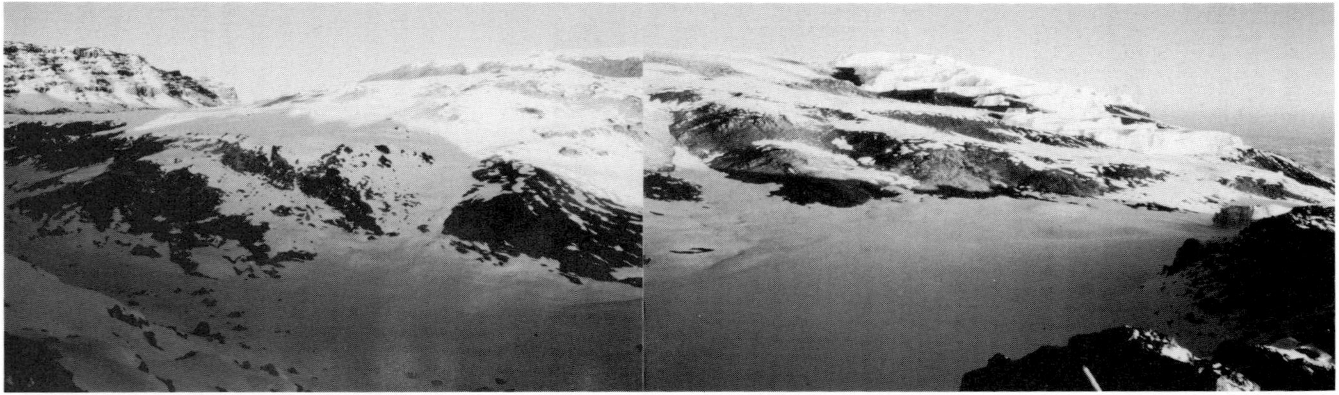

Panorama oben (1985) vom Gillman's Point, Kibo Krater mit Uhuru Peak (links), Reusch Krater (mitte), Stufengletscher (rechts)
unten (1995) vom Hans Meyer Notch 5630 m - Stufengletscher
Der Stufengletscher hat in den letzten 10 Jahren zunehmend abgebaut und soll das nächste Jahrhundert nicht mehr überleben.

Foto: «Mawenzi» vom Gipfel des Gillman's Point
Diese Aufnahme entstand kurz nach Sonnenaufgang. Die beiden weißen Kreise auf der rechten Schattenseite sind die Spiegelungen der Kibo Sattel-Seen, die in der Trockenzeit evtl. ohne Wasser sind.

Gillman's Point 5715 m (Kraterrand)

Nur eine Eisenstange kennzeichnet den Gipfel. Der Kraterrand fällt hier in Richtung Norden erst mit mehreren Erhöhungen ab, dann erhebt sich auf ihm der eindrucksvolle Stufengletscher (s.S. 112), der bei Gipfelfotos den berühmten Hintergrund bildet. Nach Süden zieht er - anfangs mit einigen Spitzen besetzt und danach als langer Rücken - bis zum **Uhuru Peak** (s.S. 114), der höchsten Erhebung.

Foto: «Stella Point» 5745 m

«Gipfelgrat» - Kamerastandort: am Bismarck Tower 5735 m, aufgenommen 1985
1. Stella Point 5745 m **2.** Hans Meyer Point 5888 m **3.** Elveda Point 5890 m **4.** Uhuru Peak 5896 m
Hinweis: Die folgenden Fotos sind chronologisch dem Verlauf der Route.

Gipfelanstieg zum Uhuru Peak 5896 m

Kurz hinter den Felsen des mit Eisenstange und Tafel gekennzeichneten **Gillman's Point** geht die Spur weiter in Richtung Südwesten zum Hauptgipfel.

Zuerst seitlich am Kraterrand entlang (wir hatten immer eine Schneespur), dann auf dem Grat weiter zum **Bismarck Tower 5735 m** - dieser Teilabschnitt verlangt eine gewisse Trittsicherheit. Der Bismarck Tower braucht nicht bestiegen zu werden. Die Spur führt unterhalb vorbei. Leicht abwärts (evtl. Schneefeld) und dann wieder steiler im Gegenanstieg zum Stella Point 5745 m (**s.** Foto **S.** 113). Wieder ein Stück bergab zum vorletzten, längeren Anstieg (Scharte). Hier befand sich der offizielle Startplatz für Drachenflieger und Paraglider. Die rechte Spur (falls vorhanden) führt bergab zum Kraterboden zur Machame Route bzw. zum Furtwangler Gletscher (Westseite) oder zum Reusch Krater und Aschenloch (**s. S.** 149) nach N/O. Im N/W der Ratzelgletscher 5700 m, **«siehe Foto unten»**.
Zur linken Seite steigt eine gewaltige Eiswand den Hang herauf und begleitet den Kraterrand bis zum Uhuru Peak, das südliche Eisfeld (Southern Icefields), die Wächten des Rebmann-, Decken- und Kersten-Gletschers (**s.**Fotos **S.**116-118,121).

Foto: Dr. P. Spes **«Ratzelgletscher»** 1995
Kamerastandort: Scharte 5700 m zwischen Stella Point und Gipfelanstieg

Foto: R. Mairock **«Rebmann Gletscher»** 1995
Kamerastandort: ca. 5800 m Gipfelanstieg zum Hans Meyer Point
unten: Ausschnitt des Gletscheraufbaues von 1985 (siehe oben Bildmitte)

Weiterer Verlauf der Aufstiegsroute:
Das letzte Stück ist ein leicht ansteigender (fast ebener) atemberaubender Rücken mit einzelnen kleineren Erhebungen und war 1995 schneefrei. Der erste Vorgipfel ist der **Hans Meyer Point 5888 m**, es folgt der weniger markante **Elveda Point 5890 m** und endlich der **Uhuru Peak 5896 m**, die höchste Erhebung Afrikas.

Foto: Dr.P.Spes **oben: «Gipfelanstieg»** in ca.5750 m, gegenüber dem Stella Point
Der Kammverlauf beginnt links beim Rebmanngletscher, führt nach rechts zum Hans Meyer Point.
unten: «Aufstieg» zum Hans Meyer Point; **links: «Decken Gletscher»** (s.S.118)

Hinweis: In den Sommermonaten Juli/August ist der Gillman's Point sowie der beschriebene Weg am Kraterrand entlang schneefrei, evtl. mit Blankeis zu rechnen. Im Januar nur teilweise schneefrei. Die Gletscher nehmen, wie bereits erwähnt, von Jahr zu Jahr ab.

Foto: Dr.P.Spes **oben: «Teleaufnahme vom Decken Gletscher»** 1995
Die zunehmende Wärme hat den Gletscher unterhöhlt. Eiszapfen hängen wie Stalaktiten herab. **unten: «Uhuru Peak mit Kersten Gletscher»** 1985
Kamerastandort: Elveda Point 5890 m. Die letzten Höhenmeter zum Uhuru Peak zeigen die Schneeverhältnisse im November und Dezember.

Uhuru Peak 5896 m

«Uhuru» übersetzt Freiheit

Gipfeleindrücke

Erschöpft und ein bißchen stolz über die vollbrachte Leistung versuchte ich erst einmal den Pulsschlag durch kräftige Atemzüge zu verlangsamen, um für die Aufnahmen eine ruhige Hand zu bekommen.
Ein typisches Gipfelfoto ist vom Uhuru Peak nicht zu machen. Er ist nur eine von Süden leicht ansteigende, aber in den Kibo Krater steil abfallende Kuppe (den Gipfel markieren eine beflaggte Eisenstange, eine pultförmige Tafel mit der Freiheitserklärung von Tanzania und eine Kiste für das Gipfelbuch).
Der Rundblick ist jedoch bei idealem Wetter überwältigend. Der ganze Kraterkessel (Reusch Krater) liegt einem zu Füßen, auf der Rückseite (Süden) die gebänderte Eiswand (Kersten Gletscher), im Westen in 200 km Entfernung die Berge um den Ngorongoro-Krater, im Osten der zerschrundene Mawenzi 5148 m sowie die Aufstiegsroute vom Gillman's Point (**s.** Foto **S.** 114 Aufstieg und **S.** 120 Gipfelpanorama) und mehr als 5000 Meter weit unten die endlose Savanne, aus der nur im Südwesten der Mount Meru 4566 m ebenmäßig geformt den Horizont unterbricht.

Foto: Dr.P.Spes **«Blick vom Uhuru Peak zum Gillman's Point»**
Links der Reusch Krater mit Feuerwächter, man erkennt die Abstufung des Reusch Kraters zum Kraterboden des Kilimanjaro (von links nach rechts).
Rechts in den Wolken der Stufengletscher, aufgenommen 1995.

Blick vom Uhuru Peak aufgenommen Dezember 1985
rechts der gesamte Krateraufstieg vom Gillman's Point 5715 m (**Nr. 1**)
2. Bismarck Tower 5735 m **3.** Stella Point 5745 m **4.** Mawenzi 5148 m **5.** Uhuru Peak 5896 m (Vordergrund)

Panorama **«Kerstengletscher»** Die Fotos zeigen den Verfall des Gletschers.
oben «mit Mount Meru 4566 m» unten «mit Uhuru Peak 5896 m»
Kamerastandort: oben «Uhuru Peak» unten «Hans Meyer Point»
Foto: oben links Dr.P.Spes/1995 unten R.Jauk/1980 oben rechts P.Rotter/1985

Abstieg zu den Horombo Hütten

Gehzeit von der Kibo Hütte ca. 2 ½ Stunden

a) Normalroute über die Kibo Hut

Zu fünft erreichten wir den Gipfel. Nach 30 Minuten Verschnaufpause ging es denselben Weg zurück. Vom Gillman's Point steigt man in direkter Fallinie den Lavasand, besser gesagt man rutscht (fährt), bergab.

Unterhalb der Kibo Hütte kann man, wie bereits erwähnt, rechts zur Lower Route abzweigen. Der Normalweg (wie beim Aufstieg beschrieben) führt zwischen den Nebenkraterkegeln Triplets 4555 m und Middle Red Hill 4425 m hindurch südwärts über eine flache, wüstenhafte Hochebene. Rechts rückt der Pavianfelsen ins Blickfeld. Später säumen große Felsblöcke den Pfad. Sie wurden bei den Vulkanausbrüchen bis hierher geschleudert, nahe zur Abzweigung zum South Circuit. Nun schwenkt die Route nach links um den Lower Middle Hill 4085 m in Richtung Osten. Ein Gegenanstieg von etwa 50 Höhenmetern leitet hinauf zur Weggabelung an der Upper Route und diese entlang geht es dann kurz abwärts zur Horombo Hütte 3725 m.

b) Variante über die Barafu Hut

Diese wird erreicht, wenn man vom Uhuru Peak die Normalroute bis Hans Meyer Point absteigt und zwischen diesem und dem Stella Point, also unmittelbar östlich des Gipfeleisfeldes (Rebmann Gletscher), nach Osten geht (Pfad).

Gehzeit ca. 2 Stunden

Barafu Hut 2 Blechhütten oberhalb eines Lavarückens mit guten Zeltplätzen.

Hinweis: Kein Holz und kein Wasser vorhanden.

Der Aufstieg von der Barafu Hut zum Uhuru ist bequemer als der über die Kibo Hut. Der weitere Abstieg zur Horombo verläuft unschwierig über den South Circuit.

Gehzeit ca. 2 ½ Stunden - **Gesamtgehzeiten** **(s. S.** 90)

6. Tag

Rückmarsch

Horombo 3725 m - Mandara 2675 m (Mittagspause) - 3 Stunden

Mandara 2675 m - Marangu Gate 1840 m (Parkeingang) - 2 ½-3 Stunden

Gehzeit offiziell 6-7 Stunden («Hatscher»)

Abstieg Mandara-Marangu Gate «Pfad» ab Holzbrücke

Wie bereits erwähnt, ist es empfehlenswert den Pfad durch den Wald zu wählen. An der Holzbrücke rechts in den Wald (beschildert), vorbei an etlichen Feuerballilien durch tropische Vegetation. Nach ca. 1 ½ Stunden auf halber Strecke verläßt man den Waldbereich und der Weg führt durch landwirtschaftliches Anbaugebiet, an einem Hof vorbei, entlang eines freien Feldes zum Fluß hinunter. Dann am Flußufer entlang, leicht bergauf bis zum Wasserfall und nach diesem den Fluß queren. Vorsicht Rutschgefahr!

Nun steil bergauf bis zur Straße, die nach ca. 1 Kilometer zum Gate führt.

Gehzeit Wasserfall - Gate ca. 20 Minuten

Abschied (Siegesfeier)
Am Gate erwarten die Träger und Führer (Koch) ihre zusätzliche Entlohnung (Trinkgeld-**s.S.**85). Wie bereits erwähnt, hat sich ein Fixpreis eingebürgert (siehe Beiblatt). Es bleibt natürlich jedem selbst überlassen, wie er mit dem Team zufrieden war.

Ich vertrete die Ansicht, daß guter Service belohnt, Unzufriedenheit aber auch erwähnt werden soll.

Hinweis: Die Träger tragen im allgemeinen das Gepäck vom Gate nicht bis zur Busstation nach Marangu (Ort) 5-6 km.

Weiterfahrt (**s. S.** 53-60 Anfahrt)

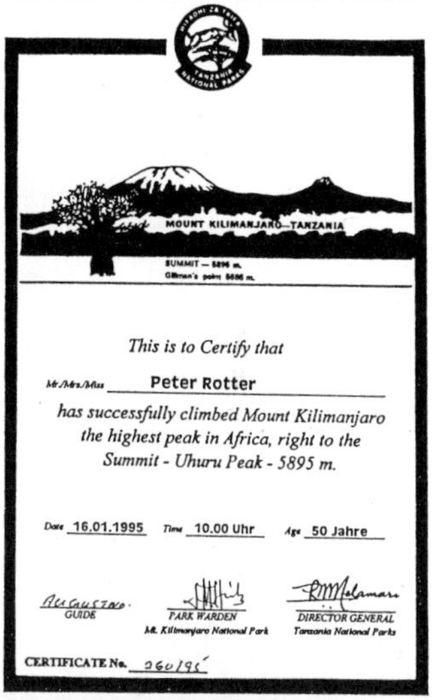
MOUNT KILIMANJARO—TANZANIA

This is to Certify that

Mr./Mrs./Miss Peter Rotter

has successfully climbed Mount Kilimanjaro the highest peak in Africa, right to the Summit - Uhuru Peak - 5895 m.

Date 16.01.1995 Time 10.00 Uhr Age 50 Jahre

GUIDE

PARK WARDEN
Mt. Kilimanjaro National Park

DIRECTOR GENERAL
Tanzania National Parks

CERTIFICATE No. 260/95

Urkunde
Jeder Tourist erhält am Gate vom Nationalpark Office nach Angabe des Bergführers für die Besteigung des Gillman's Point eine Urkunde mit grüner Kennung und für den Uhuru Peak den Besteigungsnachweis (Urkunde) in Gold.
Bereits Mitte Januar hatte ich für den Uhuru Peak die Registriernummer 260.

Foto: «Office» am Gate der Marangu Route

Panorama «Kilimanjaro Nordostseite» (60 Grad)
Kamerastandort: Rongairoute ca. 3900 m
Aufstiegsroute zur School Hut mit Blick auf Stufengletscher (mitte), links Gillman's Point, rechts Northern Icefield (**s. S.** 130)

Rongai Route (Loitokitok)

5 Tage - Seit der Öffnung der Rongai Route 1990 kann der Kilimanjaro auch von Norden bestiegen werden. Sie ist offiziell nur als Aufstiegsroute freigegeben. Fälschlicherweise geben Veranstalter in ihren Prospekten diese Route als Besteigung von Kenia aus an. Das trifft nicht zu, auch wenn die Anfahrt über Loitokitok in Kenia erfolgt, so wird doch die Besteigung nahe dem Dorf Rongai von Tanzania aus durchgeführt. Auch die Registrierung für das Besteigungspermit muß vorher beim Gate in Marangu geschehen.

Anfahrt
Bus Nairobi - Grenzort Loitokitok (**s. S.** 57, Abschnitt b)
Matatu Moshi - Marangu - Tarakea - Loitokitok
Hinweis: Die Grenze wird um 18.00 Uhr geschlossen. Agenturen wie «The Snow Cap» bekommen auch später noch eine Grenzabfertigung. Für die **Einreise nach Kenia** benötigt man **kein Visum**. Für die **Rückreise** nach Tanzania bzw. zur Rongai Route sollte man bereits ein **Mehrfachvisum** besitzen (**s.S.** 39).
Paßkontrolle ist am Grenzort Kibouni und beim Dorf Rongai

Ausgangsorte

Loitokitok (Oloitokitok) 1720 m / Kenia
Dieser Grenzort in Kenia wird in Karten und Reiseführern auch mit Oloitokitok angegeben (**s. S.** 57).

Hotel
«Kibo Slopes Cottages» empfehlenswert (**s. S.** 57)
Hier kann man sich z. B. nach der Eingehtour am Mount Meru erholen.

Tarakea 1900 m / Tanzania
Kleines einfaches Guesthouse sowie Büro von «The Snow Cap Mountain Climbing Camp», an der rechten Straßenseite - kurz vor der Grenze.
Neu: Snow Cap baut am Fuße des Kibo bei Rongai, Nähe des Aufstiegs, ein Bergsteigercamp (Lodge).

Rongai 1950 m
Grenzdorf auf tanzanischem Gebiet. Ausgangsort zur gleichnamigen Route. Wenig Einkaufsmöglichkeiten (Bier, alkoholfreie Getränke, Obst, Kekse).

Ausrüstung
Im Grunde kann man von derselben Ausrüstung wie auf der Marangu Route ausgehen, denn die Rongai Route kann auch als Normalroute bezeichnet werden. Nachdem im unteren Anmarschgebiet noch keine Hütten stehen und somit gezeltet wird, sollten ein guter Schlafsack bis -5°C mitgebracht werden, eine Isomatte und Skistöcke. Snow Cap hatte gute neuwertige Salewa-Zelte.

Besteigung - Normalanstieg

Gehzeiten

1. Tag Aufstieg Kikelewa 2050 m - 1. Höhle (Zeltplatz) 2830 m
Gehzeit 3 - 3 ½ Stunden

2. Tag 1. Höhle (Zeltplatz) 2830 m - 2. Höhle (Zeltplatz) 3450 m
Gehzeit 2 ½ bzw. 4-5 Stunden bis zur 3. Höhle (Zeltplatz) 3850 m

3. Tag 2./3. Höhle (Zeltplatz) - School Hut 4750 m
Gehzeit 3-4 Stunden von der 3. Höhle zur School Hut

4. Tag School Hut 4750 m - Gillman's Point - Uhuru Peak 5896 m
Abstieg zur Horombo Hut 3725 m
Gehzeiten wie Beschreibung 5. Tag ab Kibo Hut **s.S.** 110

5. Tag Horombo Hut 3725 m - Mandara - Marangu Gate 1840 m
Gehzeit 5 ½-6 Stunden

Varianten mit Besteigung des Mawenzi (Hans Meyer Peak 5148 m)

a) Aufstieg vom Dorf Naremoru über die Loitokitok (Outward Bound) Route zur 2. Höhle 3450 m und weiter über die Rongai Route

b) Von der 2. Höhle am 2. Tag bis zur Kikelewa Höhle 3600 m und am 3. Tag zur Mawenzi Tarn Hut 4330 m (Klettermöglichk. **s.S.**165-167) und am 4. Tag über den Kibo Sattel zur Kibo Hut 4700 m bzw. School Hut 4750 m, wenn über «The Snow Cap Mountain Climbing» gebucht wird.

Hinweis: Eine Übernachtung auf der Kibo Hut muß vorausgebucht werden.

Essen

Nachdem alle Routen am Kilimanjaro über eine Agentur gebucht werden müssen, sorgt diese auch für die Verpflegung der Bergsteiger - Kerosinkocher empfehlenswert.

Fauna Büffel, Colobusaffen, Elefanten, Elenantilopen, Kolibris, Nektarvögel

Flora

In den unteren Regionen:	Palmen, Feigenbäume, Farne
In den mittleren Regionen:	Baumheide = Erika bis zu 10 m hoch
	Protea (Kilimandscharica)
In den oberen Regionen:	Strohblumen

Im Vergleich mit der Marangu Route ist die Rongai Route eintöniger in Bezug auf Flora und Landschaft.

Führer/Träger

Nachdem mindestens dreimal gezeltet wird, sind mehr Ausrüstungsgegenstände mitzunehmen. So benötigt z. B. ein Bergsteiger allein 3 Träger; 2 Bergsteiger kommen mit 4 Trägern aus. Bei Gruppen ist gegenüber der Marangu Route die Crew um 30 % aufzustocken. Es bieten sich auch Träger mit Führerqualität an.

Die Auswahl und Leistungsfähigkeit der Führer und Träger ist von Agentur zur Agentur verschieden. Wünsche sollten vor Abmarsch geäußert werden.

Hütten
«School Hut» 4750 m - Privathütte von «Snow Cap Mountain Climbing»
Wellblechhaus mit zwei getrennten Räumen für Touristen und Träger. Brettlager mit Matratzen für ca. 12-16 Personen sowie Tische und Bänke. Gekocht wird in einer runden Biwakschachtel und Wasser wird aus zwei Regentonnen geschöpft. Toilettenhaus (Plumpsklo) abseits am Berghang. «Kibo Hut» 4700 m (**s. S.** 108-109)
Höhlen
Auf den ersten beiden Etappenzielen wird bei Höhlen gezeltet. Diese dienen den Trägern als Kochunterstand und Schlafstelle. Sie sind total verräuchert.

1. Höhle - 2830 m, 16 Zeltplätze, Quellwasser, Toilettenhäuschen (Plumpsklo), 2 Abfallgruben. Die Höhle wird zum Kochen und Nächtigen von den Trägern benützt.
Hinweis: Die Höhle kann mit Allradfahrzeugen erreicht werden.
(Nur für den medizinischen Notfall erlaubt.)
2. Höhle - 3450 m, 32 Zeltplätze, kein Quellwasser, keine Toilette aber Abfallgruben vorhanden. Die Höhle ist größer als die erste.
3. Höhle - 3850 m - offiziell für 32 Zeltplätze freigegeben, 2 Regenwasserbehälter, 3 Toilettenhäuschen (Plumpsklo), keine Abfallgruben. Die Höhle wird zum Kochen und Nächtigen von den Trägern benützt.
Hinweis: Die Umgebung zeigt starke Erosionsschäden. Bei Gewitterregen sind die Zeltplätze (Regenrinnen) überschwemmt.

Foto: «3. Höhle 3850 m» wird als Windschutz für die Küche benützt.

Klima (**s. S. 75**)

eigene Temperaturmessungen im Januar

Kikelewa	2050 m	12.00 Uhr	26°C schwül
1. Höhle	2830 m	9.00 Uhr	20°C
2. Höhle	3450 m	12.00 Uhr	15°C
3. Höhle	3900 m	7.00 Uhr	1°C
School Hut	4750 m	18.00 Uhr	0°C
Gillman's Point	5715 m	9.00 Uhr	-5°C
Reusch Krater	5820 m	12.00 Uhr	-8°C starker Wind
Uhuru Peak	5896 m	11.00 Uhr	-9°C starker Wind

Während es in Kikelewa noch schwül war, wurde die Luft zunehmend trockener, je höher man stieg. Am Reuschkrater und am Uhuru Peak herrschte ein starker Sturm.

Organisation

«The Snow Cap Mountain Climbing Camp» Tel. 055-52256 - Fax 8922
P. O. Box 117, Moshi/Tanzania
Sie haben sich auf die Rongai Route spezialisiert.
«Kibo Slopes Cottages» Tel. 799234 - Fax 00254-2-545892 Nairobi/Kenia
P. O. Box 218, Loitokitok/Kenia
Sie arbeiten mit Snow Cap zusammen.

Hinweis: Gruppen die sich von Deutschland aus an diese Agenturen wenden, werden an Hauser Excursionen International, München verwiesen.
Direktbuchung nur vor Ort bei Snow Cap Moshi möglich.
In der Zwischenzeit wird die Rongai Route auch von allen anderen Agenturen angeboten, doch Snow Cap hat natürlich vor Ort ein Büro und somit die besseren Verbindungen sowie mehrere eigene Fahrzeuge.

Rettung

Hinweis: Im Notfall kann ein Landrover (Allrad) bis zur ersten Höhle 2830 m fahren.

Transport

Mit öffentlichen Bussen (Matatus) erreicht man nur die Grenzorte. Die angegebenen Agenturen besitzen in Kibouni und Loitokitok eigene Fahrzeuge für den Weitertransport nach Rongai bzw. zum Aufstieg bei Kikelewa.

1. Etappe

Rongai 2050 m - 1. Höhle 2830 m

Grenzabfertigung beim Dorf Rongai, Weiterfahrt bis Kikelewa 2 Kilometer. Treffen der Träger und Führer am Startort 2050 m (Wald).
Die Strecke ist im ersten Abschnitt landschaftlich nicht so schön und abwechslungsreich wie die Marangu Route.
Man folgt der Fahrstraße (Forstweg) bis auf 2400 m. Bei einem Holztisch mit Bänken gibt es Lunch. Dann lichtet sich der Regenwald und man erreicht die Baumheidezone (Erikabüsche). Abkürzungen (Pfade) ermöglichen einen Direktanstieg.
Der Zeltplatz oberhalb der ersten Höhle bietet Platz für ca. 16 Zelte.

2. Etappe

1. Höhle 2830 m - 3. Höhle 3850 m

Weiter führt die Route durch mannshohe Büsche, später ab 3000 m durch niedrigeren Bewuchs, entlang eines Baches und steigt allmählich bis auf 3300 m an. Wegkennzeichnung mit Steinmännchen. Lunch ist diesmal bei der 2. Höhle in ca. 3450 m. Ab der 2. Höhle steigt man über einen Moränenrücken mit roter Markierung bis auf 3530 m auf und geht dann flach nach Süden weiter. Ein markanter Felsen in ca. 3800 m sowie Steinmännchen sind willkommene Orientierungshilfen bei Nebel. Der Zeltplatz befindet sich auf ca. 3850 m unterhalb der 3. Höhle, welcher auf der Karte ungenau angegeben ist. Auch hier haben ca. 16 Zelte auf einer halbwegs ebenen Sandfläche Platz.

Foto: «Rongai Route ca. 3900 m» von der 3. Höhle in Richtung School Hut.
1. Gillman's Point 5715 m **2.** Stufengletscher (Sphinx 5820 m) **3.** Northern Icefield

3. Etappe

3. Höhle 3850 m - School Hut 4750 m

Gleich hinter der Höhle führt ein kleiner Aufstieg zur Abzweigung Kilimanjaro/Mawenzi, die jetzt im Osten ins Panorama rücken.

Hinweisschild: nach links zur Tarn Hut, nach rechts Kibo Hut.

Der Anstieg verflacht sich nun und die Route zieht sich lange über einen sandigen Weg in Richtung Kibo Sattel. Dann nach Westen kurz ansteigend zur School Hut hinauf. Die Wellblechhütte wurde von Snow Cap für ihre eigenen Gruppen renoviert.

Sie diente früher der Outward Bound Mountain School, einer Art Bergwachtschule. Der Platz bietet einen schönen Blick zum Mawenzi.

Foto: «Rongai Route in ca. 4200 m Höhe» - Richtung Kibo Sattel
1. Gillman's Point 5715 m **2.** Stufengletscher **3.** Sphinx 5820 m
4. Lörtscher North **5.** Northern Icefield

Foto: «School Hut 4750 m» - Privathütte von Snow Cap Mountain Climbing,
oben: Rundblechhütte, sie dient als Küche und Schlafplatz für Träger (verräuchert)
unten: Wellblechhütte mit 2 Schlafräumen (Brettlager mit Matratzen) getrennt für Bergsteiger und Träger. Im Touristenraum zwei Tische mit Bänken. Quellwasser und Holz muß heraufgetragen werden. Keine Waschgelegenheit (Regentonnen),1 Toilettenhäuschen/2 Plumpsklos. **Hinweis:** Platz sauber halten!

4. Etappe

School Hut 4750 m - Gillman's Point 5712 m

Der Aufbruch von der School Hut ist wie von der Kibo Hut zwischen 1.00 Uhr und 2.00 Uhr in der Nacht. Gleich hinter der Hütte führt der Weg über einen mit Steinmännchen gekennzeichneten Moränenrücken, dann quert man den Osthang und erreicht nach ca. 2 Stunden am Williams Point 5150 m die Marangu Route, von der Kibo Hut kommend. Nun sind es nur noch 50 Höhenmeter bis zur Hans Meyer Höhle (**s.** Foto **S.** 111).

Der weitere Anstieg ist auf der **Normalroute** (**s.** ab **S.** 111) beschrieben.

Hinweis: In der Regel führt die 4. Etappe zum Gillman's Point und weiter zum Uhuru Peak 5896 m - Abstieg zur Horombo.

Man könnte aber auch vom Elveda Point 5890 m zum Kraterboden absteigen, weiter zum Reusch Krater gehen (**s. S.** 149) und sein Zelt unterhalb des Schlachtschiff's (Felsen) aufschlagen.

Oder wie bei meiner letzten Tour vom Reusch Krater zum östlichen Kraterrand und zwischen Leopard Point 5680 m und Schlachtschiff über den Hans Meyer Notch (Rinne) zur School Hut absteigen.

Foto: «Aufstieg zum Gillman's Point»
1. Marangu Route **2.** Rongai Route **3.** Hans Meyer Höhle
4. Williams Point **5.** Gillman's Point **6.** Leopard Point
7. Hans Meyer Notch (Abstieg zur School Hut) **8.** Ratzel-/**9.** Rebmann-Gletscher

KILIMANJARO

VULKANLANDSCHAFT DES KIBO-KRATERGIPFELS

VON RUDOLF JAUK, D-8200 ROSENHEIM

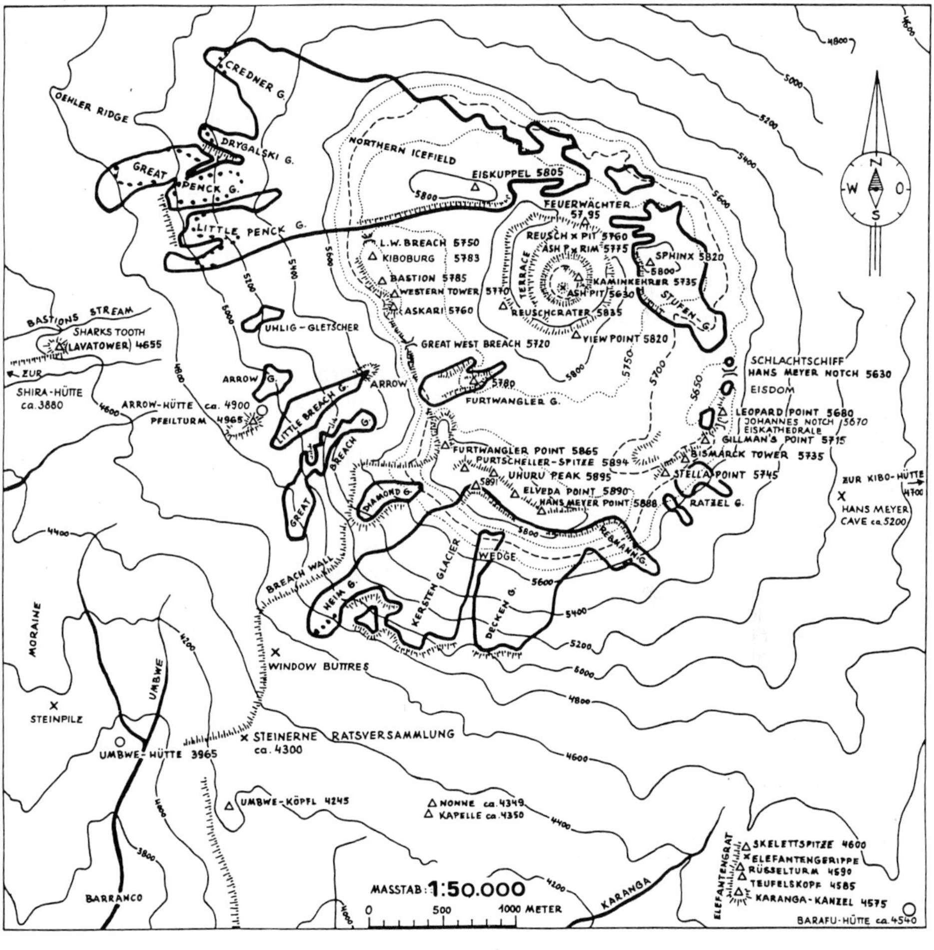

Zeichenerklärung:

Kartographie der Hochregionen des Kibo

o = Biwakplatz, Hütte — = Gletscher **Δ** = Gipfel

Höhenschichtlinien: ——— = **2**00 m / ------- = 100 m / .... = 50 m

X = besondere Örtlichkeit — = Wand, Geländekante

= Paß, Sattel, Scharte

= alter Gletscherbereich .... = neuer Gletscherbereich

Die Karte beinhaltet alle wichtigen Punkte am Kibo. Sie verdeutlicht den Krateraufbau, den äußeren Kraterrand mit seiner höchsten Erhebung dem Uhuru Peak, den Reusch Krater und in diesem die Aschengrube.

Erläuterungen zu Skizze Seite 135

Straßen-Routen

1 = Upper Route
1a = üblicher Auf-/Abstieg
1b = Lower Route
2 = Mweka Route
3 = Umbwe Route
4 = Machame Route
5 = South Circuit
6 = North Circuit
7 = Shira Route
8 = Rongai Route
9 = zur Mawenzi- u.Mawenzi Tarn Hut

Hotels - Hütten - Biwakplätze

11 = Marangu Hotel 1315 m
12 = Kibo Hotel 1425 m
13 = Gate Lodge 1830 m
14 = Mandara Hut 2675 m
15 = Horombo Hut 3725 m
16 = Kibo Hut 4700 m
20 = Mweka Hut ca. 2835 m
21 = Barafu Hut ca. 4540 m
22 = Umbwe Biwak I 2880 m
23 = Umbwe Biwak II 3735 m
24 = Barranco Hut 3965 m
25 = Arrow Hut ca. 4900 m
26 = Machame Hut ca. 2990 m
27 = Shira Hut ca. 3880 m
28 = Mawenzi Hut 4535 m
29 = Mawenzi Tarn Hut 4315 m
30 = Moir Hut ca. 4250 m

Besondere Örtlichkeiten

31 = Nationalpark Gate 1840 m
32 = Wasserstelle 2220 m
33 = Brücke I 2380 m
34 = Brücke II 2480 m
35 = Last Water 3940 m (Upper Route)
36 = Zebra Rock ca. 4200 m
37 = Pavianfelsen ca. 4450 m
38 = Elefantengrat 4600 m
39 = Mawenzi See 4310 m
41 = Mawenzi Sattel 4345 m
42 = Kibo Sattel 4310 m
43 = Torturm 4330 m
45 = Hans Meyer Höhle ca. 5200 m
46 = Höhle beim Bergschul-Kletterfelsen 3445m
47 = Kikelewa Höhle 3595 m
48 = Höhle 3900 m
49 = Last Water 3900 m (Lower Route)
50 = Wüste in ca. 4300 m Höhe

Gipfel:

Shira

51 = Johnsell Point 3942 m
52 = Klute Peak 3955 m
53 = Cone Place 3855 m
54 = Shira Needle 3795 m
55 = Shira Cathedral 3850 m
56 = East Shira Hill 3790 m

Kilimanjaro

61 = Lent Group
62 = Uhuru Peak 5896 m
63 = Gillman's Point 5715 m
64 = Triplets 4555 m
65 = Middle Red Hill 4425 m
66 = West Lava Hill 4315 m
67 = Lower Middle Hill 4085 m

Mawenzi

70 = Bienenkorbfels 4355 m
71 = Downie Peak 3625 m
72 = Weissmann Peak 4805 m
73 = Hans Meyer Peak 5148 m
74 = Purtscheller Peak 5125 m
75 = Latham Peak 5105 m
76 = South Peak 5020 m
77 = Camel's Back 4495 m
78 = East Lava Hill 4380 m
81 = Liebert Peak 4210 m
82 = Neumann Tower 4385 m
83 = Marue Spitzen 4165 m
84 = Triang Hill 3885 m
85 = Kofferberg 3760 m (Südost-Gipfel vermessen mit 12234 feet=3729 m)
86 = Podocarpus Hill 3305 m
87 = Kifinika 3125 m
88 = Maundi Krater 2775 m
89 = Festungsberg 3245 m / O=Oloitokitok
D=Dreikönigstal/F=Förstertal/K=Kirua/U=Umbwe
F=Förstertal/L=Londorossi Glades/T=Taveta

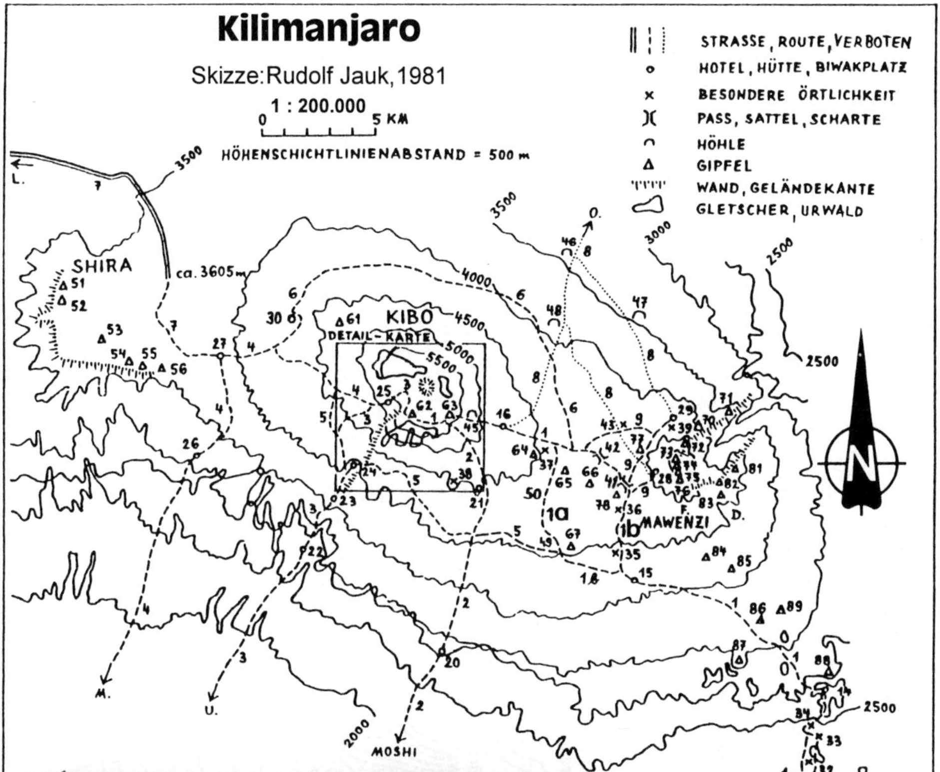

Foto: Rudolf Jauk - **«Eisberge am Northern Icefield»**
Hinweis: Detailkarte ■ = (Ausschnitt zur **s. S.** 133)

.... = Rongai Route / Aufstieg von Loitokitok (Oloitokitok - Kenia)

Höhenangaben mit Routen

.... Gletschergrenzen 1985 ...... Gletschergrenzen 1995

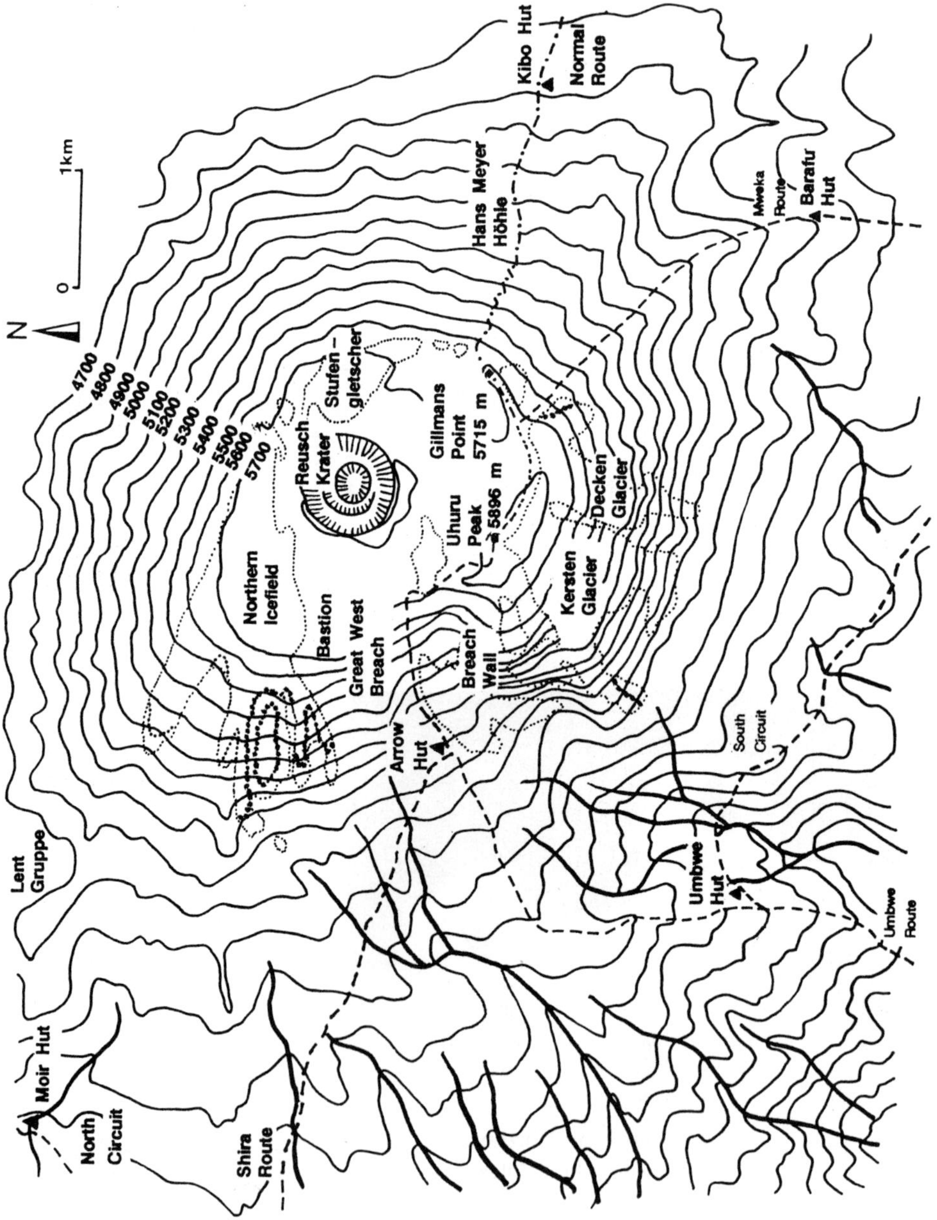

Machame Route

von Martin Gerber, Bergführer - **5 Tage**
Neben der Rongai Route wurde für Bergsteiger und Gruppen mit bergsteigerischen Ambitionen die Machame Route immer beliebter.

Sie wird als schönste Route bezeichnet und bietet ein fantastisches Panorama über das Moorland des Shira Plateau's, sowie den Kilimanjaro mit Western Breach.
Hinweis: Die Route sollte nur von Bergsteigern mit Klettererfahrung in Fels und Eis gewählt werden.
Wichtig: Für Trekker bietet sich die Variante über die Barafu Hütte an. Sie führt über den South Circuit um den Gipfelaufbau herum und ist länger (**s. S.** 157-158).

Anfahrt
Von Moshi über Kibosho nach Machame ca. 21 km.
Man fährt über die Hauptstraße nach Arusha bis zur Abzweigung von der Teerstraße (ausgeschildert), Entfernung ca. 13 km. Dann zwischen Feldern und Bananen-/ Kaffeeplantagen zum Dorf. Das Krankenhaus und die Kirche stammen aus der Zeit der Christianisierung durch die Lutherische Mission im 19. Jahrhundert.

Gate
Registrierung, Küchenraum, Plumpsklo, Wasser vom Fluß (keine Funkverbindung zur Parkverwaltung). Lodgebau ist geplant. **Hinweis:** Das Permit für die Besteigung muß vorher am Marangu Gate besorgt werden.

Ausgangsort

Machame 1395 m
gelegen an den Berghängen des Kibo ist nicht nur der Name für das Dorf sondern für die ganze Region der hier lebenden Chagga's. Sie waren einst wohlhabend, was die bis in die oberen Regionen führende Stromversorgung beweist.
Hotels
«Machame Hotel» heruntergekommen - Essen empfehlenswert
«Aishi Hotel» - keine Angaben

Ausrüstung
Die Besteigung über die Machame Route erfordert Hochgebirgsausrüstung und zusätzlich Brustgeschirr, Eisbeil oder Pickel, Seil, Steigeisen und Zelt (Schlafsack -15°C, Isomatte) und Kochausrüstung (Kerosinkocher).

Besteigung 4 Tage
Abstieg über die Maranguroute 2 Tage
Hinweis: Die Machame Route kann über die Barafu Hütte (Normalweg) oder über das Shira Plateau gewählt werden. Dieser für Bergsteiger interessante Weg wird hier beschrieben.

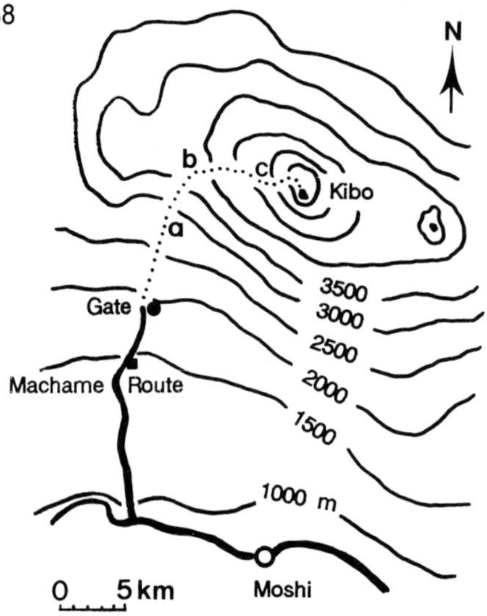

Besteigung

Etappen - Gehzeiten

1. Tag	Machame 1395 m - Machame Hut 2990m ca. 15 km, 4-5 Std.
2. Tag	Machame Hut 2990m Shira Hut 3880 m ca. 6 km, 3 ½-4 Std.
3. Tag	Shira Hut 3880 m - Arrow Hut 4900 m ca. 4-5 Std.
4. Tag	Arrow Hut 4900 m - Uhuru Peak 5896 m 6-7 Std.- Abstieg

Machame Route
—— = Anfahrt
...... = Machame Route
Hütten
a) Machame Hut 2990 m
b) Shira Hut 3880 m
c) Arrow Hut 4900 m

Abstieg über Kibo Hütte oder Barafu Hütte zur Horombo 4-4 ½ Stunden.
Hinweis: Die angegebenen Zeiten sind nur Richtlinien, die bei Konditionsschwäche oder Wettersturz in den oberen Regionen erheblich abweichen können.

Variante für Trekker ab dem
3. Tag statt zur Arrow zur Barranco Hut 3965 m - 4 ½ Std.
4. Tag Barranco Hut 3965 m - Barafu Hut 4540 m
5. Tag Barafu Hut 4540 m - Uhuru Peak 5896 m - 7 Std.
über die Mweka Route (Normalroute)

Essen
Die gesamte Verpflegung muß, wie bei allen Routen, mitgenommen werden - günstigste Einkaufsmöglichkeiten in Arusha und Moshi. Spezielle Höhenverpflegung (gefriergetrocknete Nahrung) spart Gewicht für die letzte Etappe.

Fauna Elenantilopen, Kolibris

Flora Lobelien, Senecien, Regenwaldvegetation

Führer/Träger
Es ist absolut wichtig, daß der Führer eine Zulassung für diese Route nachweisen kann und auch die Seilsicherung beherrscht.
Auch die Träger sollen Höhenerfahrungen haben und die Route bereits gegangen sein. Man sollte bei der Auswahl der Crew darauf achten und kritisch sein.

Hütten
«Machame Hut» 2990 m befindet sich in einem erbärmlichen Zustand. 2 Hütten mit je 6 Schlafplätzen. Gute Zeltplätze in unmittelbarer Nähe sowie Wasser und Toilettenhäuschen und Abfallgrube.
«Shira Hut» 3880 m mit guten Zeltplätzen und einer Höhle vor der Hütte.
Blechhütte mit 8 Schlafplätzen, Wasser (Bach) ca. 50 m in nördlicher Richtung, kein Toilettenhäuschen. Nähere Umgebung leider mit Abfall verschmutzt.
«Lava Tower Hut» 4600 m - 1995 wurde eine neue Hütte errichtet.
«Arrow Hut» 4900 m ist zerstört. Zeltplätze oberhalb der Hütte. Kein Wasser, kein Toilettenhäuschen, übliche Verschmutzung.

Klima
Im Regenwald ist mit Schauern zu rechnen, auch im August.
Die extremen Witterungsverhältnisse auf dieser Route oberhalb der Shira Hut (von Neuschnee bis hin zu Blankeis) können den Aufstieg erschweren.

Organisation
Der Autor dieses Berichtes organisierte die Tour über das Kibo Hotel (**s. S.** 66) in Marangu und war mit dem Preis-/Leistungsverhältnis zufrieden.
Wichtig: Die Registrierung muß vor Antritt der Besteigung am Gate in Marangu erfolgen. Dort bekommt man, bzw. die Agentur, auch das erforderliche Permit. Beim Abstieg muß auf der Horombo gezeltet werden. Die Hütten bleiben den Bergsteigern der Marangu Route vorbehalten. **Neu:** Die neue Lava Tower Hut ermöglicht eine Besteigung ohne Zelte, verlängert dann aber die 4. Etappe.

1. Etappe

Machame (Dorf) 1395 m - Machame Hut 2990 m
Bis zum Eingang (Gate) sind es von Machame 3 Kilometer. Vom Gate führt der Weg geradeaus zwischen dem Weru und Makoa Fluß zum Gebirgskamm. Sumpfabschnitte und Wurzelpassagen durch den Regenwald lassen wenig Zeit, die tropische Landschaft zu genießen. Der Weg ist vielleicht einer der schönsten im Regenwaldgebiet des Kilimanjaro. Vom Gebirgskamm weiter in direkter Fallinie, über einen schmalen Pfad zur Machame Hut. Die Blechhütte bleibt den Trägern vorbehalten.

2. Etappe

Machame Hut 2990 m - Shira Hut 3880 m
Von der Machame Hut nach Nordwest zur Schlucht unterhalb des Shira Plateau's. Sie führt ab der Hütte steil bergauf durch einen Erikawald, dann über Steinblöcke bis auf ca. 3700 m Höhe. Hier quert man in gleichbleibender Höhe offenes Gelände. Auf den Wiesen stehen Senecien und Lobelien (sumpfiges Hochmoor). Nach queren mehrerer Schluchten und Kämme verläuft die Route nach Westen.
Später steigt der Weg wieder leicht zur Shira Hut 3880 m an. 500 Meter vor der Hütte bietet sich eine Höhle zur Übernachtung an. Bei der Hütte schöne Zeltplätze.
Hinweis: Hier empfiehlt es sich, einen Ruhetag einzulegen.

3. Etappe

Shira Hut 3880 m - Lava Tower 4600 m - Arrow Hut 4900 m

Von der Shira Hut über einen langen Lavarücken mit Lavasteinen und Sand zum Lava Tower. Hier auf 4000 m Höhe haben wir eine Elenantilope gesichtet. Kurz unterhalb des Lava Tower zweigt ein Pfad zur Barranco Hut ab, der weiter zur Barafu Hut führt (siehe Variante). Von der Lava Tower ausgehend steigt man dann hinter der Hütte im Zick Zack über eine steile Lavahalde zum Zeltplatz oberhalb der Arrow Glacier Hut auf. **Vorsicht:** Bei Schneefall Rutschgefahr! Diese bereits von einer Lawine zerstörte Hütte befindet sich auf einem der letzten flachen Geländerücken vor der letzten Etappe. Schönes Panorama auf Shira Plateau, Western Breach und Kilimanjaro.

4. Etappe

Arrow Hut 4900 m - Uhuru Peak 5896 m - Horombo Hut 3725 m

Die letzte Etappe ist sehr anstrengend und fordert bergsteigerisches Können im II.-III. Schwierigkeitsgrad (Steigeisen, Pickel-Seilsicherung erforderlich).
Außerdem sollte man früh aufbrechen (wie von der Kibo Hütte) ca. 2.00 Uhr.

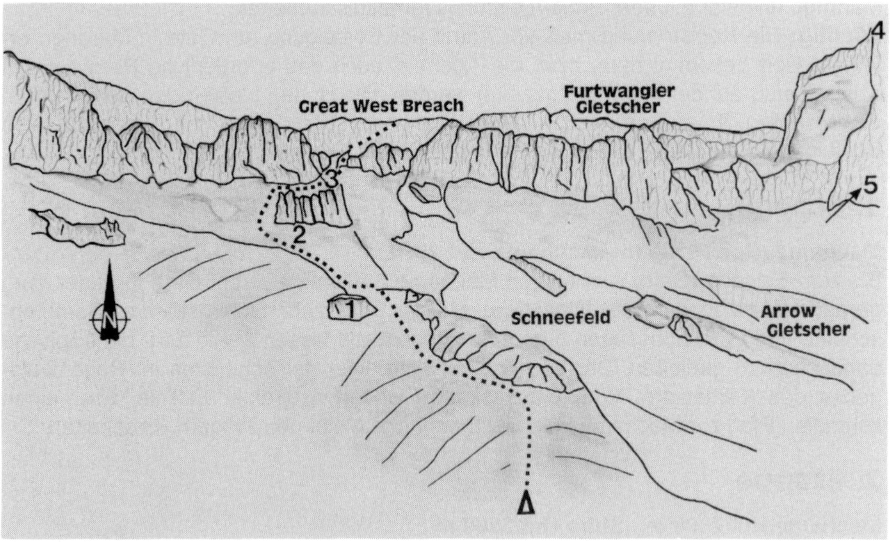

Machame Route

Skizze nach Vorlage von Martin Gerber

. . . . Aufstiegsroute von der Arrow Hut Δ zum Furtwangler Gletscher

1 markanter Stein mit senkrechter Westseite

2 markante Felstürme

3 versteckter Grat, der sich bis zur senkrechten Wand hinzieht

4 Furtwangler Point, am Aufstieg zum Uhuru Peak

5 Messmer Route (Felsen der West Breach)

Die ersten 400 Höhenmeter sind noch relativ leicht zu überwinden, doch dann kommt der steilste Abschnitt. Etwa in der Mitte der Route ist ein Felsrücken zu überwinden, der einem Treppenhaus gleicht. Über Geröll und brüchige, teilweise vereiste Kletterstufen erreicht man einen Kamin (Schlüsselstellung). Je nach Witterungsverhältnissen Maximum III. Schwierigkeitsgrad (Eispassagen bis 60°) - Seilsicherung empfehlenswert. Nach dieser Kletterpartie erreicht man den Great West Breach und dann um das Nordende des Furtwangler Gletscher's herum zum letzten Anstieg (200 Höhenmeter auf den Uhuru Peak).

Gehzeiten: Vom Kraterrand zum Uhuru Peak ca. 1 ½ Stunden. Vom Kraterrand in den Krater absteigen, um zum Reusch Krater wieder aufzusteigen ca. 1 Stunde.

Hinweis: Bei Wettersturz oder Konditionsschwäche kann vom Furtwangler Gletscher zum Stella Point - Gillman's Point gequert werden.

Gehzeit Arrow Hut 4900 m - Uhuru Peak 5896 m, 6 Stunden
Abstieg über die Normalroute - Kibo Hut - Horombo Hut (**s. S.** 122)

Foto: M. Gerber - **«Aufstieg vom Great Western Breach zum Uhuru Peak»**
Links Furtwangler Gletscher 5780 m, **rechts** Askari 5760 m.

Umbwe Route, Shira Route (jeweils oberer Abschnitt)

Panorama: Rudolf Jauk

Kamerastandort: ca. 4900 m

1. Pfeilturm 4965 m

2. Bastion 5785 m
3. Askari 5760 m
4. Great West Breach 5720 m
5. Arrow (Pfeil)

6. Arrow Hut ca. 4900 m (hinter dem Pfeilturm)
7. Little Breach Gletscher
8. Great Breach Gletscher
9. Breach Wall
10. Diamond Gletscher

Umbwe Route

5 Tage - Sie ist sehr steil und bleibt den Bergsteigern vorbehalten. Dies gilt für den Abschnitt oberhalb der Arrow Hut(**s.S.**140 Machame Route) mit schönem Panorama.
Ausgangsort Dorf Machame (**s. S.** 137) oder Moshi (**s. S.** 64-65)
Machame Hotel 1395 m - hier bekommt man Führer und Träger aber kein Permit.
Anfahrt zum Anstieg von Machame ca. 22 Kilometer, davon ca. 9 Kilometer Piste bis zur Umbwe Missionsstation.
Aufstieg - Von dort über den ehemaligen schmalen Forstpfad bis auf ca. 2100 m Höhe hinauf. Hier am Kammverlauf zwischen dem Lonzo-Fluß im Westen und Umbwe-Fluß im Osten zur Umbwe Hütte 3965 m. Die Route ist wegen des steilen Anstiegs relativ kurz, dafür aber landschaftlich sehr schön.
Abstieg über die Umbwe Route (wird nicht empfohlen - steil, rutschig, gefährlich).
Flora In 4250 m am Karanga River Lobelien, Riesen-Kreuzkraut und Senecien.
Hütte «Umbwe Hut» 3965 m in den Karten als **Barranco Hut** bezeichnet
dreckig, Holzboden mit bis zu 6 Schlafplätzen. Zeltplätze zwischen Hütte und Felshöhle. Diese wird als Küche und Schlafstelle der Träger benützt. Keine Toilette - starke Verschmutzung. Wasser am nahen Fluß.

Höhlen

1. Biwak 2800 m (Felsunterstand - feucht)
2. Biwak 3780 m (Felsüberhang)
   Quellwasser in der Nähe
   Östlich der Barranco Hut zum South Circuit am Fuße des Barranco Wall (Wand) befinden sich weitere Höhlen (Felsunterstände).

Permit muß vorher beim Marangu Gate besorgt werden.
Route Der Weg wird nicht gepflegt, so daß viele umgestürzte Bäume den Aufstieg zusätzlich erschweren. Der Wegabschnitt von der Barranco Hut zur Barafu Hut ist sehr schlecht gekennzeichnet.
Varianten Von der Barranco Hut kann man zur Marangu Route (Richtung Horombo) oder Mweka Route (Hütte wechseln).

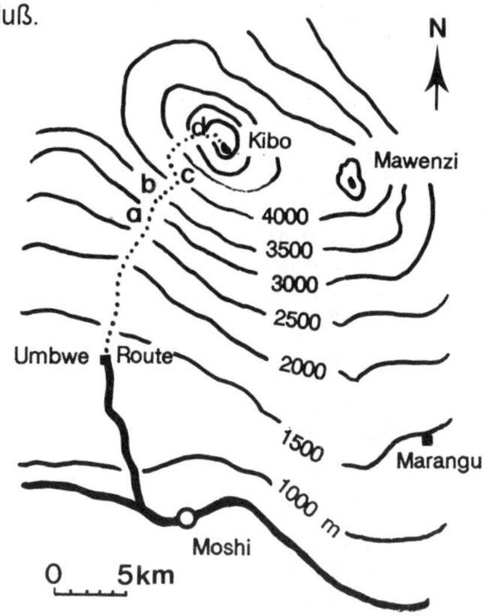

Skizze Umbwe Route .... = Route
a) 1. Biwakmöglichkeit 2800 m c) Barranco Hut 3965 m
b) 2. Biwakmöglichkeit 3780 m d) Arrow Hut 4900 m

Gehzeit

Barranco Hütte 3965 m - Arrow Hut 4900 m, 4 ½ Std. - ca. 4 km
Arrow Hütte 4900 m - G. W. Breach 5720 m, 6 Std. - ca. 1,5 km
G. W. Breach 5720 m - Reusch Krater 5835 m, 30 Min. - ca. 1 km
G. W. Breach 5720 m - Uhuru Peak 5896 m,ca.1 ½ Std.-ca.1 ½ km.
(Abk.: G. W. Breach = Große Westliche Bresche).

Klassische Umbwe Route

von Rudolf Jauk

Der untere Teil der Umbwe Route bis zur **Barranco Hut** = «Umbwe Hut» **3965 m** wird seltener begangen. Den oberen Teil ab 3965 m über die Arrow Hut (derzeit durch eine Lawine zerstört und nur notdürftig benutzbar) zum Uhuru Peak erreicht man über die Machame- bzw. Shira-Route oder den South Circuit. Wir haben in der Abenddämmerung die Arrow Hut nicht gesehen, obwohl wir von der «Moraine» her den Steinmännchen genau folgten. Wir wußten nämlich nicht, daß sie auf der Nordseite der Scharte hinter dem Pfeilturm erbaut wurde. So **biwakierten** wir auf dem letzten flachen Platz in 5060 m Höhe.

Die Kälte und der Mondschein trieben uns eine halbe Stunde nach Mitternacht aus den Schlafsäcken. Wir stiegen mit Steigeisen im steilen, gefrorenen Schnee weiter. Nur einmal störte Steinschlag die herrliche Stimmung der Nachtstille.

Trotz des milden Lichtes fanden wir die Route durch die Steinzeichen immer noch gut. Ich erinnere mich an zwei Kletterstellen die ich mit Schwierigkeitsgrad II einschätze. Die erste davon kann man jedoch links umgehen - leider bemerkte ich dies erst später.

In ca. 5400 m Höhe hörten wir links Wasser plätschern. Den Sonnenaufgang erwarteten wir nach 5 ½ stündigem Anstieg in der Großen Westlichen Bresche (5720 m) des Kibo Kraterrandes. Wir sahen zu, bis der Schattenkegel unseres Berges fast über den Shira gesunken war. Hier muß nun die Entscheidung über den Weiterweg fallen:

1. Original Umbwe Route
Diese umgeht im Uhrzeigersinn das Riff des Furtwangler Gletschers und führt über eine Geröllhalde und einige Felsstufen von Westen her zum Uhuru Peak 5896 m.

2. Variante (Abkürzung)
Bei günstigen Schneeverhältnissen ist es möglich, die Strecke durch Überquerung des Gletschers an der Krateraußenseite abzukürzen. Wer nur noch wenig Kraft oder Zeit hat, kann nach dem Furtwangler Gletscher geradeaus den südlichen Kibo Kraterboden durchschreiten und direkt zum Gillman's Point 5715 m gelangen.

Vorschlag
Am interessantesten ist es, sich etwas links haltend den Reusch Krater 5835 m zu ersteigen und die im Abschnitt Kibo Gipfelkrater mit Aschengrube und Äquatoreis beschriebenen Erkundungen von Aschengrube (Ash Pit) und Stufengletscher durchzuführen, bevor man über den Gillman's Point zur Kibo Hütte absteigt.

Mweka Route

(Auszug aus dem Handbuch der Parkverwaltung) - **5 Tage**
Sie ist die direkteste, schnellste und steilste Route zum Gipfel.

Etappen: 1. Tag Aufstieg Moshi-Mweka Hut 2835 m, 6-8 Std.
2. Tag Mweka Hut - Barafu Hut 4540 m, 6-8 Std.
3. Tag Barafu Hut - Kilimanjaro/ Uhuru P. 5896m, 7 Std.-Kibo Hut
Abstieg über die «Lower Route»-Normalweg nach Marangu

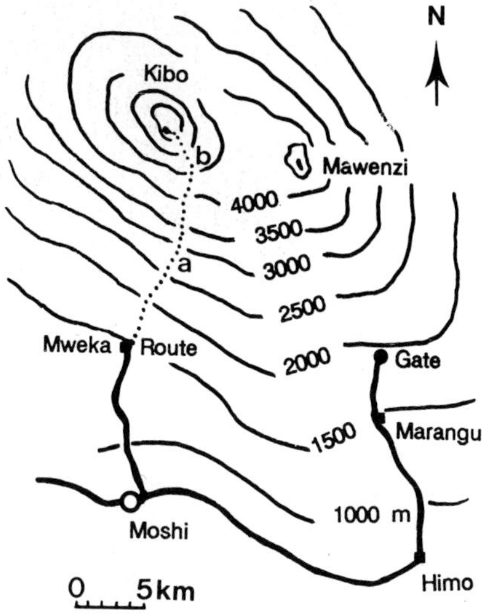

Hütten
Mweka Hut 2835 m
2 runde Blechhütten mit je 8 Schlafplätzen, Wasserstelle unterhalb der Hütten, leider keine Toiletten vorhanden. Campingmöglichkeiten für ca. 16 Zelte.
Barafu Hut 4540 m
2 Blechhütten mit je 8 Schlafplätzen kein Wasser und leider keine Toiletten vorhanden.
Hinweis: Abfall, starke Verschmutzung der näheren Umgebung.
Fantastisches Panorama auf Kibo und South Gletscher, extrem windig.

Mweka Route
—— = Anfahrt
····· = Mweka Route
Hütten
a) Mweka Hut 2835 m
b) Barafu Hut 4540 m

Kurzbeschreibung
Von Moshi führt der Weg geradeaus, ca. 2 Std., an einem Rinnsal entlang, zum alten Pfad. Dann durch den Regenwald bis auf ca. 1700 m. Dieser Routenabschnitt kann teilweise sehr rutschig (feucht) sein. Nach ca. 500 m erreicht man einen Kamm, den Oberrand des Waldgürtels. Dort befindet sich die Mweka Hut. Von der Hütte in Richtung Norden zum Südosttal der Barafu Hut. Nun in direkter Fallinie weitersteigen zum Kibo Krater. Schwierigkeitsgrad, je nach Wetterhältnissen.

Hinweis: Die Route führt sehr steil über den Rebmann Gletscher. In ca. 4870 m muß ein Felsabschnitt überwunden werden (Schwierigkeitsgrad liegt nicht vor). Die Verbindung zwischen Rebmann- und Ratzel Gletscher ist abgeschmolzen. Den Kraterrand erreicht man westlich des Stella Point und steigt weiter über die Normalroute zum Gipfel.

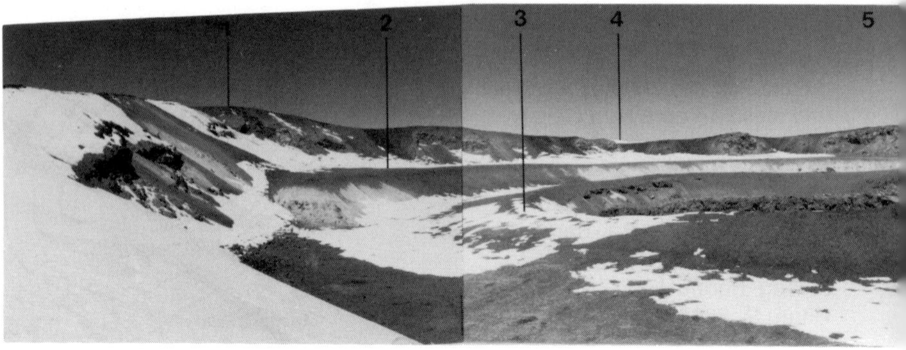

Panorama: «Reusch Krater mit Aschengrube»
Panoramablick von Nordwest bis Nordost (170 Grad)
Kamerastandort: «View Point 5820 m»

Foto: oben «Panorama» Peter Rotter 1995
unten «Kaminkehrer» Rudolf Jauk 1980

Gipfelbestimmungen: Rudolf Jauk 1995

1 Reusch Krater 5835 m
2 Terrace 5790 m
3 Ash Pit Rim 5775 m
4 Northern Icefield
5 Vulkanschlot (Aschengrubensohle) 5630 m
6 Kaminkehrer 5735 (nicht sichtbar)
7 Feuerwächter 5795 m
8 Reusch Kraterrand 5815 m
9 Sphinx 5820 m

Hinweis: Die rechte Bildseite ist vom Uhuru Peak (im Panorama **s. S.** 119).

Foto: Dr.K.Kilberth **«Luftaufnahme vom Drachenflieger»**

Aschengrube

Die Aschengrube ca. 360 m Durchmesser und 120 m Tiefe. Sie bildet einen gleichmäßigen Krater, wie eine Untertasse im Suppenteller.

Panorama: Rudolf Jauk

Kamerastandort: Reuschkrater 5835 m

1 Northern Icefield
2 Terrasse
3 Feuerwächter 5795 m
4 Sphinx (Stufengletscher) 5820 m
5 Kaminkehrer 5720 m
6 Aschengrube (Ash Pit)
Rand 5775 m, Sohle 5630 m
7 View Point 5820 m

Reusch Krater

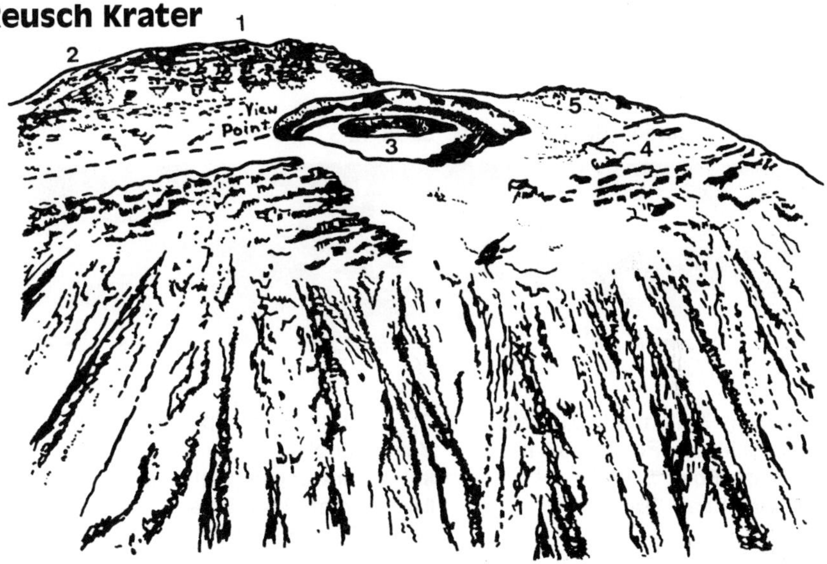

Skizze: 1 Uhuru Peak, **2** Hans Meyer Point, **3** Reusch Krater, **4** Northern Icefield
5 Western Breach ------------- Route vom Kibo Krater zum Reusch Krater

Ausrüstung Grödeln evtl. Steigeisen erforderlich
Ausgangspunkt oberer Kraterrand des Kilimanjaro (z.B. Marangu Route)
Der Reusch Krater kann von konditionsstarken Bergsteigern nach Besteigung des Uhuru Peak (**s.**Kratertour **S.**153) besucht werden. Mehrere Varianten bieten sich an:
1. Abstieg vom Gillman's Point hinter dem Gipfelblock links haltend ca. 50 Höhenmeter schräg absteigen - Trittsicherheit erforderlich.
2. Abstieg vom Hans Meyer Notch (Aufstieg von School Hut). Problemlos über Schnee- und Gletscherfelder (keine Spalten).
3. Von der Scharte 5700 m zwischen Stella Point und Hans Meyer Point in westlicher Richtung zum Kraterboden ca. 50 m absteigen. Problemlos, flaches Schnee-/ Gletschergelände ohne Spalten. Dann in nordöstlicher Richtung zum Reusch Krater wieder ca. 100 Höhenmeter bis zum höchsten Punkt «View Point 5820 m» aufsteigen (**s.** Panorama **S.**146/147)
4. Vom Uhuru Peak über den Furtwangler Point (Machame Route) zum Furtwangler Gletscher absteigen. Trittsicherheit erforderlich. Dann den Gletscher in nordöstlicher Richtung zum Reusch Krater queren.
Besteigungszeiten: je Ausgangspunkt 3-5 Stunden (Tagestour)
View Point 5820 m hier bietet sich nicht nur ein herrlicher Ausblick auf Stufengletscher und Uhuru Peak, sondern erstmals auch auf die Aschengrube. Ein neuerlicher kurzer Abstieg führt zum Kraterboden.
Hinweis: Eine Zeltnacht im Kibo Krater bzw. in der Furtwangler Scharte oder beim Hans Meyer Notch (Scharte) läßt viele Möglichkeiten am Kilimanjaro offen und ist sicherlich ein besonderes Erlebnis.

Kibo Krater und Reusch Krater

Panorama: Rudolf Jauk

Aufnahmestandpunkt: Reusch Krater 5835 m

C Reusch Kraterrand (Südseite)
4. Hans Meyer Point 5888 m
5. Elveda Point 5890 m
6. Uhuru Peak 5895 m
7. Purtscheller Spitze 5894 m
7a. Geröllhalde
8. Furtwangler Gletscher
8a. Great West Breach 5720 m
9. Furtwangler Point 5865 m

Panorama: Rudolf Jauk

Aufnahmestandpunkt: View Point 5820 m

Normalweg
1. Gillman's Point 5715 m
2. Bismarck Tower 5735 m
3. Stella Point 5745 m
4. Hans Meyer Point 5888 m
5. Elveda Point 5890 m
6. Uhuru Peak 5895 m

B	Mount Meru 4566 m	**14.**	Bastion 5785 m
10.	Kleiner Meru ca. 3800 m	**15.**	Kiboburg 5783 m
11.	Shira SW Ridge ca. 3680 m	**16.**	Little West Breach 5750 m
12.	Askari 5760 m	**17.**	Northern Icefield
13.	Western Tower 5770 m	**18.**	Eisfeldkuppel 5805 m
		C	Reusch Kraterrand(W - Seite)

4 5 6 7 9 B

Umbwe Route:
7. Purtscheller Spitze 5894 m
7a. Geröllhalde
9. Furtwangler Point 5865 m

Fernsicht:
A Mawenzi 5148 m - 11 km -
B Mt. Meru 4566 m - 71 km -

Panorama «Kibo Krater 5700 m» - **Foto:** Peter Rotter 1995
Man erkennt den starken Gletscherschwund am Kraterboden gegenüber den Aufnahmen von R.Jauk v.1980 (**s.S.**150/151).
1. Stella Point 5745 m **2.** Hans Meyer Point 5888 m **3.** Elveda Point 5890 m **4.** Uhuru Peak 5896 m
5. Purtscheller Spitze 5894 m **6.** Furtwangler Point 5865 m **7.** Furtwangler Point (Nordgipfel)

Kibo Kratertour

von Rudolf Jauk
(nur für konditionsstarke Bergsteiger)

Ausgangspunkt Gillman's Point 5715 m
Besteigungszeit 1-2 Tage ohne An- und Abstieg
Gehzeit
Kraterwanderung ca. 8 Std. (7,5 km)
Gesamtzeit
Kibo Hütte - Kraterwanderung - Horombo ca. 13-15 Stunden
Hinweis: Ein Zelt ermöglicht die Übernachtung im Kibo Krater und macht aus dieser Mammuttour ein Erlebnis. Eventuell Abstieg nur bis Kibo Hütte.
Foto: R. Jauk **«Kleiner Penck Gletscher»**

Routenbeschreibung
Diese ungefähr 7,5 km lange Route führt vom Gillman's Point zuerst über die Normalroute zum Uhuru Peak (bereits beschrieben - **s.**Normalroute **S.**110-121, 5. Tag), von dort geht es weiter zum Abbruch in die Große Westliche Bresche, an deren Südseite das Riff des Furtwangler Gletschers links überschritten oder rechts umgangen werden muß. Es folgen die Aussichtskanzel des Askari (Tiefblick auf das Shira Plateau), der Western Tower und die Bastion (siehe Machame Route 4. Tag).
Für die Besteigung der Hochfläche des Northern Icefield von der Little West Breach über den obersten Kleinen Penck Gletscher werden Steigeisen benötigt.
Nach der Eiskuppel ist die Gletscheroberfläche teilweise bis zum Lavakies abgesunken bzw. weggeschmolzen. Nordseitig sind mehrere, niedrigere Absätze zu suchen, über die man durch Sprünge wieder auf den Boden gelangt. Nun wendet sich die Route dem Kraterzentrum zu und führt vorbei an einem gewaltigen Eisberg zum Feuerwächter. Wer keine Steigeisen hat, kann von der Kleinen Bresche entlang der bis zu 20 m hohen inneren Wand des Northern Icefield hierher gehen.
Von diesem markanten Felsen am Reusch Krater erreicht man über dessen fumarolenbesetzten Grund von Norden her den Rand der Aschengrube. Man kann noch bis zum Rand der Aschengrube gehen und sieht in einen 150 m tiefen Schlund hinein. Nun geht man einen Viertelkreis bis zum Kaminkehrer, einem bizarren Felstürmchen. Der Reusch Krater wird nach Osten verlassen, um den Stufengletscher zu besichtigen. Der erste Blick fällt auf den Sphinx (die Form des höchsten «Kopfes» mit den darunter lagernden, prankenartigen Terrassen erinnert an die geheimnisvolle Steinfigur bei den ägyptischen Pyramiden in Gizeh). Im Bogen wird dann die Parade der Riesentreppe abgenommen, der freistehende Eisturm Benjamin (wenn er noch steht), und mit einem etwa 50 m hohen Gegenanstieg wird zum Gillman's Point zurückgekehrt oder bereits beim Hans Meyer Notch zur Kibo Hut abgestiegen.

Panorama:	**«Stufengletscher»** 1980
unten links:	**«Askari und Western Tower»**
Foto:	Rudolf Jauk
Kamerastandort:	Reusch Krater - Osthang

1. Sphinx mit prankenartigen Eis-Terrassen 5820 m
2. Mawenzi 5148 m
3. Leopard Point 5680 m
4. Gillman's Point 5715 m
5. Bismarck Tower 5735 m

«Stufengletscher» aufgenommen 1995 - Der Gletscher ist in den letzten 15 Jahren zunehmend abgeschmolzen.
Kamerastandort: Gillman's Point 5715 m (Teleaufnahme) **1.** Sphinx 5820 m **2.** Stufengletscher

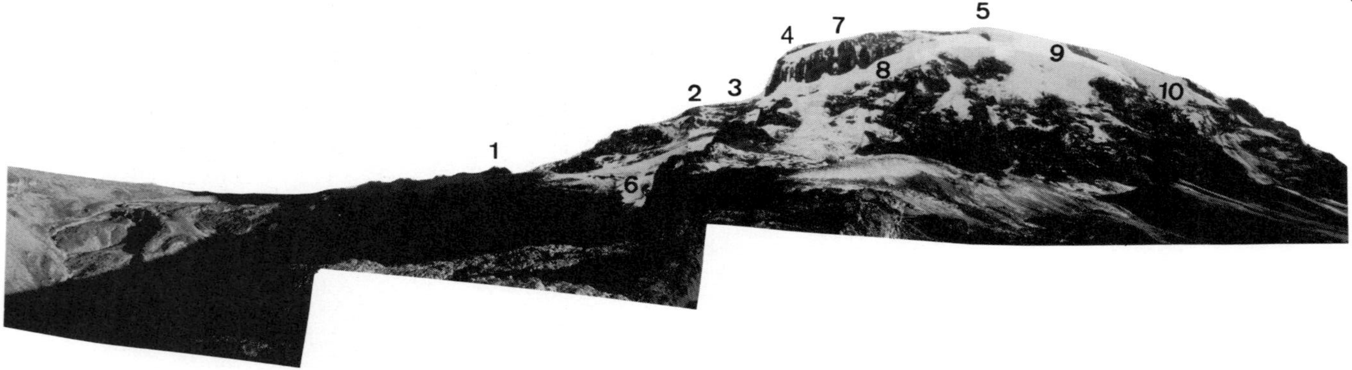

Kibo Südgletscher

Foto: Rudolf Jauk

Kamerastandort: Umbwe Köpfl 4245 m (South Circuit)

1. Pfeilturm 4965 m
2. Bastion 5785 m
3. Askari 5760 m
4. Breach Wall
5. Uhuru Peak 5896 m
6. Great Breach Gletscher
7. Diamond Gletscher
8. Heim Gletscher
9. Kersten Gletscher
10. Decken Gletscher

«Luftaufnahme vom Drachenflieger»

Circuit Route

von Rudolf Jauk

Diese Rundtour um den Kibo in einer Höhe von 3700 m bis 4600 m ist erstaunlich abwechslungsreich.

Ausgangspunkt Horombo Hütte 3725 m
Besteigungszeit 3 Tage ohne An- und Abstieg

Tagesetappen
1. South Circuit zur Barranco Hut 3965 m (ca. 16 km)
2. West Circuit zur Shira Hut ca. 3880 m (ca. 10 km)
3. North Circuit zum Kibo Sattel
Wegweiser am Normalweg ca. 4400 m (ca. 22 km)
4a. Wegweiser - Kibo Hütte 4700 m (ca. 2 km)
4b. oder Wegweiser - Horombo Hütten 3725 m (ca. 9 km)
Gehzeit
Sie ist abhängig von Kondition und Routenfindung: bei den «Varianten» ist vermerkt, wieviele Stunden wir für einige Teilstrecken benötigten.

Routenbeschreibung

1. Tag Südseite (South Circuit)

Von den Horombo Hütten folgt man der Lower Route bis zur Abzweigung Barranco Hut (= Umbwe Hütte), südwestlich des kleinen Lower Middle Hill 4085 m. Die Strecke ist ab dort mit Steinmännchen gekennzeichnet, zeigt aber keine Pfadspuren. Sie führt durch den oberen Teil des Heidegebietes und verläuft mehrere Gräben überquerend bis zum Karanga Bach fast gleichmäßig auf 4000 Meter Höhe.

Zum Schutz vor Orientierungsverlust bei einfallendem Nebel sollte man anhand der Karte (1:50.000) stets kontrollieren wo man ist und versuchen sich das Gelände vom jeweils einen zum nächsten Steinmännchen zu merken.
Viele verschiedene, teilweise mannigfaltig blühende Pflanzen sind zu betrachten, unter ihnen die für den Kibo typischen Senecien und Lobelien.
Die mächtigen südlichen Hängegletscher des Kibo kommen immer näher ins Blickfeld. Ihr schmelzendes Eis speist den Karanga Bach, der den Urwaldgürtel in tiefen Schluchten (= Barrancos) durchbrechend 3000 m tiefer die Kaffee-, Sisal- und Bananenplantagen bewässert. Nach dem Bach steigt die Route bald an und führt, soweit ich es von unserem Biwakplatz auf dem Umbwe Köpfl 4245 m beobachten konnte, über diesen kleinen, aber aussichtsreichen Gipfel. Hier sieht man die Gletscher am besten. Vor dem etwa 1 ½-stündigem Abstieg zur gut erkennbaren Umbwe Hütte ist unbedingt zu prüfen, ob das Tageslicht bis dorthin ausreicht. Die Dämmerung ist am Äquator sehr kurz und die folgenden Markierungen sind meistens schwer zu finden.

Vom Köpfl in den kiboseitig flachen, kahlen Sattel geht es dann über den schnell steiler werdenden Hang der unteren Breach Wall abwärts. Die Steinmännchen werden manchmal von roten Farbflecken abgelöst, aber beides ist im weiter unten immer stärker wuchernden Gebüsch leicht zu verfehlen. Mehrmals sind Felsstufen mit Handhilfe abzuklettern. Wenn man die Route verliert, wäre die Suche hier sehr mühsam und zu später Stunde gefährlich hektisch.

Am Fuß dieser Wand befindet sich der wahrscheinlich größte Senecienwald des Kilimanjaro, dessen «Baumstämme» länger sind, als die auf der Normalwegseite des Berges. Anschließend überquert man das steinige Bett des Umbwe Baches, des wasserreichsten im Kibo Hochland.

Kurz danach stürzte ich in das knietiefe Schlammloch eines kleinen Moores.

Das letzte Stück zur unbewirtschafteten Barranco (Umbwe) Hut 3965 m ist eben.

Foto:
rechts: Abzweigung von der Lower Route zur Barranco Hut
unten:«Kilimanjaro Ostseite» aufgenommen 1985
1. Gillman's Point 5715 m
2. Bismarck Tower 5735 m
3. Stella Point 5745 m

2. Tag Westseite (West Circuit)

Route I West Etappe - direkt zur Shira Hut
Gehzeit Barranco Hut
Wegweiser auf der Moraine ca. 2 Stunden
Am nächsten Tag verfolgt man die sogenannte Moraine (Moräne), auf der anfangs teilweise Steigspuren sichtbar sind, und passiert den eigenartig geformten Steinpilz. Nach ungefähr 2 Std. steht auf etwa 4400 m die Hinweistafel zur Shira Hut. Die beschriebene Strecke verläßt hier die Umbwe Route und quert die Westhänge zur Shira Route. Auf dieser steigt man zur Hütte ab, die ebenfalls nicht bewirtschaftet ist.

Route II
«Variante» West Etappe über Arrow Hut
Gehzeit Wegweisertafeln auf der Moraine-Arrow Hut ca. 2 Stunden
Die kurze West Etappe läßt sich durch einen interessanten Umweg zur Arrow Hut (zerstört durch Lawine) erweitern. Das Wort «arrow» (Pfeil) stammt von einer so gestalteten Felsformation unter dem Askari. Flüssige Lava hat die Gesteinsschichten durchdrungen und ist nach ihrem Erstarren von den früher größeren Gletschern zu einer nach oben weisenden Spitze abgeschürft worden.
Die Arrow Hut steht ca. 4900 m nördlich unter der Scharte neben dem Pfeilturm. Von ihr kann man vorbei am Shark's Tooth (Lava Tower), ca. 4655 m, auch zur Shira Hütte gelangen oder auf halbem Weg nach Norden zur Moir Hut 4200 m absteigen.
Hinweis: Der Aufstieg zum South- und West Circuit kann auch über die Machame- und Umbwe Route erfolgen.

3. Tag Nordseite (North Circuit)

Bei der Shira Hütte beginnt der North Circuit. Dieses längste Stück der Kibo Umrundung ist in seinem Hauptteil leider auch am eintönigsten. Denn nach der Moir Hut und hinter der Lent Group liegt die «endlose» Nordflanke des Kibo, an der nur hoch oben «sanfte» Gletschersäume glänzen.
Ungehindert und sozusagen kaum abgelenkt schweift der Blick weit hinaus ins Nachbarland Kenia. Vielleicht ist an einem klaren Morgen in 320 km Entfernung der Mount Kenia 5199 m sichtbar. Ich erkannte vom Umbwe Köpfl in der Frühe ganz deutlich die Berge um den Ngorongoro-Krater (Oldeani 3188 m - in ca. 210 km Entfernung).
Nach langem Marsch schwenkt die Route in die Sandwüste des Kibo Sattels ein, auf der die Steinmännchen wie Gardesoldaten stehen. Bei Erreichen des Normalweges fällt je nach weiterem Ziel oder noch vorhandenen Kräften die Entscheidung: hinauf zur nahen Kibo Hütte oder abwärts zu den ferneren Horombo Hütten.

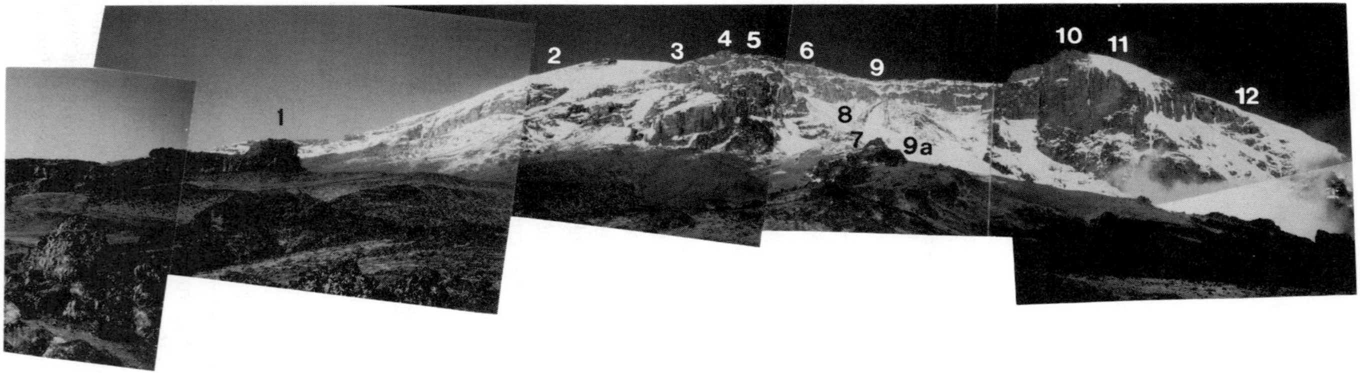

Panorama «Kibo-Westseite»

Foto: Rudolf Jauk

Kamerastandort: Moraine ca. 4450 m

1. Shark's Tooth 4655 m (Haifischzahn) auch Lava Tower genannt
2. Kleiner Penck Gletscher
3. Little West Breach 5750 m
4. Kiboburg 5783 m
5. Bastion 5785 m
6. Askari 5760 m
7. Pfeilturm
8. Arrow Hut
9. Great West Breach 5720 m

9a. Little Breach Gletscher

10. Breach Wall dahinter Uhuru Peak 5896m
11. Diamond Gletscher
12. Heim Gletscher

Shira Gruppe

5 Tage - Das Shira Plateau ist eines der interessantesten und landschaftlich malerischten Gebiete. Offenes Grasland, Heide und Moorlandschaft mit den schönsten Lobelien und Baumsenecien am Kilimanjaro sowie fantastischem Blick zum Mount Meru und Rift Valley. Die Kraterrundung des Shira (Klute Peak 3955 m) ist nur noch zur Hälfte vorhanden. Den Rest haben die Magmaströme des geologisch jüngeren Kibo durchbrochen und überflutet. Das Shira-Plateau ist etwa 3600 m hoch und war schon vor dem Kilimanjaro vulkanisch tätig.
Hinweis: Die Shira Route erfordert ab der 4. Etappe Klettererfahrung im Schwierigkeitsgrad II/III und ist somit Bergsteigern vorbehalten oder man umgeht diese Schlüsselstelle über die Arrow-Barranco Hut (**s.** Machame Route **S.** 138).
Wichtig: Die Registierung muß vor Antritt der Besteigung am Gate in Marangu erfolgen. Dort bekommt man, bzw. die Agentur, auch das erforderliche Permit. Am Londorossi Glades Gate keine Funkverbindung zur Parkverwaltung.
Anfahrt Von der Straße Moshi-Arusha beim Dorf Boma la Ngombe (Hai) zweigt eine Teerstraße in Richtung Norden zum Kibomassiv ab. Nach ca. 23 km führt sie als Piste weiter und kreuzt nach weiteren ca. 20 km ein tiefes Flußtal. Dort gabeln sich die Wege und man fährt auf dem Rechten bis zum Parkeingang, ca. 13 km, beim Dorf Londorossi Glades 2250 m.

Skizze: Shira Route
——— = Anfahrt von Moshi
········ = Shira Route

a) Shira Hut

b) Arrow Hut

● = Londorossi Glades

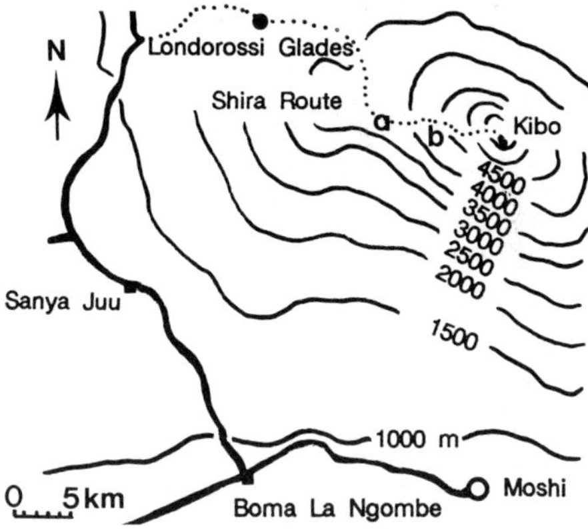

Etappen - Gehzeiten
1. Tag Anfahrt Londorossi Glades (Gate) - Simba Camp ca. 3504 m, 19 km
Kann auch mit Landrover erreicht werden. Flußlauf, keine Toilettenhäuschen.
Hinweis: Die Zeltplätze an der Shira Route sind für max. 16 Zelte (1 Gruppe mit Träger) zugelassen. Am Gate Camping mit Küchenraum und Plumpsklo.
2. Tag Zeltplatz 3500 m - Shira Hut 3880 m - Die Landrover können bis zum Ende der Piste auf ca. 3740 m fahren. Diese Anfahrt verteuert die Transferkosten gegenüber den anderen Routen am Kilimanjaro. Ab Straßenende zu Fuß noch ca. 30 Minuten bis zur **Shira Hut 3880 m** - Blechhütte mit 8 Schlafplätzen - leider keine Toilettenhäuschen. Wasser (Bach) ca. 50 m in nördlicher Richtung, schöne Zeltplätze vorhanden. Nähere Umgebung mit Abfall und Toilettenpapier verschmutzt.
3. Tag Shira Hut 3880 m - Lava Tower Hut 4600 m - Arrow Hut 4900 m
4. Tag Arrow Hut 4900 m - Uhuru Peak 5896 m, 6-7 Stunden

Kurzbeschreibung Vom Parkeingang ca. 3 km zum Regenwald, dann auf der von Mooren durchzogenen Hochfläche zum Campingplatz. Hier wachsen die größten Senecien der Erde. Sie erreichen eine Höhe bis zu 9 Meter. Eine natürliche Steinhöhle am Fluß ersetzt ein Zelt. Der Pfad führt nun einige Bachbetten querend zum Sattel zwischen Shira Kamm und Kibo Westhang auf ca. 3740 m. Die Flanken sind mit Heidekrautbüschen bewachsen, unterbrochen von Lavagestein.

Abstecher zum **Klute Peak 3955 m** oder **Johnsell Point 3942 m**.

Bereits in ca. 3500 m Höhe führt ein Pfad nach Süden weglos durch die Moore und Senecien-Bestände des Shira-Plateaus und nach etwa 450 m Aufstieg erreicht man den Shiragipfel (Klute Peak), 3955 m.

Hier genießt man den schönsten Blick auf die wilde Seite des Kibo mit den Penck Hängegletschern und der mächtigen Breschen Mauer (Breach Wall). Die beste Sicht in die riesigen Urwaldschluchten der Shira Westabstürze bietet jedoch der etwas niedrigere Nordgipfel Johnsell Point, 3943 m.

Hinweis: Ab der Shira Hut folgt man der Machame Route (**s. S.** 140) vorbei am Lava Tower zur Arrow Hut 4900 m.

Verbindungen

a)	Shira Hut 3880 m - Abzweigung North Circuit	ca. 1 Std.
	Abzweigung North Circuit - Moir Hut	ca. 1 Std.
b)	Shira Hut 3880 m - Abzweigung South Circuit (Moraine)	ca. 3 ½ Std.
c)	Shira Hut 3880 m - Machame Route	ca. 3 Std.

NEU: Machame Süd/West Route (8 Tg)

Besteigung des Kibo über Shira (Westseite) und South Circuit. Der Anstieg erfolgt über die Machame Route und der Gipfelaufstieg über die Mweka Route. Diese Variante wird von Veranstaltern als Alternative zur Rongai Route angeboten. Landschaftlich ist diese Tour abwechslungsreicher als die Rongai- bzw. Marangu Route, verlangt aber mehr Kondition trotz längerer Höhenanpassung zwischen 3880 und 4540 m. **Hinweis:** Das Permit für die Besteigung muß vorher am Marangu Gate besorgt werden. Die Route sollte nur von trittsicheren Bergsteigern mit Fels- und Eiserfahrungen begangen werden. **Ausgangsort** Machame 1395 m, **Anfahrt** und Unterkunft (**s. S.** 137)

1. Etappe - Machame Gate 1400 m - Machame Hut 2990 m, 4 1/2 Std. (**s. S.** 139)

2. Etappe - Machame Hut 2990 m - Shira Hut 3880 m, 3 1/2 Std. (**s. S.** 139).

Während des Aufstiegs sind die 3 Gipfel Shira, Kilimanjaro, Mawenzi im Panorama.

Hinweis: Das Shira Camp bietet ideale Aklimatisierungsbedingungen und ich empfehle hier einen Ruhetag einzuplanen.

Besteigung der Shira Gipfel Klute Peak 3955 m und Johnsell Point 3942 m (**s. S.** 162 oben)

3. Etappe - Shira Hut 3880 m - Barranco Hut 3965 m, 4 1/2 Std. (**s. S.** 159)

4. Etappe - Barranco Hut 3965 m - Barafu Hut 4540 m, 4 Std.

Bergauf-bergab quert man den südlichen Gebirgsstock fast konstant auf 4500 m Höhe, dann das Karanga Tal, das wiederum den Blick auf die gewaltigen Eishänge des Decken- und Rebmann Gletschers frei gibt.

5. Etappe - Barafu Hut 4540 m - Stella Point 5745 m - Uhuru Peak 5895 m (**s.S.**119)

Der Aufstieg erfolgt über die Mweka Route (**s. S.** 145) und der Abstieg über den Gillman's Point 5715 m (**s. S.** 113) - Marangu (**s. S.** 132) - Normalroute.

Übergang Kibo Hut - Barranco Hut

von Rudolf Jauk

Etappe Kibo Hut 4700 m - Barranco Hut (Umbwe Hut 3965 m) ca. 9 km

Gehzeit 7 Stunden
Diese Variante zur South Circuit Route ist zwar um ungefähr 7 km kürzer und führt allgemein bergab im Gegensatz zu der Etappe von den Horombo Hütten, aber sie berührt vollkommen weg- und markierungsloses Gelände ohne Pflanzenwuchs. Sie darf also nur von geübten Bergsteigern begangen werden, die sich bei der Orientierung mit Karte und Höhenmesser gut auskennen. Angelpunkt dieser Tour ist die richtige Überschreitung des von mir benannten Elefantengrates - nördlich von der Skelettspitze.

Diese aussichtsreichen Felstürme an der hier ganz markant weit nach Süden vorspringenden 15000 feet (4572 m) - Höhenschichtlinie taufte ich so, weil wir dort das fast fleischlose Gerippe eines jungen Rüsseltieres fanden.

Den nächsten Kamm nach dem Karangatal überquerten wir ebenfalls möglichst kiboseitig. Es folgt ein Bächlein auf einer 90 Minuten «breiten» Geröllhalde. In ihrer «Mitte» entdeckten wir im Nebel die beiden Lavablöcke «Nonne vor der Kapelle».

Im wasserführenden Kar vor dem unteren Teil der Breach Wall sahen wir einen großen, torförmigen Eisbrocken, der vom Kersten Gletscher herabgestürzt war. Wir mußten auf dem Umbwe Köpfl biwakieren, da wir die Kibo Hütte erst um 9.30 Uhr verlassen und uns am Elefantengrat zu lange aufgehalten hatten.

Lent Gruppe

von Rudolf Jauk

Wer von der Shira Hut aus den ersten Teil des North Circuit erkunden will, kann gleichzeitig die Lent Gruppe 4795 m besteigen, von der Credner- und Drygalski Gletscher sowie die 4000 m vom Amboseli See aufragende Landschaft der Kibo Nordhänge gut einsehbar sind. Am Westfuß der Lent Gruppe steht die Moir Hut, ca. 4250 m.

Foto: «Barranco Hut» (Umbwe)

Panorama «Mawenzi 5148 m» (West Corrie) Blickwinkel 80 Grad
Foto: Peter Rotter - **Gipfelbestimmungen:** Rudolf Jauk - **Kamerastandort:** unterhalb der Mawenzi Hut 4580 m

1. Hans Meyer Peak 5149 m **2.** Purtscheller Peak 5120 m **3.** Borchers Peak 5115 m **4.** Klute Peak 5100 m
5. Latham Peak 5067 m **6.** Südbegrenzung des West Corrie **7.** Londt Peak 5020 m **8.** South West Ridge

Mawenzi 5148 m

von Rudolf Jauk

Die Kletterer unter den Bergsteigern behalten sich den Mawenzi im Auge, denn er ist ihr Zusatzberg. War auch keiner von uns auf diesem Gipfel, so konnte doch Rudolf Jauk eine Beschreibung aus Berichten zusammenstellen. - Erstbesteigung 1912 -

Anstieg

a) über die Marangu Route (Lower Route)

b) über die Rongai Route

c) von der Kibo Hut bzw. Upper Route

Ausrüstung (Kletterausrüstung) Brust- und Sitzgurt (Klettergürtel), Felshaken (mindestens 2 Stück), Karabiner, Seil 9/10 mm, 40 m lang

Besteigungszeit Tagestouren ohne An- und Rückmarsch

Essen Die Verpflegung ist wie beim Kibo im Arrangement enthalten.

Führer Ein Bergführer mit Klettererfahrung ist uns leider nicht bekannt.

Organisation Viele Agenturen bieten zwar den Mawenzi an, doch beschränkt sich dies meistens auf die Trägerdienste.

Träger benötigen zu den Hütten keine besondere Ausrüstung. Der Anmarsch gleicht der Normalroute.

Unterkunft Zelte erforderlich, da die Hütten klein und verräuchert sind.

a) Mawenzi Tarn Hut 4315 m (Holz-Blechhütte) 5 Schlaflager mit Matratzen, kleiner Aufenthaltsraum mit Tisch und Bänken sowie kleiner Unterstand mit 6 Schlafplätzen. Keine Toiletten, Wasser vom See (abkochen - Micropur).

Anstieg über die Rongai Route oder vom Kibo Sattel (Marangu-Route)

b) Mawenzi Hut 4535 m (Blechhütte) mit 5 Schlafplätzen (verräuchert). Keine Toilette, kein Wasser (evtl. Bach am West Buttress).

Anstieg über die Upper Route und vom Kibo Sattel

Foto:«Mawenzi»aufgenommen 1980.Die Schneefelder waren 1995 abgeschmolzen.

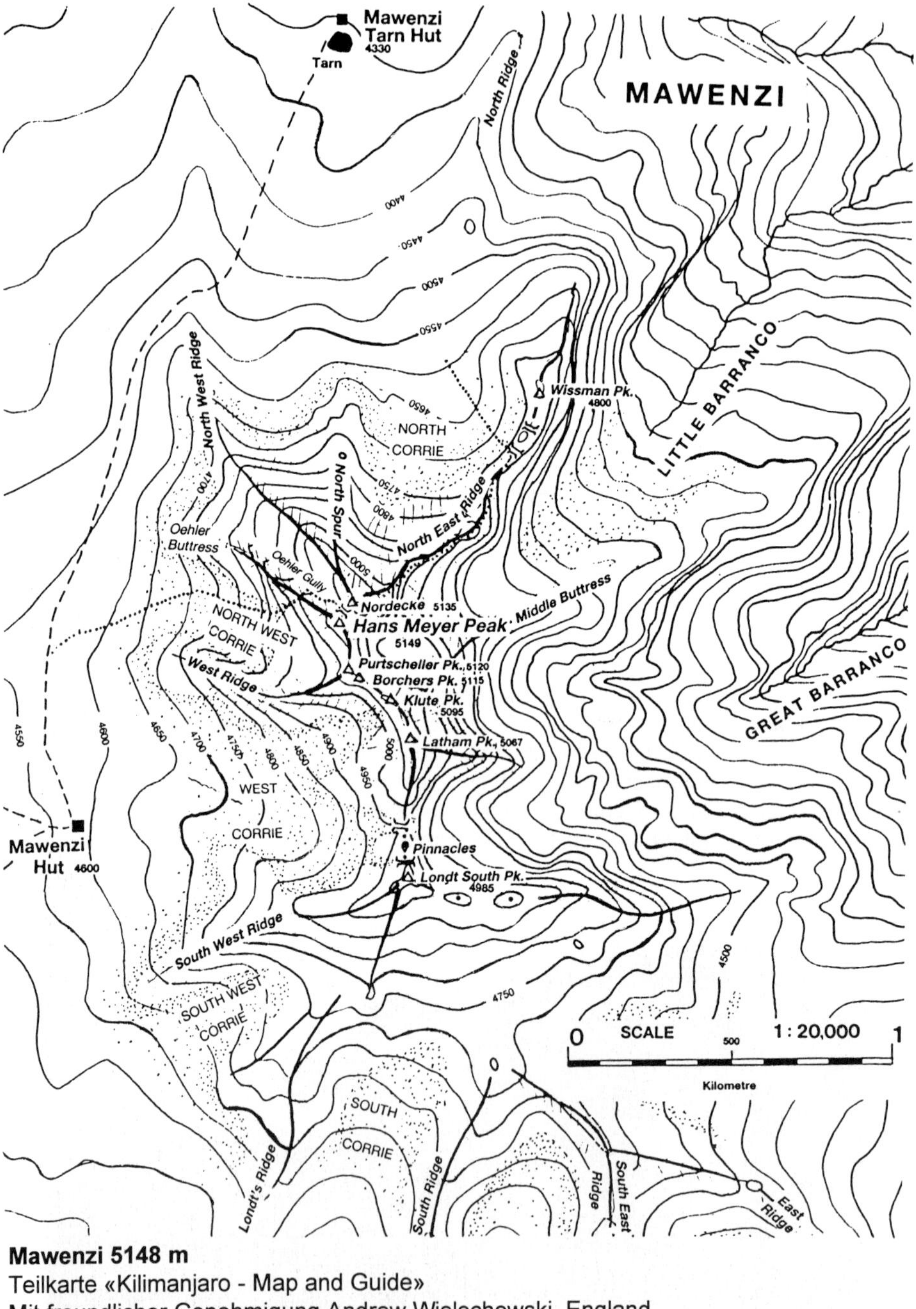

Mawenzi 5148 m

Teilkarte «Kilimanjaro - Map and Guide»

Mit freundlicher Genehmigung Andrew Wielochowski, England

Routenvorschläge

a) Ausgangsort Mawenzi Tarn Hut 4315 m
«Bienenkorbfels 4355 m» am NO-Grat des Weissmann Peak
Akklimatisierungstour von der Horombo aus

Gehzeiten

Horombo Hut 3725 m - Mawenzi Sattel 4345 m (Wegweiser) 2 ½ Std.
Wegweiser 4345 m - Mawenzi Tarn Hut 4315 m 1 ½ Std.
Mawenzi Tarn Hut 4315 m - Bienenkorbfelsen 15 Minuten.

Die Orientierung bei dieser Akklimatisierungstour ist problemlos. Von den Horombo Hütten auf der Upper Route bis zum Wegweiser Mawenzi Tarn Hut. Weiter entlang der Steinmännchen unter den Westhängen des Mawenzi vorbei am Camel's Back 4495 m und dahinter um den Mawenzi-NW-Grat herum hinunter zur Tarn Hütte 4315 m am gleichnamigen, einzigen See im Kilimanjaro Hochland, der nicht austrocknet. Von dort über eine mit lockerem Geröll bedeckte, schräge Rampe hinauf zum sogenannten Bienenkorbfels 4355 m am NO-Grat des Mawenzi Nebengipfels Weissman Peak 4805 m. Die Normalroute zu dessen Spitze führt vom Tarn über die Scharte zwischen ihm und Mawenzi. Es empfiehlt sich danach in der Tarn Hütte zu übernachten und von dort zur Kibo Hütte weiter zu gehen (entweder weglos direkt über die Hochebene des Kibo Sattels oder - evtl. bei Nebel - zurück zum Wegweiser und weiter auf der Upper-/Lower Route).

Weissmann Peak Nr. 1 - die Aufstiegsroute verläuft von der tiefsten Scharte auf der anderen Gratseite nach links, teilweise auf der nicht sichtbarem SO-Seite des Grates zum Gipfel.
Foto: Rudolf Jauk Die eingezeichnete Route führt zum Mawenzi Nordost-Grat Nr.2.

Fotos: Mawenzi 5148 m (Rudolf Jauk/Klaus Kilberth)
oben - von Nordwesten - Normalroute und **3** Oheler Schlucht
1 Hans Meyer Peak 5148 m **2** Nordecke 5135 m **4** Weissman Peak 4805 m
unten - von Westen - Kamerastandort Kibo Sattel 4310 m
«-----» Kletterroute zur Hans Meyer Spitze 5148 m
5 Purtscheller Peak 5120 m **6** Borchers Peak 5135 m **7** Klute Peak 5100 m
8 Latham Peak 5067m **9** Pinnacles 5000 m **10** Londt Peak 5020 m
11 South West Ridge **12** Normalroute

b) Ausgangsort Mawenzi Hut 4535 m
«Hans Meyer Peak 5148 m» (Hauptgipfel) nur für Kletterer

Gehzeiten
Horombo Hut 3725 m - Mawenzi Sattel 4345 m (Wegweiser) 2 ½ Std.
oder Kibo Hut 4700 m - Mawenzi Sattel 4345 m, 45 Minuten
Mawenzi Sattel 4345 m - Mawenzi Hut 4535 m, 45 Minuten
Mawenzi Hut 4535 m - Einstieg ca. 4600 m (Gedenktafel), 30 Minuten
Einstieg 4600 m - Hans Meyer Peak 5148 m - keine Zeitangaben

Mawenzi Hut 4535 m (Blechhütte)
Von der Hütte aus sind die Geröllhalden des West- und Nordwestkares in Nordrichtung zum Einstieg am Fuß des West Buttress (= Strebpfeiler) zu queren, ca. 60 m bis zu einer Scharte. Markierung Steinmännchen.

Dann ca. 200 m horizontal über ein Geröllfeld. Nun etwa 50 Höhenmeter steil aufwärts zur Gedenktafel. Hier beginnt der Einstieg.

Dort nach links ausweichen und im allgemeinen waagrecht auf Schrofen (breites Geröllfeld mit vielen Steinmännchen) oberhalb einer Felswand in die Oehler Schlucht, welche sich nach oben hin öffnet. Ihr entlang hinauf, zwei schwierigere Stellen (früher waren hier die berüchtigten Eisfälle) kann man rechts in einer Nebenrinne umgehen. Von der abschließenden Scharte nach rechts in wenigen Minuten zum höchsten Gipfelturm, der Hans Meyer Peak 5148 m.

Wichtig: Fast die gesamte Route ist Steinschlag gefährdet und hat ohne Eis (das sich in der Regenzeit bilden kann) den Schwierigkeitsgrad I/II.

c) Ausgangsort Horombo Hut 3725 m
«Neumann Tower 4385 m»
Nur bei gutem Wetter empfehlenswert, Klettererfahrung erforderlich.

Gehzeiten
Aufstieg ca. 5 Stunden, Abstieg ca. 4 ½ Stunden

Aufstiegsroute
ca. 1 Stunde auf dem Normalweg zurück in Richtung Mandara Hütte.
Dann weglos zum Kofferberg (NW-Gipfel 3760 m) und von diesem nach Querung des Dreikönigstales (Marue Bach) über schroffe Felsen auf den Neumann Tower klettern.

Vom Gipfel bietet sich ein herrlicher Blick auf die mächtigen Ostabstürze des Mawenzi sowie in gewaltige Schluchten (Barrancos).

Mount Meru 4566 m

Im Schatten des Kilimanjaro steht ein nicht zu verachtender Viertausender mit einem formschönen ausgeprägten Vulkankrater, der Mount Meru. Sein letzter Ausbruch war 1877 mit anhaltender vulkanischer Tätigkeit bis 1910. Die Besteigung ist anspruchsvoller als die Normalroute zum Kibo. Er befindet sich im Arusha Nationalpark, einem kleinen Naturschutzgebiet, dessen vielseitige Tierwelt nach der Besteigung einen Besuch wert ist. Der Mount Meru sollte vor dem Kibo zur besseren Aklimatisierung bestiegen werden, eigene Erfahrungen haben dies bestätigt. Außerdem führt der Anmarsch durch zauberhafte tropische Wälder.

Anfahrt
Der Arusha Nationalpark ist von Moshi 50 km und von Arusha nur 32 km entfernt. An der Hauptstraße (geteert) Arusha-Moshi führt bei Usa Riva eine Piste (ausgeschildert) nach Norden zur Momella Wildlife Lodge. Zuerst an Plantagen vorbei, erreicht man nach ca. 10 km den Parkeingang. Hier trifft man bereits in unmittelbarer Nähe des Majiyachai River auf die ersten Tiere. Das Fahrzeug darf zum Fotografieren nicht verlassen werden. Dann führt die Straße durch dichten Wald, in dem in den Morgenstunden Colobusaffen anzutreffen sind. An der Abzweigung zu den Momella Seen befindet sich das Gate (Nationalpark Office) und genau gegenüber beginnt der Aufstieg zum Mount Meru.

Ausrüstung (**s.** Checkliste **S.** 15)
Hinweis: Schlafsack erforderlich. Bei Schneefall evtl. Grödeln sowie ein Seil zur Sicherung ungeübter (nicht trittsicherer) Trekker.

Besteigungszeit 3-4 Tage

Vorschlag A - empfehlenswert

1. Tag	Arusha/Moshi-Arusha Nat.Park 1500 m-Miriakamba Hut 2521 m		2 ½-3 Std.
2. Tag	Miriakamba Hut 2521 m-Saddle Hut 3566 m		3-3 ½ Std.
	Kleiner Mount Meru		45-60 Min.
3. Tag	Saddle Hut 3566 m-Mt.Meru 4566 m	ca.	4 Std.
	Abstieg Gipfel bis Saddle Hut 3566 m		1 ½ Std.
	Abstieg bis Miriakamba Hut 2521 m		2-2 ½ Std.
4. Tag	Abstieg Miriakamba Hut 2521 m-Gate 1500 m	ca.	2 Std.
	Anschließend Safari im Arusha Nationalpark zu den Momella Seen		

Vorschlag B

1. Tag	Momella Game Lodge 1500 m-Miriakamba Hut-Saddle Hut 3566 m-	6½-7Std.
	oder vormittags Anfahrt mit Landrover (Allrad) über die Forststraße bis Miriakamba Hut, nach dem Lunch Weitermarsch zur Saddle Hut	
2. Tag	Saddle Hut 3566 m-Mt. Meru 4566 m-Miriakamaba Hut 2521 m	7-8 Std.
	Lunch nach dem Gipfel auf der Saddle Hut	
3. Tag	Miriakamba Hut 2521 m-Gate (Momella) 1500 m	2 Std.
	Weiterfahrt oder Safari im Arusha Nationalpark	

Hinweis: Vorschlag B spart einen Tag (Nationalparkgebühr). Die Anfahrt zur Miriakamba Hut ist teuer, deshalb sollte frühzeitig - ca. 8.00 Uhr (Öffnung des Nationalpark Office) losmarschiert werden. Einige europäische Veranstalter gehen am 1. Tag zwar nur bis zur Miriakamba Hut und am 2. Tag bis zur Saddle Hut, dafür am 3. Tag zum Gipfel und am gleichen Tag wieder Abstieg bis zum Gate. Das sind insgesamt 3000 Höhenmeter an einem Tag, eine echte Schinderei - besonders beim Abstieg. Für Konditionsschwache empfehle ich Vorschlag A, denn man sollte die Tour auch genießen können.

Wichtig: Egal wie Sie Ihre Etappen wählen, denken Sie daran, daß vormittags gegen ca. 11.00 Uhr die aufsteigenden Wolken des Tropenwaldes den Gipfel einhüllen und damit die Sicht nehmen.

Gehzeiten
Momella Gate 1500 m - Miriakamba Hut 2521 m - 2 1/2-3 Std. (Träger gehen 2 Std.)
Miriakamba Hut 2521 m - Saddle Hut 3566 m - 3-3 1/2 Std. (Träger gehen 2 1/2 Std.)
Saddle Hut 3566 m - Kleiner Mount Meru 3800 m - ca. 1 Std.
Saddle Hut 3566 m - Großer Mount Meru 4566 m - ca. 4 Std.
Abstieg Mount Meru - Saddle Hut -1 1/2 Std.- Miriakamba Hut 2521m ca.2-2 1/2 Std.
Miriakamba Hut - Momella Gate ca. 2 Std. (direkt) - 3000 Höhenmeter
Hinweis: Anfahrt mit Landrover Momella Gate - Miriakamba Hut ca. 1 1/2 Std.

Essen Selbstverpflegung bzw. organisiert (**s. S.** 173) (Bier, Cola evtl.auf den Hütten)

Fauna
Bereits nach Überquerung des Nanyuki River auf der ersten Wiese trifft man auf eine Büffelherde, deshalb begleiten bewaffnete Wildhüter die Bergsteiger. Außerdem kann man auf Buschböcke, Elefanten, Giraffen, Hyänen, Paviane und mit größter Sicherheit auf Warzenschweine treffen. Viele Schmetterlinge und verschiedene Vogelarten lassen sicherlich die Kamera nicht zur Ruhe kommen (Weißnackenraben).

Flora - Akazien, Baumheide = Hypericum, Steineiben = Podotrees (Feigenart), Wacholder sowie Fackel-/Feuerballilien und die Blüten der Oncoba sowie Orchideen.
Hinweis: Nähe der Miriakamba Hut, an der 2. Etappe sind viele Bäume mit lateinischen Namen versehen.

Führer - Die Mitnahme eines bewaffneten Führers ist wegen der wilden Büffel, die evtl. bis zur Saddle Hut anzutreffen sind, Pflicht. Träger können angeheuert werden.

Gipfel

Kleiner Mount Meru	3820 m
Rhinopoint	3800 m
Mount Meru	4566 m

Skizze: «Kronenkranich»

Hütten

Miriakamba Hut (3 Hütten) **ca. 2521 m Höhe** (**siehe Foto unten**)

Touristenlager 12 Stockbetten (=24 Betten mit Matrazen)
Trägerlager 12 Stockbetten (=24 Betten mit Matrazen)
1 Magazin für Lebensmittel und Küche
Schuppen und offene Feuerstelle
1 Toilettenhäuschen, 2 Plumpsklos,
Tanks (Tonnen) mit Regenwasser für Trinkwasser

Saddle Hut (3 Hütten) **ca. 3566 m Höhe**

Touristenlager 12 Stockbetten (=24 Betten mit Matrazen)
Trägerlager Bretterlager und Stockbetten
1 Hütte für Küche und Lebensmittel
1 Toilettenhäuschen mit 2 Plumpsklos
Regentonne, kein Quellwasser
Hinweis: Keine Waschmöglichkeiten bei beiden Hütten.

Campingplätze befinden sich gegenüber dem Momella Gate, meistens aber auch Büffel, deshalb sollte man den Campingplatz der Momella Wildlife Lodge vorziehen.

Klima/Wetter

Leider sollen die Wetterverhältnisse am Mount Meru nicht so beständig wie am Kibo sein (Regen evtl. Schneetreiben) und der tägliche Morgennebel erfordert einen frühen Aufstieg.

Temperaturen (eigene Messungen im Januar)

Gate 1500 m	12.00 Uhr 27° C
Miriakamba 2521 m	17.00 Uhr 23° C, 18.00 Uhr 17° C, 6.00 Uhr morgens 6° C
Saddle Hut 3566 m	16.00 Uhr 14° C, 6.00 Uhr morgens 0° C

Hinweis: Im August/September ca. 3°-5° C kälter, zeitweise starker Wind.

Organisation
Anfahrt zum Gate nur mit Taxi oder gechartertem Matatu möglich
Busse fahren nur auf der Hauptstraße Arusha-Moshi.
Führer und Träger können entweder am Gate (Nationalpark Office), über eine Agentur oder bei der Momella Wildlife Lodge gebucht werden.
Für **Einzelreisende** empfehle ich einen Führer und 2 Träger am Vortag am Gate zu buchen (günstigste Möglichkeit).
Gruppen sollten eine Agentur von Arusha (**s. S.** 78) oder Moshi (**s. S.** 78) wählen.
Hinweis: Einige Agenturen und auch europäische Veranstalter haben den Mt. Meru fest im Programm integriert. Vorteilhafter ist auch die Buchung der Tour mit eigenem Koch von der Momella Game Lodge (**s.** auch **S.** 191) - Essen wird gelobt. Wir hatten über «The Snow Cap Mountain Climbing Camp» Moshi gebucht. Die Agentur besitzt Landrover und die Verpflegung war ausgezeichnet. Bei allen Agenturen wird eine ähnliche Kost wie am Kibo (**s.S.** 73) angeboten, meistens mit ausreichend Obst.
Wichtig: Preis-/Leistungsverhältnis der Agenturen vergleichen.
Wer eine Nacht in der Momella Wildlife Lodge einplant, wird mit einem Lodge-angebot einer Agentur besser fahren als mit dem Angebot der selbständigen Bergführer, da die Agenturen günstigere Preise erzielen können.
Permit Hütten- und Nationalparkgebühren sind von Individualreisenden am Momella Gate zu zahlen.
Unterkunft «Momella Wildlife Lodge» Tel. 057-64 23/64 26 - Fax 8264
P.O.Box 999, Arusha - die Lodge und die Übernachtungshütten (Cabanas) wurden renoviert und sind in einem empfehlenswerten Zustand.
Restaurant mit empfehlenswertem Frühstück- und Dinnerbufett.
Foto: Dr.Ing.R.Strienitz «Mount Meru» mit Sekundärkrater u. Blick auf die Osthänge
Kamerastandort: Miriakamba Hut 2521 m

1. Etappe

Momella Gate 1500 m - Miriakamba Hut 2521 m

Registrierung mit Paß am Office (Momella Gate). Bezahlung der Gebühren - Einzelreisende (siehe Beiblatt). Lastenverteilung und Besprechung der Route.

a) **Direkter Anstieg** über die Wald- und Wiesenhänge zur Miriakamba Hut Gehzeit 3 Stunden (siehe Skizze)

b) Über den **Fahrweg** zur Miriakamba Hut - Gehzeit 4 Stunden (siehe Skizze)

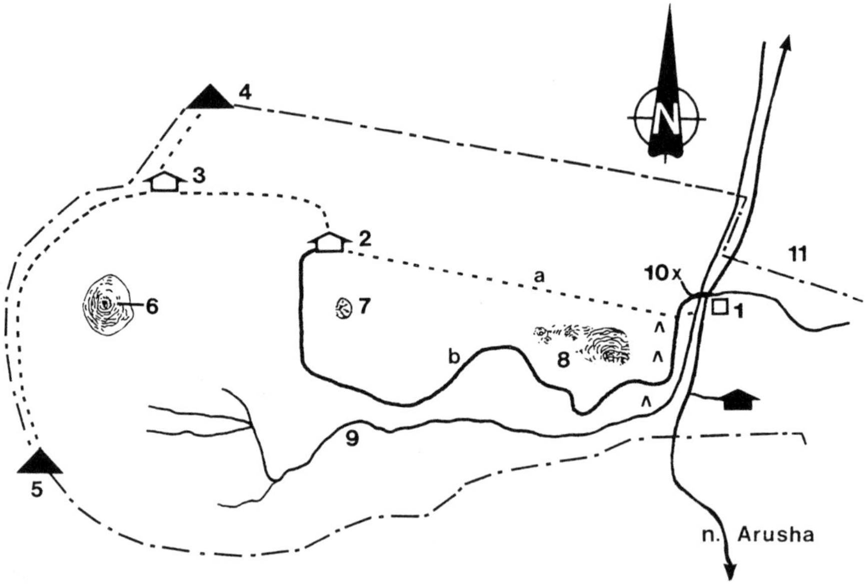

Skizze:

a Gehweg (Pfad)
b Fahrweg
1 Momella Gate 1500 m
2 Miriakamba Hut 2521 m
3 Saddle Hut 3566 m
4 Kleiner Mount Meru 3820 m
5 Mount Meru 4566 m
6 Sekundärkrater (**s.** Foto **S.** 176)
7 Kitoto
8 Tulusia
9 Ngare Nanyuki River
10 Wasserfall Λ = Campingplätze
11 Momella Game Lodge 1500 m

Foto: «Feuerball-Lilie»

a) Direkter Anstieg
Der Weg führt gleich gegenüber der Straße am Wiesenrand (Bach) entlang zum westlichen Hügel. Meistens stehen Kaffernbüffelherden in den Wiesen sowie Giraffen und Warzenschweine.
Warnung: Trotz bewaffneter Ranger sollte man den Büffeln nicht zu nahe kommen.
Dann steil über mehrere Wiesenhänge bis ca. 1800 m (Bachlauf). Hier kann man sich von der tropischen Schwüle erfrischen. Unterwegs trifft man vielleicht auf eine Pavianherde sowie vereinzelt auf Buschböcke und Antilopenarten. Sogar Elefantenspuren waren zu erkennen.
Dann wieder durch Wald und Wiesen bis auf ca. 2300 m Höhe und von hier in direkter Fallinie über einen langgestreckten steilen Wiesenhang zur Hütte.
Hinweis: In der Mittagshitze mörderisch.

b) Fahrweg
Nicht so steil, dafür geschützter durch schattige Akazienwälder führt der Fahrweg erst entlang des Ngara Nanyuki Rivers nach Südwesten.
Dann leicht bergauf und schließlich steiler in den subtropischen Wald hinein. In 1820 m führt die Bergstraße durch den Baumtunnel eines riesigen Luftwurzelbaumes. Dann erreicht man das Kitoto Camp in 2350 m Höhe. Es ist in der Karte als Rastplatz gekennzeichnet.
Nun steiniger über kleine Waldlichtungen bis Kitoto und von hier nur noch leicht ansteigend bis zur Miriakamba Hut. Um die Hütte viele prachtvolle Feuerballilien.
Panorama Im Osten der Kilimanjaro und Mawenzi,
im Westen die steilen Wände des Mount Meru.

2. Etappe

Miriakamba Hut 2521 m - Saddle Hut 3566 m
Der Weg führt hinter der Hütte nach rechts durch tropischen Urwald mit hohen Bäumen erst leicht, dann steil ansteigend. Nun die Abzweigung nach links (nicht geradeaus) aufsteigen. Durch farnbehangene Bäume zeigt sich bei schönem Wetter der Kilimanjaro und Mawenzi.
In ca. 3000 m wird zum erstenmal rechts der Gipfel des Kleinen Mount Meru und später der des großen Bruders frei. Fünfzig Meter höher überquert man ein meist trockenes Bachbett und geht rechter Hand der Schlucht hinauf entlang des Bachlaufes nach Westen. Fackellilien stehen hier wie Kerzen im Unterholz.
In ca. 3250 m dann der erste freie Blick auf die Ostwand des Großen Mount Meru. Nach Verlassen der Waldregion erreicht man inmitten niedrigen Erikabewuchses die Saddle Hut.
Hinweis: Eventuell Wasser mitbringen lassen, auf der Hütte gibt es nur eine gelbe Brühe.

Panorama Im Osten das Kilimanjaromassiv mit Mawenzi,
im Südwesten der Mount Meru, im Norden der Kleine Mount Meru.
Die schönsten Aussichtspunkte befinden sich südlich der Hütte auf den umliegenden Hügeln, sowie auf dem Kleinen Mount Meru.

Foto: «Großer Mount Meru» 4566 m
oben: «Ostwand des Mt.Meru» mit Hauptgipfel-Aufstiegsspur nur im Gipfelverlauf erkennbar
unten: «Sekundärkrater» er befindet sich unterhalb der Ostwand und zeigt einen ausgeprägten Krater. Es ist zu erkennen, daß er vor seinem Zusammenbruch ein eigenständiger Gipfel war. **Foto:** Dr.Ing.R.Strienitz

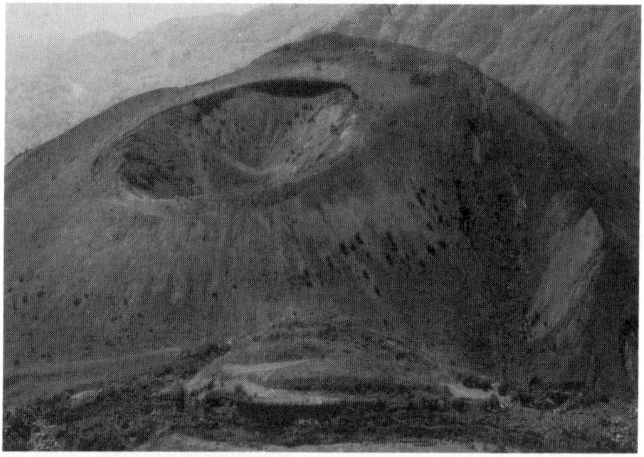

Kleiner Mount Meru 3820 m

Gehzeit ca. 45-60 Minunten - **Trittsicherheit erforderlich**

Zwischen den Hütten nach Nordosten über den Wiesenhang in Serpentinen entlang des Grabens zum Kamm aufsteigen. Dann um und über Felsblöcke nach Norden einschwenken. Nun den breiten Grat entlang zum Gipfel (ungefährlich). Keine bergsteigerischen Voraussetzungen erforderlich. Ein schöner Blick zum Großen Mount Meru und hinab zu den Momella Seen ist der Mühe Lohn. Bei klarem Wetter (morgens) steht man dem Kilimanjaro genau gegenüber. Im N/W zeigt sich der Embagai Krater und der Ol Doinyo Lengai, der heilige Berg der Massai (**s.S.** 222).

Großer Mount Meru 4566 m

Gehzeit ca. 4 Stunden, **Abstieg** 1 ½-2 Stunden
Trittsicherheit im I.-II. Schwierigkeitsgrad erforderlich
Ein früher Abmarsch wegen der gegen Mittag aufkommenden Wolken ist empfehlenswert. 6 Uhr ist schon fast zu spät.
Gleich hinter der zweiten Hütte über Wiesen leicht ansteigend (evtl. Reif), dann über Sand und Schutt zwischen kleineren Felserhebungen auf einen kleinen Felsrücken. Über diesen direkt zum **Rhinopoint 3800 m**. **Gehzeit** 1 ½ Std. (Panoramapunkt).
Diese markante Erhebung am äußeren Kraterrand bietet den einzigen schönen Blick in den tiefer gelegenen **Sekundärkrater (s. Foto S.** 176) und zeigt die Ostwand des Mount Meru. Dann ca. 50 m absteigen (Lavasand) und über die technisch anspruchsvollste Passage (Platten = Lavaschiefer und kleine senkrechte Stufen) im I.-II. Schwierigkeitsgrad bis auf ca. 3680 m Höhe. Der weitere Verlauf der Route über Lavasand am äußeren Grat entlang ist gut erkennbar. Dreimal müssen kleine, ca. 30 m tiefe Auf- und Abstiege überwunden werden, bis man den horizontalen Grat erreicht, der zum Hauptgipfel führt. Am Gipfel befinden sich eine Fahne und ein Gipfelbuch. Der Panoramablick zeigt bei schönem Wetter steil unten den Sekundärkrater, den Kleinen Mount Meru und beide Hütten sowie im Tal den Arusha Nationalpark. Im Osten das gewaltige Massiv des Kilimanjaro.
Hinweis: Die anspruchsvollen Passagen sind nur kurz, ebenso die Flanke zum Gipfel ca. 10 m. Ein Kurzseil für Ungeübte zur Sicherung ist empfehlenswert.
Abstieg zur Hütte kann nach den Lavaschiefern (Platten) in mehreren Varianten geschehen. Der Rhinopoint braucht nicht mehr überschritten werden.

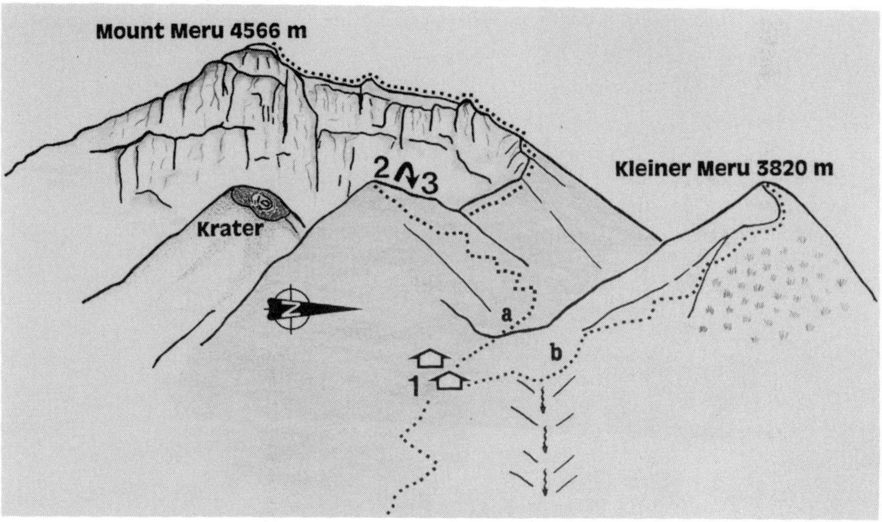

Skizze:
a) Aufstieg zum Mount Meru
b) Aufstieg zum Kleinen Meru

1 Saddle Hut 3566 m
2 Rhinopoint 3800 m
3 Schlüsselstelle

Foto: «Grataufschwung zum Mount Meru» Die Aufstiegsspur ist gut zu erkennen. **Kamerastandort** Rhinopoint 3800 m

Der weitere Abstieg erfolgt über denselben beschriebenen Aufstiegsweg.

Hinweis: Bleiben Sie beim Auf- und Abstieg immer in Reichweite des Führers (Ranger), denn bis zur Saddle Hut trafen wir auf Elefanten- und Büffellosung. Es ist erstaunlich, wie weit die Tiere heraufkommen können.

Wichtig: Den Anweisungen des Führers ist Folge zu leisten. Nur während der Gipfelbesteigung ist ein Kolonnenmarsch nicht erforderlich.

Foto unten:
Route entlang des Kraterrandes.

Die Massai

Über diesen afrikanischen Volksstamm wurden schon viele Bücher geschrieben. Der Besuch eines ihrer Dörfer wird für uns Europäer immer ein interessantes Erlebnis sein, auch wenn dafür bezahlt werden muß. Mit Frau Tschank von «Kibo Slopes Cottages Lodge in Loitokitok/Kenia» besuchte ich das Schaudorf «Olonunyak Manyata» und konnte viel über das Leben der Massai erfahren.
In Tanzania beginnt das Massailand, ca. eine Autostunde hinter Arusha nach MtoWaMbu, der Route in die Serengeti.
Man teilt das Volk in zwei große Gruppen, die «Samburu» (Halbnomaden) und die «Baraguyu» (Seßhaften). 80 Prozent der um Arusha lebenden Massai - man schätzt sie auf 110.000 - sind bereits seßhaft. Ihr Lebensstil hat sich vom traditionellen Dorfleben weit entfernt. Sie verdienen sich ihren Lebensunterhalb unter anderem als Händler, Hotelangestellte, Taxifahrer und Fremdenführer.
Das Fotogeschäft mit den Touristen haben die Japaner eingeführt und so stehen am Wegesrand zu den Nationalparks - insbesondere zum Ngorongorokrater - Frauen und Männer im Festgewand, um sich ein paar Shillingis als «Fotomodell» zu verdienen. Man zahlt also nach vorherigem Verhandeln an jeden einen Fixpreis. Wem das zuwider ist, der kann sich auch Schmuck als Souvenir kaufen.
Bekannt wurden die Massai wegen ihres Perlenschmuckes, der heutzutage immer mehr aus billigen Glas- und Plastikperlen hergestellt wird.

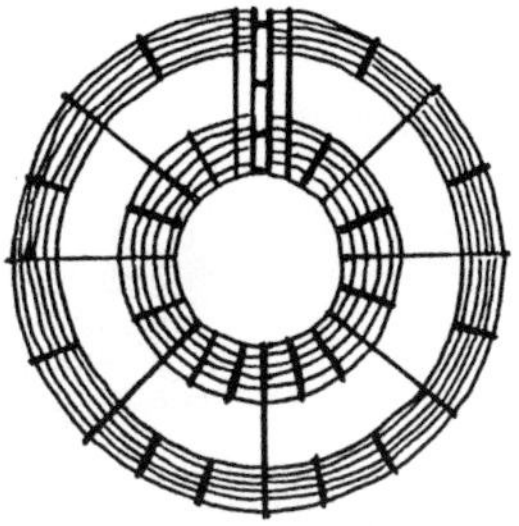

Halsschmuck

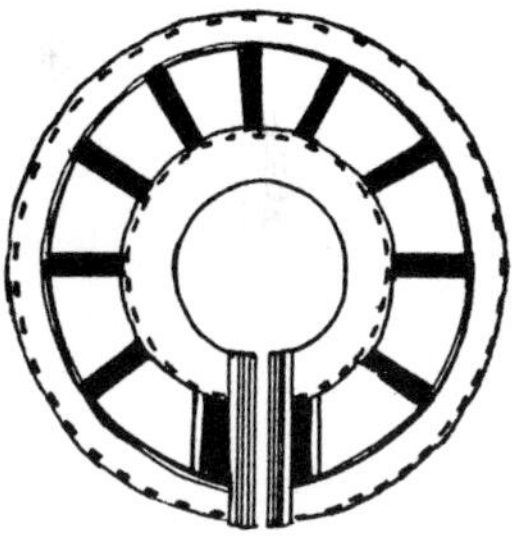

Bereits im Kindesalter lassen sich die Mädchen und Jungen die Ohrläppchen durchbohren und die Öffnungen werden mit Holzpflöcken erweitert. Die Skizzen zeigen die unterschiedlichen Geschmeide der Geschlechter.

Frauen

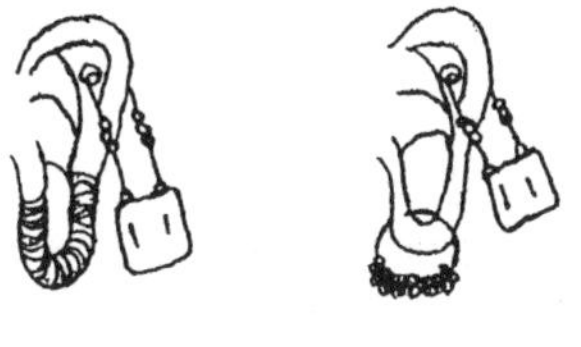

Männer

Foto: «Junge Souvenirverkäuferinnen mit typischem Massaischmuck»

An den Armen und Füßen tragen die Frauen auffallende Ringe (Spiralenschmuck), wie die Frauen in Rajasthan/Indien. Ihre Bekleidung ähnelt der der Römer, so auch die Sandalen, die sie aus alten Autoreifen selbst herstellen. Unser Fahrer hat deshalb am Lake Natron sein Fahrzeug nicht aus den Augen gelassen.

Foto: «Massaikrieger mit Speer»

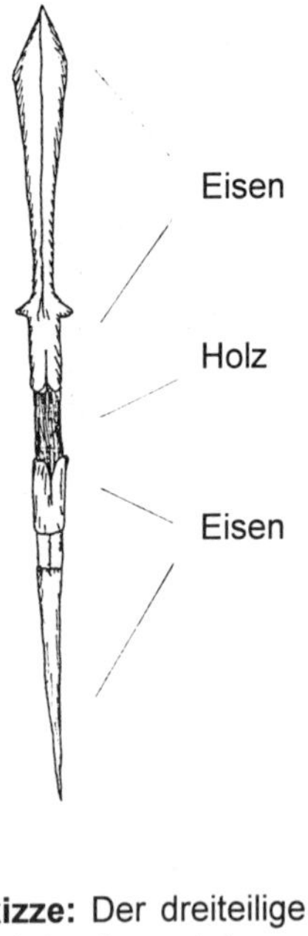

Skizze: «Sandalen»
oben - männlich
unten - weiblich

Skizze: Der dreiteilige Kriegsspeer ein Symbol der Krieger. Sie haben ihre Waffen auch heute noch immer dabei. Sie dient nicht nur zur Verteidigung gegen wilde Tiere, sie wird auch als ein Mannessymbol betrachtet.

Die Männer

werden bereits im Kindesalter auf ihre spätere Aufgabe als Rinderhirten vorbereitet. Sie dürfen die Lämmer und Ziegen hüten und später erst die Rinder. Die Jungen beschneidet man ab 16 Jahren, wenn sie in die Reihen der Krieger aufgenommen werden. Dann sind sie auch zum Tragen der Waffe (Speer) berechtigt. Haben sie die erforderlichen Mittel (eigene Rinder) zum Gründen eines Hausstandes, dann kommt die Zeit zum Heiraten. Mädchen erreichen diese bereits mit der Pubertät.
Auch wenn traditionell mehrere Ehefrauen zugelassen sind, so ist dies noch heute u. a. vom Reichtum der Rinderherde abhängig und meist bei älteren Massai anzutreffen.

Foto links: «Massaifrauen am Hütteneingang»

Der Cral

Die Gelegenheit ein Massaidorf zu besichtigen, sollte man sich nicht entgehen lassen. Bereits ein Schaudorf (für Touristen) ist hoch interessant. Gerne erklärt der Führer die Lebensart und Traditionen, die Einteilung der Hütten und stellt die Bewohnung der einzelnen Familien vor.

Beim Betreten der Hütte muß sich das Auge erst eine Weile an die Dunkelheit gewöhnen, bevor man die Umrisse und Gegenstände erkennen kann. Nur eine kleine Öffnung läßt Licht ins Innere und so bleibt der Aufenthaltsraum trotz glühender Sonne kühl.

Zum Sitzen stehen kleine Schemel um die Feuerstelle, die sich in der Mitte befindet, so daß der Rauch nach oben abziehen kann. Das Bett der Mutter ist vor der restlichen Familie (Lagerstätte) optisch getrennt.

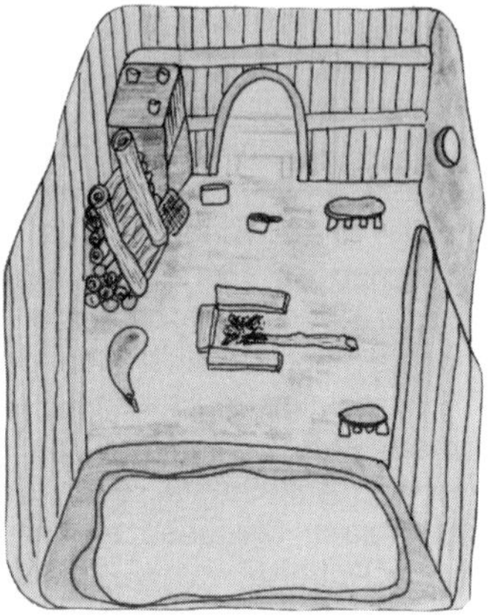

Die Vorratskammer ist in der Regel eine kleine Nische.

Die Rinder werden nachts in den Cral getrieben zum Schutz vor Wildtieren und Dieben.

Die Rinderherden

Sie sind der Reichtum der Massai. Man schätzt sie auf über 3 Mill. im Massaigebiet Kenia/Tanzania. Daneben halten die Massai große Herden von Schafen und Ziegen, deren wirtschaftlichen Nutzwert sie hoch schätzen. Ein wohlhabender Massai besitzt 80-100 Rinder. Eine Sippe bis zu 1000 Tiere.

Die Rinder geben den Massai Fleisch und Milch, Dung zum Hüttenbau, Fell zur Haus- und Bettverkleidung. Aus den Hörnern werden Behälter und aus den Hufen Schmuckstücke gefertigt.

Das Ritual der Blutentnahme bei den Rindern (Aderlaß mit der Pfeilspitze) wird in der Trockenzeit (wenn die Tiere wenig Milch geben) in verschiedenen Gegenden noch vollzogen. Diese Tradition ist aber in unserer modernen Welt zum Aussterben verurteilt. Das Leben auf dem Land verändert sich rasch, wie bei uns.

Foto: «Massai» (junger Mann) aus MtoWaMbu

Safari
Gesamttour

Arusha - Tarangire - Lake Manyara - Ngorongoro - Serengeti 5-7 Tage
Arusha Nationalpark 1-2 Tage
Arusha - Lake Natron 3 Tage

Eine Safari sollte natürlich nicht fehlen und so habe ich die üblichen Routen und drei ausgefallene Touren beschrieben.

Anreise
a) mit dem Flugzeug (s. S. 53)
b) von Kenia (s. S. 54-59)
c) mit dem Flugzeug zum Ngorongoro Krater (teuer)

Ausrüstung (**s. S.** 17)

Bus
Öffentliche Busse fahren bis in die Serengeti hinein. Bus zum Dorf Ngorongoro zweimal wöchentlich. Nähere Angaben liegen aber leider nicht vor. Anfrage beim Tourist Office in Arusha (**s.S.** 9).

Hotel/Lodges
(siehe bei den einzelnen Nationalparks und örtlichen Beschreibungen). Bei oder in jedem Nationalpark befindet sich mindestens eine Lodge.
Die **Buchungen** für die Lodges in den Nationalparks **übernimmt** für die staatlichen Lodges zentral das
«Tanzania Tourist Board» Tel. 051-27672 - Fax 46780 P.O.Box 2485, Dar es Salaam

Private Hotel-/Lodge-Reservierungen bieten:
«ACCOR-A World of Travel Tourism and Services» Tel. 057-572711 - Fax 578221 für folgende Hotels: Novotel Mount Meru, Arusha / Lake Manyara Hotel / Ngorongoro Wildlife Lodge / Seronera Wildlife Lodge / Lobo Wildlife Lodge

«The Reservations Manager» Tel. 057-3842/3843
Serengeti Safari Lodges LTD, P.O.Box 3100, Arusha reserviert folgende Hotels Mount Meru Hotel, Arusha / Hotel Seventy Seven, Arusha / New Safari Hotel, Arusha Lake Manyara Hotel / Ngorongoro Wildlife Lodge / Seronera Wildlife Lodge

«Sopa Lodges» (Hotelkette) Tel. 057-6886 - Fax 8245
P.O.Box 1823, Arusha besitzt ein eigenes Hotel am Ngorongoro Krater, in der Serengeti und im Tarangire Nationalpark.

Hinweis: Vorreservierung für diese Hotels in der Hochsaison empfehlenswert, sowie bei größeren Gruppen.

Camping (Preise siehe Beiblatt) - Bei jeder Lodge befindet sich ein Campingplatz - Vorausbuchung nicht notwendig. Die Campingplatzgebühren werden am Office des jeweiligen Nationalparks bezahlt. Die Zeltplätze erfüllen nicht annähernd europäische Erwartungen: Eine Wiese, Wasserstelle und Plumpsklo bezeichnet man bereits als Campingplatz (siehe Ortsbeschreibungen).
Hinweis: Die Campingplätze im Park sind teurer als die außerhalb der Parks. Bei langen Anfahrten empfiehlt es sich im Park zu nächtigen, da die beste Beobachtungszeit morgens und abends zur Dämmerung ist. **Campingtouren sind in**.

Organisation - Für Einzelreisende und kleinere Gruppen ist eine Vororganisation nicht mehr erforderlich, bei größeren Gruppen jedoch empfehlenswert. Ebenso in der Hochsaison Dezember bis Januar. Einzelreisende sparen, wenn sie sich einer Gruppe anschließen. In Arusha, dem Ausgangspunkt in Richtung Serengeti, haben sich die meisten Agenturen niedergelassen, darunter auch deutschsprachige. Und alle wollen vermitteln: die Hotels, Taxifahrer, Agenturen und der Staatliche Travel Service. Vom Kleinfahrzeug (Taxi) über Landrover bis zum VW-Bus.
Hinweis: Achten Sie darauf, daß die Fahrzeuge ein Hubdach zur Beobachtung der Tiere besitzen und nicht zu viele Touristen im Auto mitfahren. Vom Sitz (ohne Stehmöglichkeit) ist der Beobachtungsfreiraum ziemlich eingeschränkt.
Wichtig: Preisangebote mit den Leistungen vergleichen. Bei Billiganbietern ist oft die Nationalpark- sowie Campinggebühr nicht enthalten.
Vor der Tour sollte man die gewünschte Route gleich festlegen und schriftlich mit der Agentur vereinbaren, etwaige Sonderwünsche lassen sich die Fahrer oft teuer bezahlen (z. B. Zusatzfahrt von der Seronera Lodge zur Lobo Wildlife Lodge).
Anmerkung - In Kenia ist eine Safari wesentlich billiger und kann mit einer in Tanzania gar nicht verglichen werden. Wer die **Gnu-Wanderung** erleben will, sollte ihre Wanderzeiten in Tanzania und Kenia beachten (**s.S.** 187). Der Ngorongoro-Krater ist ein besonderes Erlebnis (Höhepunkt). Die Buchung während der Hauptsaison über eine Agentur in Tanzania bzw. einem Reisebüro/Veranstalter in Deutschland/Europa ist empfehlenswert.

Möglichkeiten (Preise siehe Beiblatt)

1. Das **Gesamtarrangement** über eines der speziellen Reisebüros (bereits in Europa - siehe Werbung) buchen (**s. S.** 11, 12, 15, 17, 22, 23).
2. Mit dem **Leihwagen** von Kenia aus selbst fahren. **Wichtig: Linksverkehr!**
   Hinweis: Dies ist nur günstig ohne km-Beschränkung. Permitgebühr für fremde Kfz pro Nationalpark beachten.
3. Mit dem **eigenen Kfz** (Camper) nach Tanzania.
   Hinweis: Auch für das eigene Kfz ist eine Permitgebühr pro Nationalpark zu entrichten (wie beim Leihwagen).
4. **Örtliche Agenturen** - Der Organisationsort für Safaris ist Arusha (**s. S.** 61-63). Aber auch von Moshi aus läßt sich gut organisieren (**s. S.** 64-65).

Selbstverständlich organisieren auch alle Bergsteigeragenturen Safaris und so ist nur der Ausgangsort für die Wahl der Agentur entscheidend (Preisbeispiele s.Beiblatt).

Agenturen in Arusha

«African Camping Club» Arusha
«Amanco Tours & Services LTD» Tel.+Fax 8894
Serengeti Wing 2nd Floor, Room 207+208, P.O.Box 8269, Arusha
«Arumeru Tours» Tel. 2780, P.O.Box 730, Arusha
«Big Game Safaris LTD» Tel. 3181/8259, P.O.Box 7553, Arusha
«Bushbock Safaris LTD» Tel. 7453 - Fax 8293, P.O.Box 1700, Arusha
«Bushtrekker Safaris» Tel. 3241, P.O.Box 3173 Arusha
«Classic Tours & Safaris» Tel. 7394/5-Fax 7083 im Impala Hotel, P.O.Box 7302, Arusha
organisiert auch Transfer zum Kilimanjaro Airport
«Equatorial Safaris LTD» Tel. 3302/7006 - Fax 2617 im New Safari Hotel
P.O.Box 2156, Arusha - bietet unter anderem auch Trucksafaris an
«Jeff's Tour & Safaris Co. LTD» Tel. 6980, P.O.Box 1469, Arusha
Mr. Jeff ist sehr freundlich und entgegenkommend, doch aus eigener Erfahrung bei größeren Gruppen überfordert. Ich habe mit ihm eine Hochlandtrekkingtour vom Embagaikrater zum Lake Natron (3 Tage) durchs Massailand durchgeführt, die mit gewissen Entbehrungen (**s.** Lengai Treck **S.** 223) empfehlenswert ist.
«Goldman Tours & Safaris LTD» Tel. 057/7545, P.O.Box 7334, Arusha
eine alt eingesessene zuverlässige Agentur
«Hoopoe Adventure Tours Tanzania LTD» Tel. 7011/7541 - Fax 8226
India Street, P.O.Box 2047, Arusha - eine der größten Agenturen
«Kilimanjaro Mountaineers & Safaris LTD» Tel. 7468 - Fax 8418/8242
P.O.Box 7155, Arusha - bietet Safari mit Aufenhalt auf der Gibbs Farm an
«KTA Kili-Trekking Agency» A.I.C.C. Complex, Room 456-457,
Serengeti Wing, Arusha - Fahrzeuge (Landrover) im guten Zustand
«Laitolya Tours & Safaris LTD» Tel. 2422 - Fax 8218, A.I.C.C. Ngorongoro Block,
P.O.Box 7319, 2nd Floor Room 227, Arusha
«Leopard Tour LTD» Tel.8442-3 - Fax 8219, P.O.Box 1638, Arusha
«Paradise Safari LTD» Hildegard Keil Tel.2830-Fax8002
Elite Cinema Building, Jacaranda Street, 2nd Floor, P.O.Box 2632, Arusha
Frau Keil ist Deutsche und ehemalige GTZ-Mitarbeiterin. Sie arbeitete als Diplombiologin 3 Jahre an einem tanzanischen Forschungsinstitut und leitet seit 1988 ihre eigene Agentur. Ihre Spezialität sind Campingsafaris. Sie bietet auch Trekkingtouren zum Embagai, Lengai und in die Monduli- und Usambara Berge (Luskoto) an sowie Tagesausflüge zu noch ursprünglichen Massaidörfern.
«QBD Tours LTD» Tel. 2248/3295 - Fax 8316, P.O.Box 786, Arusha
besitzt eigene Kleinbusse mit aufstellbarem Dach (Matatus)
«Ranger Safaris LTD» Tel. 3074, P.O.Box 9, Arusha
«Roy Safaris LTD» Tel. 2115 - Fax 8892, Sokoine/Goliondoi Road Junction,
P.O.Box 50, Arusha
«Shangri-La Estate» Tel. 3181 - Fax 8908, P.O.Box 1187, Arusha
«Serengeti Ballon Safaris» Tel. 7111 - Fax 8997, bieten Heißluftballonfahrten an
«Simba Safaris» Tel. 3509-Fax 2990, P.O.Box 1207, Arusha
«Star Tours» Arusha (spricht deutsch)
«Tanzanite Wildlife Tours» Tel. 3038, P.O.Box 1277, Arusha

«The Adventure Centre» Tel. 7111 - Fax 8997, P.O.Box 12799, Arusha
bietet u.a.an Bus-/Flugtickets, Airporttransport, Heißluftballonfahrten u.Kamel Safaris
«Transafrican Safaris» Tony Fernandez, A.I.C.C.Ngorongoro Block, Arusha
«Tropical Africa Trails LTD» Tel. 7534 - Fax 8299, P.O.Box 6130, Arusha
Diese Agentur unterhält im Massaigebiet «Monduli» ein Camp und führt unter Leitung eines Massai Exkursionen und Dorfbesuche in diesem Gebiet durch. Tagesausflüge ins Camp möglich - von Arusha ca. 60 km entfernt.
«Tropical Tours Tanzania» Fax 2830, P.O.Box 727, Arusha
bietet Trekking mit Zelten, Eseltransport und einen ehemaligen Hotelkoch an.
«UTC=United Touring Company» Tel. 8844 - Fax 8222, P.O.Box 2211, Arusha

Privat «G.J.Magyar» USA River 43, P.O.Box 425, Arusha
Der Besitzer ist Jäger und hat sich auch auf Exkursionen für Fischer spezialisiert. Die Agentur besitzt einen Landrover und Lkw für Gepäcktransport - empfehlenswert. Mit Zelten ein Erlebnis.

«State Travel Services LTD» Tel. 8715/8 - Fax 8209, P.O.Box 1369, Arusha
Bietet Safaritouren zum Lake Manyara-, Tarangire-, Ngorongoro-, Serengeti- und Mikumi-Nationalpark, Ruaha und Selous Game Reserve.

Hinweis: Leider arbeiten die staatlichen Agenturen nicht immer Hand in Hand. Wer also beim State Travel Service in Dar es Salaam reserviert, soll nicht überrascht sein, wenn man in Arusha nichts davon weiß.

Pauschalangebot des State Travel Service: Wie auch am Kibo bietet das Tourist Office im September eine 8-tägige, vollorganisierte Safari incl. Vollpension an. In der Ausschreibung werden die Wildnis, Tierfotografie und abendliche Folkloreparties angepriesen. Auch dieses Angebot soll Devisen ins Land bringen, ist in der Regel teurer als die örtlichen Agenturen.

Agenturen in Moshi

«August Kishnijo», P.O.Box 96, Moshi - empfehlenswert
«Willy Moocha», Babylon Bar, Moshi
«Shah Tours & Travel Limited» Tel. 2370+2998, P.O.Box 1821, Moshi
«M.T.Safari Intern. LTD» P.O.Box 9593, Moshi - im YMCA
«Zara Intern.Travel Agency» Tel. 54240-Fax 53120, P.O.Box 1990, Moshi

Weitere Agenturen (s. Organisation Kilimanjaro **S.** 78).

Agenturen in Marangu

Selbstverständlich organisieren auch das Kibo und Marangu Hotel Safaris.

Agenturen in Dar es Salaam

(**s. S.** 240)

Hinweis: Wie Sie sehen, ist ein großes Angebot vorhanden. Wer sparen will, muß das Preis-/Leistungsverhältnis der einzelnen Anbieter vergleichen.

Fahrer und Guide

Die staatlichen Fahrer werden drei Monate als Fremdenführer ausgebildet, bevor sie Touristen fahren dürfen. Sie kennen fast jedes Tier und natürlich ihre heimische Flora. Sie sprechen ein gutes Englisch und sind sehr hilfsbereit und stolz, ihr Land dem Touristen zeigen zu können. Bei den einzelnen Safari-Rundfahrten steigern sie sich so richtig in die «Pirsch» auf Tiere hinein.
Auch die Fahrer der Agenturen besuchen diese Ausbildungsstätten und haben meist Nachschlagewerke (z. B. Wild Flower of East Africa, The Birds of East Africa und The Animals of East Africa) dabei und ihr Arrangement ist lobenswert.

Nationalparkgebühren

Die Nationalparkgebühr wird für 24 Stunden ab Eintritt entrichtet. Sie ist in US $ bei den Parks (Eingang) zu bezahlen. Auch der Wagen und der Fahrer kosten eine Gebühr. Die Safaris mit Touristen in den Parks sind nur von 8.00 Uhr bis ca. 21.00 Uhr (Sonnenuntergang), im Ngorongoro Krater bis 18.00 Uhr, erlaubt.

Reisezeit

Nach der kleinen Regenzeit ab Januar empfehlenswert. Anfang Januar können noch Regenschauer auftreten. In dieser Jahreszeit ist das Gras noch grün und dörrt dann immer mehr aus.
Als beste Reisezeit wird November bis März und Juni bis Oktober angegeben. Im Juli/August beginnt der Winter und die Nächte werden empfindlich kühl (Anorak, Pullover empfehlenswert).

Große Regenzeit	- Ende März bis Mitte Mai
Kleine Regenzeit	- Mitte Oktober bis Dezember

Die Tierwanderungen in der Serengeti von Tanzania beginnen Ende Dezember, wenn riesige Herden von Gnus, Zebras, Thomson Gazellen und Topi Antilopen vom Victoria See kommend ins Ndutu Gebiet ziehen und von dort wieder in Richtung Seronera Lodge, Lobo Lodge nach Kenia wandern.

Gnu-Wanderung - Beste Beobachtungszeit
im Ndutu Gebiet **Januar bis Februar**, wenn sich die Tiere zur Wanderung nach Norden und Westen zu großen Herden sammeln.- Der große Treck! In der Serengeti in Tanzania halten sich die Gnus in der Regel von **Dezember bis Mai** (je nach Wetter) auf, von **Juni bis Oktober** trifft man sie dagegen in Kenia (Massai Mara) an.

Route - Die Zusammenstellung der Route ist abgängig von Zeit und Finanzen. Die Agenturen bieten Safaripakete an. Die Standardroute ist: Arusha-Lake Manyara-Ngorongoro-Serengeti

Strecken -	Arusha-Tarangire ca.	120 km
	Arusha-Lake Manyara ca.	120 km
	Arusha-Ngorongoro ca.	160 km
	Arusha-Serengeti ca.	340 km

Touristik

Man unterscheidet zwischen Lodge- und Campingsafari, sowie zwischen Camping in Economy- und Firstclass. Der Unterschied liegt im Zelt- und Servciekomfort nicht am Zeltplatz.

Trinkgeld

Wie beim Kilimanjaro erwartet die Crew ein Trinkgeld, gestaffelt nach Rangordnung - Fahrer, Koch, Führer. Auch hier das Problem mit der Höhe des Betrages (siehe Beiblatt). Ein zusätzlicher Lohn, der beim Kalkulieren des Reisepreises berücksichtigt werden sollte.

Foto: «Elefantenbulle» - 50 Jahre ist er alt und jetzt bevorzugt er die Zurückgezogenheit eines Eremiten. Er hat die Herde verlassen, um ein Wanderleben zu führen.

Nationalparks der Safaribeschreibungen

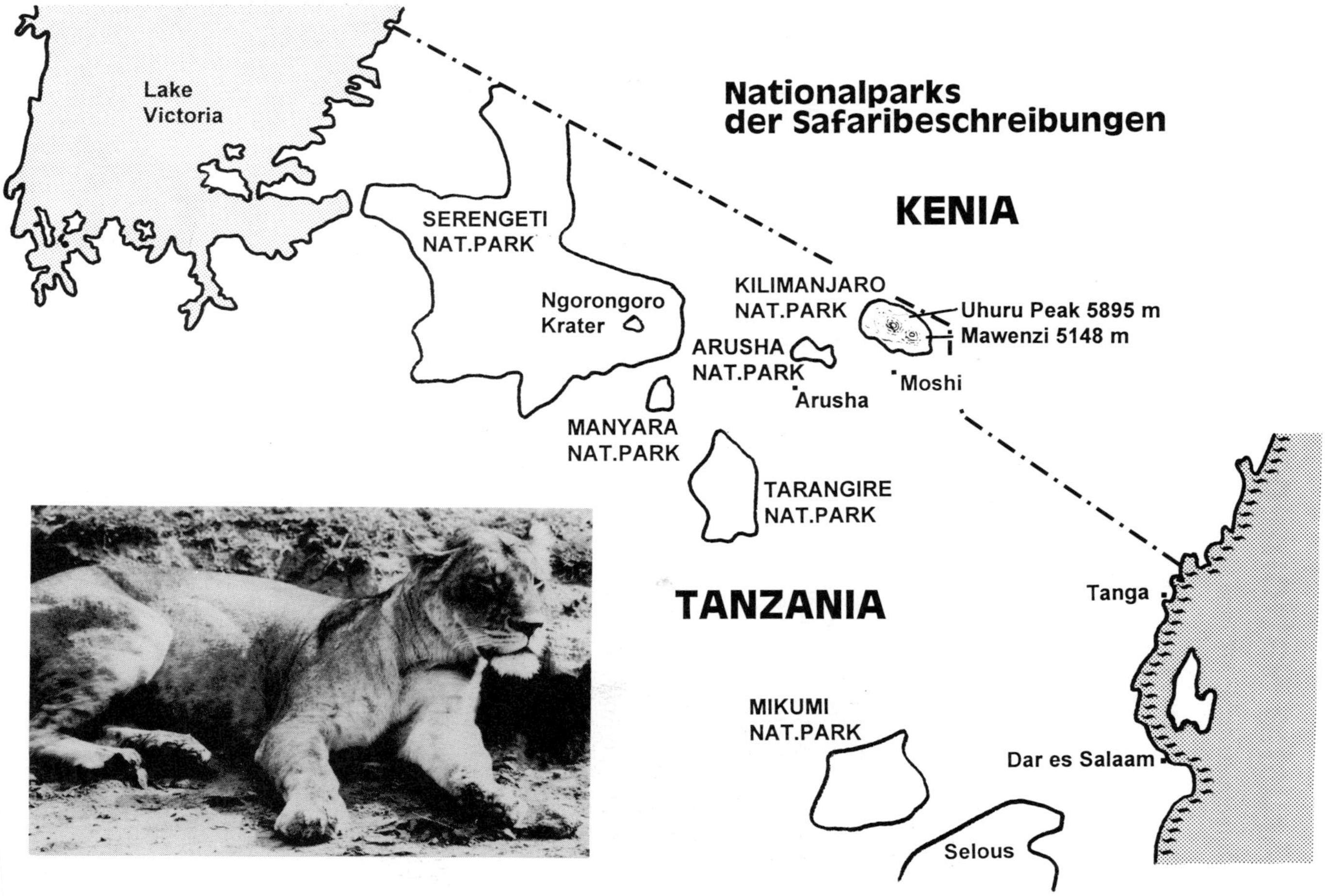

Arusha Nationalpark 137 km²

Aufenthaltsdauer 1-2 Tage - ca. 32 km von Arusha zum Gate - 1500 m Höhe

Trotz seiner Nähe zu Arusha wird dieser Nationalpark relativ schwach von Touristen besucht. Günstig ist ein Besuch des Nationalparks (Nachmittagstour) nach der Besteigung des Mount Meru, nachdem dasselbe Office auch für eine Safari zu den Momella Seen (**s. S.** 92-93) zuständig ist.

Ausgangsort Arusha (**s. S.** 61-63) - Moshi (**s. S.** 64-65)

Ausrüstung Fernglas, Regenbekleidung, Turnschuhe

Exkursionen

Im Nationalpark bietet sich eine Rundtour um die Momella Seen und zum Ngurdoto Krater sowie die Besteigung des Mount Meru 4566 m (**s. S.** 170-178) an.
Nachdem die Nationalparkgebühr für 24 Stunden gezahlt wird, kann einmal in der Frühe und am späten Nachmittag der Park besucht werden. (Das Auto kann nur an bestimmten Stellen bei den Seen verlassen werden sowie an Aussichtspunkten des Ngurdoto Kraters.)

Fauna

Beim letzten Besuch sind mir die vielen Giraffen aufgefallen. Sie konnten vom Auto aus kürzester Entfernung (5-10 m) beobachtet werden. Auch große Pavianherden kreuzten die Route. Die seltenen Guerezas (Baumaffen) leben fast ausschließlich in den Baumkronen und sind schwer aufzuspüren. Am See, je nach Jahreszeit, viele Flamingos und auf der Westseite (Mount Meru) große Büffelherden.

Warnung: Die Kaffernbüffel sind gefährlich, besonders die jungen Mütter, darum werden Wanderungen z. B. zum Mount Meru nur mit bewaffneten Rangern erlaubt.

Die Giraffe

zählt zwar nicht zu den großen Vier, auch wenn eine Schulterhöhe von 3 m nichts Außergewöhnliches ist. Dieselbe Länge kann zusätzlich auch noch ihr Hals erreichen, um an die jungen Blätter der Akazien zu kommen. Man unterscheidet in Ostafrika zwischen Massai-, Netz- und Rothschildgiraffen.

Flora

Akazien, Baumheide, Feigenbäume, Wacholder

Foto

Bei klarem Wetter ist in den Morgenstunden und am späten Nachmittag der Kilimanjaro und natürlich der Mount Meru zu sehen.

Führer
Bei allen Wanderungen im westlichen (Mount Meru) und östlichen Parkteil muß ein bewaffneter Ranger (wie bereits erwähnt) die Touristen begleiten.

Klima
Ende November bis März angenehm warm; Juli/August kühl; während der Regenzeiten Oktober/November, Ende März bis Juni Nebel und starker Regen.

Lodge/Camping
«Meru View Lodge» an der Straße zum Arusha Nationalpark
EPCOT Tanzania LTD, Helmut H. Isgen, P.O.Box 1503, Arusha
Bungalows mit 2 Betten/Bad nach deutschem Standard.
«Momella Wildlife Lodge» Tel. 057-6423/6426 - Tax 8264, P.O.Box 999, Arusha
empfehlenswert. Schöne Zimmer mit guten Betten und Moskitonetzen. Abends warme Duschen, ausreichendes Frühstücks- und Dinnerbufett. Kleiner Souvenirladen. Schön angelegter Park mit Swimmingpool. **Hinweis:** In den Morgenstunden kommen viele Giraffen auf ihrer Fährte nahe an der Lodge vorbei.

Campingplatz - Eine Wiese gegenüber dem Momella Gate. Sie war zu unserer Zeit mit einer Büffelherde belegt, so daß wir die Momella Game Lodge vorzogen.

Rundfahrt
Am Momella Gate (geöffnet: 8.00-18.00 Uhr) ist die Nationalparkgebühr in US $ zu bezahlen. Für den Vormittag empfehle ich die Ngurdoto Krater Tour und am Nachmittag die Momella Seen.

Foto: «Momella Wildlife Lodge» am Fuße des Mount Meru

Arusha Nationalpark (ohne Mount Meru)

Die Skizze zeigt die Nationalparkgrenze und die Straße zum und im Park

1 Momella Gate
2 Momella Lodge
3 Momella Seen
4 Ngurdoto Krater
5 Ngurdoto Gate

Momella Seen

A Lake El Kekhotorto
B Lake Kusare
C Small Momella Lake
D Lake Rishateni
E Big Momella Lake
F Lake Tulusia
G Lake Lekandiro

Ngurdoto Krater

▲ Aussichtspunkte
6 Leitong
7 The Glades
8 Rhino Crest
9 Mikindu Point
10 Mountain View
11 The Rock
12 Buffalo Point

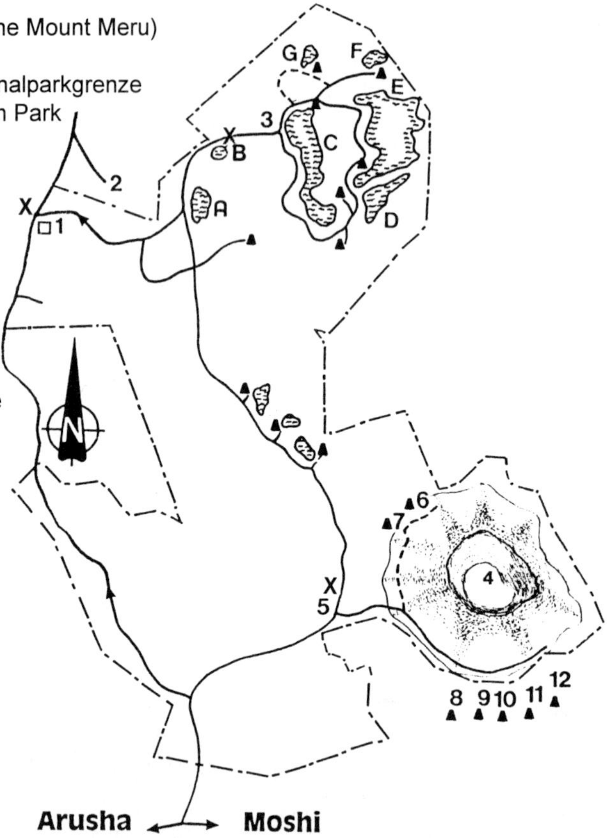

Picknick bzw. Füße vertreten ist am Lake Kusare (x) und bei den Gates erlaubt.

Foto: «Pavian» (Weibchen) In Tanzania trifft man auf große Herden der Anubispaviane (sie werden ca. 1 m groß). Das Weibchen im Bild pflückt Grassamen. Überwiegend ernähren sie sich von Früchten, Gras, Wurzeln, Insekten und gelegentlich jagen sie auch Jungtiere (Antilopen, Impalas).

Momella Seen

den Massai als **Ol Balbal** (bewässerte Senke) vertraut. Im Nordostgebiet liegend zeigen sie ein ganz anderes Afrika als die sonst übliche Steppenlandschaft. Gute Beobachtungsmöglichkeiten für Vögel, Reiher, Gänse usw.. Ich sah eine mir noch unbekannte Art von Libellen.
Eine Aussichtsstraße führt zu einem erhöhten Beobachtungsstand in 1525 m Höhe. Nicht zu vergessen die Flora, im Januar blühte es überall.

Tierarten um die Momella-Seen
Affen (Guerezas und Paviane), Baboon, Kaffernbüffel, Buschböcke, Dick-Dick, Duiker, Elefanten, Flußpferde, Genet, Giraffen, Guineapigs (Meerschweinchen), Leoparden, Meerkatzen, Mungos, Reedböcke, Rhinos, Sunian-Antilopen, Warzenschweine, Wasserböcke, Windhunde und Teichbewohner (Flamingos, Gänse, Reiher, Vögel) usw.. Manchmal ziehen auch Elenantilopen und Löwen durch's Momellagebiet.

Foto: «Echse» Sauria - eine Unterordnung der Schuppenkriechtiere.
Im Unterschied zu Schlangen sind bei Echsen die Unterkieferäste stets fest miteinander verwachsen. Diese Exemplare hatten eine schöne rotgelbe Zeichnung.

Ngurdoto-Krater

Inmitten undurchdringlichen Urwaldes befindet sich der Krater. Man nimmt an, daß er bereits vor 1/4 Millionen Jahren erloschen ist. Die Straße führt an mehreren Aussichtspunkten des Kraterrandes vorbei. Von Rhinocrest noch 50 m zu Fuß. Durch blühende Baumzweige sieht man auf den 305 m tiefen Kraterboden. Im satten grünen Gras bewegen sich die Herden als schwarze Punkte. Die Tiere sind nur mit Fernglas oder Tele zu unterscheiden.

Den Kraterboden darf man nicht betreten bzw. befahren. Daher fährt man den Weg zurück, durch Zedernwälder, in Richtung Ngurdoto Gate, immer auf der Pirsch nach den schwarz-weißen Guerezas, auch Colobusaffen (Baumaffen) genannt. Diese Affenart verläßt fast nie den Baumbereich und ist eine Rarität.
Man sieht Büffelherden, Elefanten, Giraffen, Rhinos und Warzenschweine.

Am 2. Parkeingang befindet sich ein weiteres Office mit kleinem **Museum**. Hier können Sie eine beachtliche Schmetterlings- und Käfersammlung sowie einige ausgestopfte Kleintiere sehen.

Foto: Nicht nur die Tierwelt der Nationalparks ist einen Besuch wert, auch die Flora sollte nicht übersehen werden.

Von Arusha zur Serengeti

Lake Manyara Nationalpark - Ngorongoro Krater - Ndutu Reservat - Serengeti - Tarangire Nationalpark

In der Regel unternimmt der Safaritourist eine 3- bis 5-tägige Tour in Tanzania. Zur Haupt-Standardroute zählt die Strecke in die Serengeti und zum berühmten Ngorongoro Krater.

Ausgangsort Arusha (**s. S.** 61-63)

Ausrüstung luftige Baumwollkleidung, Turnschuhe, Wasserflasche, evtl. Zelt

Exkursionen
Es ist ratsam die Tour in einem Auto mit Hubdach zum Fotografieren zu unternehmen.
Vorgeschlagene 8-Tages-Tour:
1. Tag Arusha-Tarangire Nationalpark/ca. 120 km (nachmittags Safari)
2. Tag Tarangire (vormittags Safari) Weiterfahrt nach Lake Manyara, ca. 100 km (nachmittags Safari)
3. Tag Lake Manyara (vormittags Safari) Weiterfahrt zum Ngorongoro Krater,ca.70 km
4. Tag Ngorongoro Krater (Tagestour)
5. Tag Weiterfahrt zur Olduvai Schlucht (Safari im Ndutu Gebiet), ca. 45 km
6. Tag Weiterfahrt zur Seronera Wildlife Lodge mit Safari/ca. 110 km
7./8.Tag Rückfahrt nach Arusha, ca. 340 km - davon 223 km Piste

Anfahrt zu den Nationalparks
Arusha - Makuyuni 80 km - MtoWaMbu 117 km

Kurzbeschreibung
Ein paar Kilometer nach Arusha beginnt das Massailand. Am Anfang ist aber militärisches Sperrgebiet und man darf nicht fotografieren. Die Fahrer wissen jedoch, wann die Sicherheitszone vorbei ist.
Bei Kisongo treffen Sie auf ein großes Souvenirgeschäft. Große Auswahl an schönen Schnitzereien - mittlere Preisklasse.
Bis Makuyuni fährt man auf die neu ausgebaute Teerstraße in Richtung Dodoma. Die 350 m hohe Westwand des ostafrikanischen Grabenbruchs ist gut zu erkennen.

Makuyuni einfaches Guesthouse und Wochenmarkt

In Kwa Kuchina, übersetzt Halsabschneider, zweigt dann eine Pistenstraße zum Tarangire Nationalpark ab.

Kwa Kuchina Tankstelle und Getränkeverkauf

Foto: «Elefantenherde»
Der Tarangire Nationalpark ist wegen seiner großen Elefantenherden bekannt.

Tarangire Nationalpark 2600 km² - 1140 m Höhe

Große Elefantenherden am Tarangire Fluß locken trotz der lästigen Tsetsefliegen Safaribesucher in den relativ wenig besuchten Park.

Ausgangsort Arusha (**s. S.** 61-63)

Ausrüstung
Safaribekleidung, Mückenschutzmittel (Autan, Bonomol), Zitronenöl gegen die lästigen kleinen Fliegen, Systralsalbe gegen Insektenstiche

Hinweis: Tsetsefliegen - Hemden und Blusen mit langem Arm sowie lange Hosen tragen. Die Fliegen bissen am Parkeingang und an verschiedenen Stellen im Park, nicht am Campingplatz.

Tsetsefliege
Sie sehen wie große Hausfliegen aus, kreuzen aber ihre Flügel über dem Rücken. Ihre Stiche (Bisse) sind schmerzhaft und verursachen Schwellungen. Die Art im Tarangire Nationalpark überträgt die Schlafkrankheit **nicht**.

Exkursionen
Safari nur mit Allradfahrzeugen empfehlenswert. Die größten Tierherden trifft man von August bis September an.

Fauna
Je nach Wasserstand des Flusses Büffel, Elenantilopen, Elefanten, Gazellen, Giraffen, Gnus, kleine Kudus, Kongonis, Impalas, Paviane, Störche, Zebras.
Wir trafen im Januar Hunderte von Störchen an, sogar mehr in den Feldern zum Park als im Park. Darüber hinaus fünf große Elefantenherden mit bis zu 30 Tieren. Insgesamt sollen noch 300 Elefanten im Park leben. Außerdem kreuzten mehrere Pavianherden den Weg sowie Warzenschweinfamilien. Auch eine Eule und viele verschiedene Vogelarten sowie Raubvögel konnten wir sehen.

Der Elefant
ist, wie allgemein bekannt, infolge der Wilderei gefährdet. Sein Elfenbein (Stoßzähne) wird in Japan als Geldanlage gehandelt. Elefanten sind Herdentiere mit einem ausgeprägten Familienleben. Als reiner Pflanzenfresser kann ein erwachsener Bulle bis zu vier Tonnen schwer werden. 1991 sollen hier noch 6000 Elefanten gelebt haben, heute schätzt man sie auf 3000 Tiere. Cynthia Moss lebte 13 Jahre mit einer Elefantenfamilie und hat zahlreiche wissenschaftliche Artikel verfaßt. Einen interessanten Einblick in die Lebensart der Elefanten gibt ihr Buch «Die Elefanten vom Kilimandscharo» - Verlag Rosch und Röhring. Halb wissenschaftlich, halb spannende Erlebnisse (Beobachtungen).

Flora Die Nähe des Tarangire Flusses läßt die Landschaft grünen. Akazien, Affenbrotbaum, Borassus- und Doumpalmen und viele Buscharten.

Foto Teleobjektiv und Fernglas empfehlenswert, Skylight-Filter

Lodge «Tarangire Safari Lodge» Tel.+Fax 057-7182
Anschrift: Serengeti Select Safaris LTD,
A.I.C.C.Ngorongoro Wing Room 205, P.O.Box 2703, Arusha
Gemütliche Terrasse mit Blick zum Fluß; Bar, Bungalows und Swimmingpool
Campingplatz «Tarangire Safari Camp» auf dem gegenüberliegenden Hügel oberhalb des Flusses.
Hinweis: Die Übernachtung im Park ist zwar teurer als außerhalb, doch sollte man berücksichtigen, daß ab 21.00 Uhr (Dunkelheit) mit dem Auto im Park nicht mehr gefahren werden darf.

Rundfahrt
Am Nachmittag führte uns die Rundfahrt nach Südosten zum Fluß hinunter, an dem wir auf die vorbeiziehenden Elefanten warteten. Es war ein beeindruckendes Erlebnis als die Gruppen aus allen Himmelsrichtungen plötzlich über den Hügeln auftauchten und hinunter zum Fluß marschierten, dort kurz Wasser tranken, badeten, kleine Rivalitätskämpfe austrugen und dann bei Sonnenuntergang entlang des Flusses weiterzogen. Am nächsten Tag (Vormittag) waren zwar keine Elefanten mehr anzutreffen, dafür große Pavianfamilien, die in den Akazienbäumen nächtigten und durch das Steppengras zogen.

Touristik Die Parkgebühr kann nur mit US $ oder Traveller Schecks in US $ bezahlt werden, nicht in TShs.

Weiterfahrt Tarangire - MtoWaMbu - Lake Manyara ca. 100 km, 1 ½ Stunden
Man fährt dieselbe Anfahrtsstrecke zurück bis Makuyuni und biegt dann nach Nordwesten in die Piste zur Serengeti ein. Ab Makuyuni bis MtoWaMbu 37 km.

MtoWaMbu -bedeutet übersetzt Mückenfluß im wahrsten Sinne des Wortes.
Am Rand des Rift Valley und Eingang zum Lake Manyara Nationalpark inmitten des Massailandes befindet sich der Ort mit Bank, Post und Markt für Frischobst und Gemüse, außerdem Souvenirläden (Ebenholzschnitzereien - in Arusha billiger).

Hotel
«Holiday Fig Resort» empfehlenswert
«Guesthouse» Fig Tree (Halbpension) in MtoWaMbu
«Jambo Campsite & Lodge» Tel. 26 am Dorfende der Straße nach Ngorongoro/ Serengeti - Bar, Restaurant, WC und Duschen - günstiger als im Park - viele Mücken
«Lake Manyara Lodge» (**s. S.** 201) oberhalb des Rift Valley

Hospital Medizinische Versorgung

Lake Manyara 3199 km² - 960 m Höhe

davon 228 km² Seengebiet

Hier ist das Great Rift Valley des ostafrikanischen Grabenbruchs so deutlich ausgeprägt, daß es sogar Astronauten vom Shuttle aus erkennen konnten. Der Park ist ideal geeignet für Tagestouren sowie für einen Abstecher von Arusha aus.

Ausgangsort Arusha und MtoWaMbu

Ausrüstung leichte Baumwollkleidung, Sonnenschutz, Getränke, Lunchpaket

Exkursionen
mit dem Auto auch ohne Allrad (VW Busse) geeignet. Der Park hat einen großen Tierbestand und bietet eine Vielfalt an ostafrikanischer Vogelwelt.

Eine frühe Abfahrt ist bei allen Tierbeobachtungen erforderlich, denn vor Beginn der Hitze wandern die Tiere zur Wasserstelle. Die Fahrer der VW-Busse verlassen die bereits vorhandenen Sandpisten nicht. Auch ein Landrover bietet in diesem Park kein größeres Erlebnis.
Info: Beim Office kann man einen gut bebilderten Führer in Deutsch kaufen, sowie englische Bücher und Postkarten.

Foto: «Zebras» - Grevy-Zebra bzw. Eguns grevyi, wildlebende Pferde, deren schwarzweiße Streifenzeichnung fälschlicherweise meistens als tarnende Auflösung der Körperumrisse (Somatolyse) im Geflimmer des heißen Steppenbodens verstanden wird.

Fauna

Affen (Blau- oder Colobusaffen), Büffel, Busch-, Reed- und Wasserböcke, Echsen, Elefanten, Flußpferde (Hippo), Gazellen, Giraffen, Gnus, Impalas, Klippschliefer, Leoparden, Löwen, Meerkatzen, Paviane, Rhinos, Zebras, ca. 300 Vogelarten (Enten, Flamingos, Pelikane, Reiher und den Afrikanischen Löffler).

Hinweis: Hier trifft man an heißen Tagen mit viel Glück Löwen auf schattenspendenden Schirmakazien an (fälschlicherweise werden diese dann als Baumlöwen bezeichnet).

Wichtig: Füttern Sie keine Tiere und auch nicht die zutraulichen Paviane, sie können beißen und Sie schwer verletzen. Eine Paviansippe beansprucht normalerweise 10 km² für ihr Revier.

Im Lake Manyara müssen sich die Paviane einschränken, denn hier sind es zu viele.

Foto: «Impalaböcke»

Impala treten meistens in größeren Herden auf und führen ein Nomadenleben. Man trifft sie überwiegend an Orten mit üppigem Graswuchs an. In den jungen Jahren sind Raubtiere (Leopard und der Löwe) ihr natürlicher Feind.

Flora

Am Grabenbruch dichtes Gebüsch, dann Waldzonen mit Mahagoni- und Feigenbäumen, überwiegend in eine aufgelockerte Akazienbaumzone und dann Grassteppe übergehend, die bis zum See und zur Schilfzone reicht.

Der Park wird in drei Vegetationszonen eingeteilt. Den typischen Regenwald mit seiner dichten grünen Vegetation, das Buschland mit seiner Vielzahl von Blütenpflanzen (Hibiscus, wilder Ingwer) und das Seengebiet mit sumpfigem Moorboden, Schilfpflanzen und Sterngras.

Hinweis: Besonders schöne Einzelbäume sind mit Nummerntafeln versehen, um dem Besucher nähere Erklärungen zu geben. Die Beschreibung findet man in der englischen Broschüre des Nationalparks.

Foto
Der Lake Manyara bietet morgens und nachmittags ideale Lichtverhältnisse, so daß der Tourist seine ganze Ausrüstung nutzen kann. Vergessen Sie daher nicht einen Zusatzfilm mitzunehmen.

Führer
Wer die Baumlöwen oder seltene Tierarten aufspüren will, sollte sich bei der Parkverwaltung über deren Aufenthaltsort informieren sowie einen Parkranger mitnehmen.

Klima
Vom tropisch schwülen Regenwald bis zur heißen trockenen Savanne im Süden des Parks. In der Regenzeit März/April ist von einer Safari im Park abzuraten.

Lodge
«Lake Manyara Lodge» Tel. 10/11, P.O.Box 3100, Arusha (Reservierung **s. S.** 183)
Das Hotel befindet sich am Rand des **Great Rift Valley** 304 m über dem Escarpment (Steilhang) des ostafrikanischen Grabenbruchs.
Die Terrasse und der Blick aus dem Fenster bieten einen imposanten Ausblick auf den Lake Manyara Nationalpark. Das Hotel und der Service liegen in der anspruchsvolleren Preisklasse und bieten europäischen Luxus (Swimmingpool).
Auf der Fahrt zum Ngorongoro, dem nächsten Ziel, kommt man fast an diesem Hotel vorbei. Ein Abstecher lohnt sich schon wegen seines herrlich angelegten Parkes - exotisch blühende Pflanzen und Bäume.

Hostel
Eine Herberge mit 48 Betten, Kücheneinrichtung und Toiletten wurde beim Park-Hauptquartier gebaut.

Camping (zwischen MtoWaMbu und Parkeingang)
Ticket im Office des Nationalparks. Der Zeltplatz ist eine Waldfläche unter dicken Urwaldriesen - sehr naturverbunden.
Hygiene - relativ sauberes Plumpsklo; Wasserbrunnen mit Leitungswasser (abkochen); Verpflegung - Früchte und Gemüse am Markt von MtoWaMbu, Grundnahrungsmittel, Getränke im Supermarkt erhältlich (ca. 20 Minuten zu Fuß vom Campingplatz). Warmes Essen in einem Restaurant von MtoWaMbu oder Lake Manyara Hotel (ca. 15 Minuten mit dem Auto vom Campingplatz). Im Lake Manyara Hotel kann man sich frisches Brot backen lassen.
Am Zeltplatz befinden sich auch mehrere Affenfamilien. Die Aufdringlichkeit der Affen wurde bereits von mehreren Reisenden bestätigt.
Hinweis: Billiger ist der Campingplatz Jambo Campsite in MtoWaMbu aber nicht so naturverbunden und lauter.

Museum - Kleines Museum am Parkeingang (Office) mit ausgestopften Bergvögeln vom Lake Manyara.

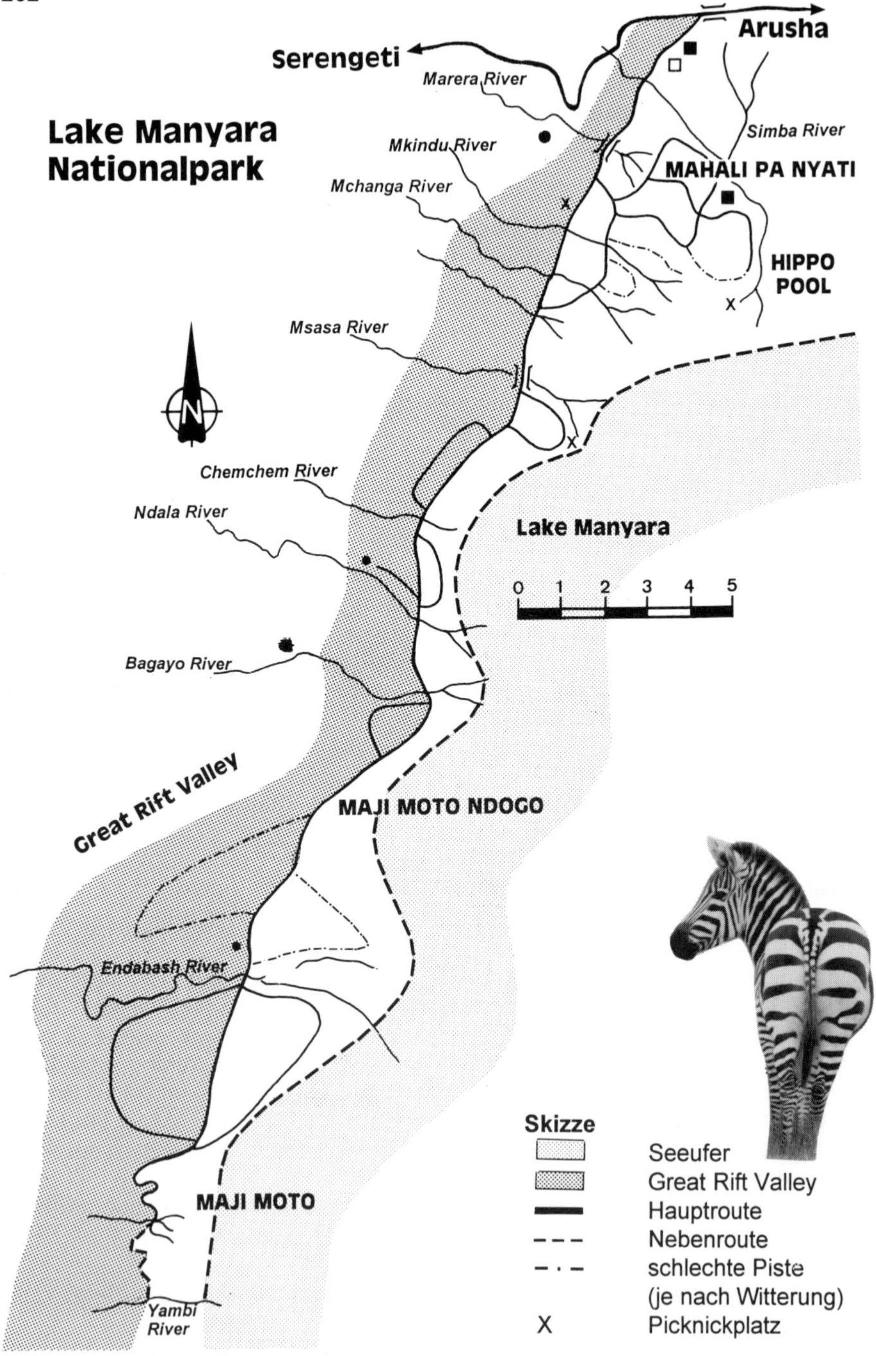
Lake Manyara
Nationalpark
Serengeti
Arusha
Marera River
Mkindu River
Mchanga River
Simba River
MAHALI PA NYATI
HIPPO
POOL
Msasa River
Chemchem River
Ndala River
Lake Manyara
0 1 2 3 4 5
Bagayo River
Great Rift Valley
MAJI MOTO NDOGO
Endabash River
MAJI MOTO
Yambi
River
Skizze
Seeufer
Great Rift Valley
Hauptroute
Nebenroute
schlechte Piste
(je nach Witterung)
X Picknickplatz

Rundfahrt
Gleich beim Eintritt in den Park passiert man die Baumriesen (Regenwald) mit tropischer Vegetation. Hier trifft man auf verschiedene Affenarten: Blau- bzw. Colobusaffen, Meerkatzen und Steppenpaviane. Nach ca. 500 m erreicht man den Marera River und nach Überqueren der Brücke führt der übliche Rundkurs nach Osten zum Hippo Pool weiter. Doch zuerst wird «Mahali pa Nyati» eine große offene Grasfläche erreicht, auf der evtl. Büffel, Giraffen, Impalas und Zebras grasen.

Hauptziel
ist der See. Hier liegen Flußpferde im Schlamm, man kann verschiedene Vogelarten beobachten, z. B. den Hornraben, und fast alle Großtiere kommen zum Wasser (Büffel, Gnus, Gazellen, Giraffen, Zebras).
Einen der schönsten Anblicke erlebt man, wenn sich die Flamingos, die in großen Schwärmen von einem der afrikanischen Natronseen zum anderen wechseln, auf dem Manyarasee im Lake Manyara niederlassen. Sie bilden dann eine kilometerlange weiß-rosa Linie.
Dann führt die Route wieder zur Hauptpiste zurück und passiert den Msasa River, dessen Name von den dort wachsenden Bäumen abgeleitet wurde. In seinen breiten rauhen Blättern nistet der Bischof, ein auffallender Vogel mit schwarzem Gefieder und orangeroter Halskrause. Eine Schleife führt zum seichten Ufer des Sees. Hier trifft man auf Gnus und Warzenschweine.
Jetzt weiter in Richtung Süden zwischen Msasa und Chemchem River, einem ausgedehnten Akazienwaldgebiet, in dem die Baumlöwen und Leoparden anzutreffen sind. Auch Elefanten halten sich hier auf (in der Trockenzeit mehr am Bagayo River).
Nach Überquerung des Flusses verläuft die Straße nahe am Rift Steilhang entlang und erreicht die höchste Stelle, 960 m über dem Meeresspiegel. Zum Endabash River im Süden des Parks wandern die Tiere in der Trockenzeit. Hier befinden sich auch heiße Schwefelquellen.
Die Rückfahrt erfolgt meist über die Hauptpiste von Süden nach Norden.
Hinweis: Im See gibt es Bream- und Catfisch. Das Fischen im See ist aber verboten.

«Akazien» (Acacia) zählen zur Familie der Mimosengewächse mit vielen Baum- und Straucharten. Die afrikanische Schirmakazie ist in Tanzania überall anzutreffen und verleiht der Landschaft ihren besonderen Charakter. Sie wächst in der Trockensavanne und ihre schirmartige Krone gab ihr den Namen.

Gnus ziehen zum Lake Manyara

Panorama «Lake Manyara»

Kamerastandort: Lake Manyara Lodge am Great Rift Valley (Ostafrikanischer Grabenbruch)

Weiterfahrt Lake Manyara - Ngorongoro Nationalpark ca. 70 km 1 ½ Stunden

Kurzbeschreibung

Vom Eingang des Lake Manyara bzw. Zeltplatzes windet sich die Sandstraße zum Rand des **Great Rift Valley** hinauf. Mehrere Aussichtspunkte zeigen den Park in seiner gesamten Größe. Zwischendurch erkennt man deutlich Herden von Großtieren, wie z. B. Elefanten. Oberhalb des Rift Valley führt die staubige Piste nun bergauf - bergab an vereinzelten Dörfern vorbei durch das in 2000 m Höhe gelegene Mbulu-Plateau. Noch erkennt man hier ausgedehnte Ackerfelder, doch sie sind durch die anhaltende Erosion gefährdet. Die Straße steigt weiter an zu den Kaffeeplantagen um Karatu.

Karatu

142 km von Arusha entfernt. Einfaches Guesthouse sowie Gebrauchtwarenmarkt und Souvenirläden. Die Landwirtschaft (Weizenanbau) wurde hier mit deutscher Entwicklungshilfe gefördert.

Dann erreicht man bei Kilometer 160 das **«Lodare Gate»** (Eingang zum Ngorongoro/Serengeti Nationalpark). Hier sind die Parkgebühren zu bezahlen und die Fahrer müssen hier ihr Permit vorzeigen.

Hinweis: Das Permit für das Simbacamp und einer evtl. Safari zum Embagai Krater sowie eine Sondergenehmigung für eine Trekkingtour zum Lake Natron (**s. S.** 223-227) erhalten Sie beim Office im Dorf Ngorongoro (Hauptquartier).

Steinig und unwegsam ansteigend führt die Straße zum höchsten Punkt 2286 m **«Lemala»** des Ngorongoro Kraterrandes. Gleich der erste freie Blick in den berühmten Krater ist überwältigend, nachmittags jedoch oft trüb.

Etwas abseits vom Kraterrand befindet sich das «Youth Hostel», eine Jugendherberge mit Selbstverpflegung. Hier konnte man früher auch zelten. Die Straße führt am südlichen Kraterrand entlang zum Dorf Ngorongoro, in dem sich das Office für den Krater befindet. Zuvor trifft man noch auf das Denkmal für Michael Grzimek, der bei einem Erkundungsflug mit seinem Flugzeug abstürzte sowie die Grabstätte von Prof. Bernhard Grzimek. Im Hintergrund des Denkmales erkennt man die neue **Ngorongoro Wildlife Lodge.**

Zeichenerklärung

Auszug aus der «Map of the Serengeti National Park» - mit freundlicher Genehmigung Ministry of Lands. Natural Resources and Tourism Surveys & Mapping Division, Dar es Salaam

A	Ngorongoro-Krater	**«a»**	Simba Camp	
B	Olmoti Krater	**«b»**	Acacia Camp	} zur Zeit
C	Embagai Krater	**«c»**	Magadi Camp	} gesperrt
D	Dorf Ngorongoro	**«d»**	Youth Hostel	
E	Embulbul Depression	**«e»**	Ngorongoro Crater Lodge	
F	Olduvai Schlucht	**«f»**	Ngorongoro Wildlife Lodge	
G	Lake Manyara	**«g»**	Rhino Lodge	
H	Keninagi Krater	**«h»**	Gibb's Farm	
I	Trekking zum Lake Natron	**«i»**	Lake Eyasi	

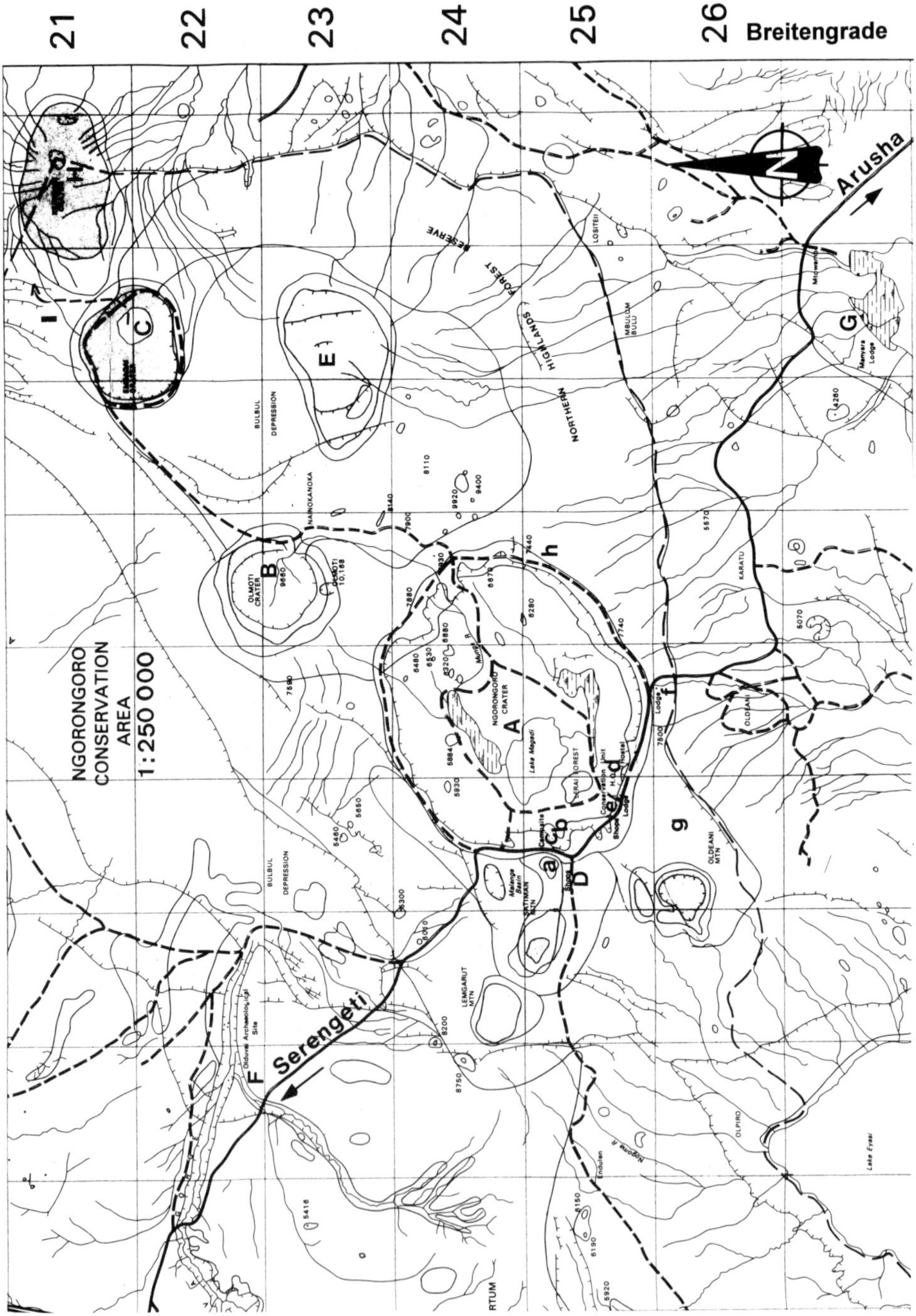
21
22
23
24
25
26
Breitengrade
NGORONGORO
CONSERVATION
AREA
1:250 000
Serengeti
Arusha
NGORONGORO CRATER
Lake Magadi
OLMOTI CRATER
BULBUL DEPRESSION
NORTHERN HIGHLANDS FOREST RESERVE
OLDEANI MTN
LEMGARUT MTN
KARATU
Olduvai Archaeological Site
Lake Eyasi
Endulen
OLPIRO
LOSITEII
MBULUM BULU
NAINOKANOKA
Manyara Lodge
Mto wa Mbu
A
B
C
D
E
F
G
H
I
a
b
c
d
e
f
g
h

Im Dorf Ngorongoro befindet sich am Dorfplatz das (**s.** Skizze **S.** 206)
1. «Office Ngorongoro», hier kann man Jeeps für die Kraterexkursion mieten. Auch die Gebühr für den Simba **«a»**, Embagai und Ndutu (Serengeti) Campingplatz ist hier zu entrichten.
2. Postamt, **3.** kleinere Geschäfte, **4.** Polizeistation, **5.** Wildhütercamp - **Info: (s.Beiblatt)** «Ngorongoro Conservation Area Authority, P.O.Box 1, Ngorongoro

Hotels (siehe Skizze Ngorongoro)

«d» **«Youth Hostel»** Jugendherberge-einfache Räume, Selbstverpflegung

«e» **«Ngorongoro Crater Lodge»** besitzt kleinere Hütten für 2-4 Personen. Hier treffen sich abends die Safaritouristen, auch die vom Simba Camp. Essen - empfehlenswert.

«f» **«Ngorongoro Wildlife Lodge»** P.O.Box 3100, Arusha Luxushotel mit Blick in den Krater (Vorausbuchung **erforderlich**)

«g» **«Rhino Lodge»** ehem. Ngorongoro Forest Resort Lodge, ca. 2 km vor dem Krater - 200 m abseits der Straße - gutes Essen (ziemlich heruntergekommen, modriges Landhaus).
Reservierung: P.O.Box 16, Ngorongoro Crater

«h» **«Gibb's Farm»** Nahe dem Dorf Karatu, eine Oase am N/O-Kraterrand inmitten von Kaffeeplantagen. Reservierung: P.O.Box 1501, Karatu
Anfahrt: Von Karatu zwischen Lake Manyara und Ngorongoro zweigt die Piste in nördliche Richtung zur Gibb's Farm ab - sehr sauber aber teuer, reichhaltiges Buffet mit Salat (empfehlenswert, besonders der Kaffee)
«Shangri La Farm» Karatu wird vom deutschen Ehepaar Renate und Udo Marahrens geführt. Auch lebt man hier vom eigenen biologischen Anbau.

Campingplätze (**s.** Skizze Ngorongoro **S.** 206)
Campingplatzgebühr im Dorf beim Nationalpark Office bezahlen.

«a» **«Simba Camp»** am Kraterrand oberhalb des Kraters (Nähe Crater Lodge). Wiese mit Büschen am Rand des Kraterrandes.
Duschendurchlauferhitzer mit Holzfeuerung, wegen großem Andrang meist besetzt oder lauwarmes Wasser. Toilette mit Wasserspülung 1995 nicht benützbar, Plumpsklo relativ sauber. Wasser - braunes Leitungswasser
Wichtig: Wasser unbedingt mit Micropur Tabletten entkeimen. Verpflegung - Selbstverpflegung. Wache - Das Office teilt (wenn nötig) einen bewaffneten Wildhüter bei Gruppenübernachtung (mehrere Zelte) als Nachtwache ein.

«b» **«Acacia Camp»** im Krater - zur Zeit gesperrt

«c» **«Lake Magadi Camp»** im Krater - zur Zeit gesperrt
Hinweis: Seit 1992 ist das Campen im Krater nicht mehr erlaubt. Nur die Toiletten am ehemaligen Acacia Camp dürfen benützt werden. Auf der Rückfahrt wird hier meistens kurz angehalten.

Ausflug
Wanderung durch urwaldähnliche Wälder zu einem Wasserfall am Kraterrand.

Ngorongoro Krater

er befindet sich am 35°30' Ost Längen- und 3°15'Süd Breitengrad
Durchmesser 19,2 km, Tiefe 610 m, Kraterboden 304 km², Gesamtfläche 380 km², Wassertränke für die ca. 100.000 Rinder der hier lebenden Massai.
Der Krater gehört zum 8200 km² großen Schutzgebiet Ngorongoro.

Exkursionen zum Kraterboden

Der Krater darf nur von Fahrzeugen mit Allradantrieb befahren werden. Einen Landrover mit Fahrer und Führer kann man sich beim Office im Dorf Ngorongoro mieten. **Hinweis:** Wer mit dem Landrover einer Agentur kommt, braucht natürlich nicht in die staalichen Landrover der TTC (Tanzania Tourist Corporation) Ngorongoro umsteigen.
Es werden Halb- und Ganztagestouren mit Picknick angeboten. Wer zum Embagai Krater weiterfährt muß natürlich auch durch den Ngorongoro und kann dies gleich mit einer Safari verbinden. Für die Durchfahrt benötigt man ein kostenpflichtiges Permit (Parkgebühr). Picknick sowie das Verlassen der Autos ist nur an den vorgeschriebenen Stellen erlaubt. Toiletten befinden sich nur bei den ehemaligen Campingplätzen. Die Füße kann man sich meistens am Hippo Pool vertreten.

Fauna

Der Krater beherbergt ca. 3000 Gazellen (Thomsongazellen), 15.000 Weißbart-Gnus und 5000 Zebras. Außerdem ziehen hier fast alle Tierarten auf ihrer Wanderschaft durch. Einige Tiere leben natürlich von diesen Wanderern, z. B. die Hyänen, der Löwe und der Leopard. Sie brauchen ihr Jagdrevier nicht zu verlassen. Von den zum Aussterben bedrohten Spitzmaulnashörnern soll es nur noch ein Dutzend geben.

Der Strauß

kann in Sekundenschnelle eine Geschwindigkeit von 70 km/h erreichen und ist somit der schnellste Zweibeiner der Welt. Er läuft und beschleunigt schneller als ein Pferd oder ein 100 m Läufer.

Hier trifft man auch auf die großen Vier. Als Fünfter wird der Leopard genannt.

Büffel **Elefant** **Löwe** **Nashorn**

Tierarten
Büffel, Elefanten, Elenantilopen, Flamingos (Hunderte), Flußpferde, Füchse, verschiedene Arten von Gazellen, Gnus, Hyäenen, Königskraniche, Leoparden (selten), Löwen (sehr hautnah), Nashörner, Spitzmaulnashörner, Rhinozerosse, Schakale, Sekretäre, Thomsongazellen, Warzenschweine, Zebras und viele verschiedene Vogelarten (natürlich auch Geier). Hunderte Weißstörche überwintern im Ngorongoro.

Foto: «Löwe» Panthera leo (Großkatze), ca. 1 m hoch und bis 2 m lang, zieht in Rudeln durch die Steppensavanne. Die Löwen lassen die Landrover sehr nah heran.

Flora
Die Hänge sind mit Bäumen und dichtem Busch bewachsen. Im Krater steht ein kleiner Fieberakazienwald, ansonsten ist der Boden mit Grassteppe bewachsen. Je nach Jahreszeit anwachsender Salzsee und kleinere verschilfte Sumpfgebiete. Das Weideland an den Kraterhängen wird auch von den Massai für ihre Rinder genutzt.

Fotos:
Während die jungen männlichen Gnus verspielt den Rivalenkampf übten, ging das Nashornweibchen bereits ernstlich zum Angriff über. Das Rhinozeros ist ein Einzelgänger und guter Läufer. Ein aufgeschrecktes Tier greift mit einer Geschwindigkeit von bis zu 40 Stundenkilometern an. Die Fotos entstanden vom Landrover aus.

Fotohinweis
Im Ngorongoro Krater und in der Serengeti zeigt der Belichtungsmesser (Landschaftsaufnahme und Weitwinkel) meist eine leichte Überbelichtung an, deshalb dort das Objektiv nach Möglichkeit um eine halbe Blende schließen. Ich erschrak immer über die kurze Belichtungsangabe des Belichtungsmessers, denn die Landschaft wirkte eher gedämpft auf mich.

Hinweis: Ein Graukarton nimmt jeden Zweifel oder man mißt zum Objektiv. Wenn dies nicht möglich ist, kann eine Kontrollmessung gegen den Himmel durchgeführt werden. Dias mit leichter Unterbelichtung zeigen eine bessere Plastik bei der Projektion. Bei Fotoapparaten mit Automatikbelichtung ist eine Regulierung nicht möglich. Bei Personenaufnahmen Kontrast Hintergrund - Hautfarbe beachten, also ½ Blende öffnen. Vergessen Sie nicht Ihr Teleobjektiv, denn bei den Rhinos halten auch die Wildhüter (Fahrer) respektvollen Abstand. Die Löwen erleben Sie so hautnah wie nirgends. Fotoabstand in der Regel bis ca. 5 Meter.

Führer
Auch wenn man mit einem guten Fahrer anreist, empfehle ich aus eigener Erfahrung für die Ngorongoro Safari einen Ranger als Führer beim Office im Dorf zu mieten. Sie wissen wo sich die Tiere aufhalten und kennen ihre Fährten.

Geologie
Vor 500 Mill. Jahren wurde das Grundgestein geformt. Bewegungen der Erdkruste drückten die Felsen über den Meeresspiegel. Vor ca. 20 Mill. Jahren entwickelte sich Afrika zu seiner heutigen Form und das Rift Valley entstand. Der Spaltungsvorgang begann und aus den Rissen floß vor 15 Mill. Jahren Lava und türmte Berge auf. Der Ngorongoro wuchs vermutlich langsam und müßte vor ca. 2,5 Mill. Jahren die Größe des Kilimanjaro erreicht haben, als hartes Gestein seinen Schlot verstopfte. Die Lava mußte sich nun neue Wege suchen und durch diesen nachlassenden Druck fiel der Gipfelaufbau in sich zusammen. Es entstand der Ngorongoro Krater. Auch der Olmoti und Embagai bildeten Randspalten und brachen nach ihrer Eskalation in sich zusammen. Vor 2 Mill. Jahren beruhigte sich die rege Vulkantätigkeit und Erosion (durch Wasser und Wind) begann die heutige Landschaft zu gestalten.

Klima
Der Ngorongoro Krater kann, abgesehen vom April (Hauptregenmonat), immer besucht werden. Am Osthang fällt doppelt so viel Regen wie auf der Westseite. Die große Regenzeit erstreckt sich von Ende März bis Mai, die kleine im November/Dezember. In der Trockenzeit Juni bis Juli wird es in den höheren Regionen (Kraterrand) empfindlich kalt und es kann hier zu Nebel- und Wolkenbildung kommen, während im Krater die Sonne scheint und das Thermometer steigt. In der späteren Trockenzeit August bis Oktober sind Steppenbrände nicht ausgeschlossen.

Die Fotos wurden im **Ngorongoro Krater** aufgenommen. Auch hier kommen die Tiere zu den Wasserstellen. Nicht nur zum Trinken, sondern auch zum Baden.

Die Flußpferde lassen sich nicht aus der Ruhe bringen, sie haben sich an die Touristen gewöhnt. An dieser Stelle darf man das Auto verlassen.

Rundfahrt
Oben am Kraterrand, bevor die steinige Pistenstraße steil zum Kraterboden führt, bieten sich Massai festlich geschmückt den Touristen als Fotomodelle an. An den Hängen ziehen Hirten mit ihren Herden. Nach ca. 30 Autominuten erreicht man das Paradies der Tiere und es ist wirklich ein Paradies.
Die verschiedenen Tierarten leben hier friedlich nebeneinander und nur bei Hunger jagen sie. Ohne daß der Fahrer kilometerweit fahren muß bieten sich dem Fotografen laufend neue Motive. Die einzelnen Tiergruppen bewegen sich nur wenige hundert Meter auseinander zur Wasserstelle und dazwischen trifft man auf Einzelgänger aller Rassen.
Folgende Standorte sollten angefahren werden:
Der Salzsee (Flamingos), der Hippo Pool (hier trifft man auch Elefanten an), die Löwenwiese im Westen, der Mungefluß und der Akazienwald.
Hinweis: Der Ngorongoro Krater ist mit anderen Nationalparks gar nicht zu vergleichen. Er ist einfach der Höhepunkt aller Safaris und man sollte ihn an den Schluß der Nationalparkbesuche setzen. Nach Möglichkeit zwei Tage einplanen und auf dem Campingplatz im Krater übernachten, falls die Reisekasse dies erlaubt. Ein unvergeßliches Erlebnis.

Trekking
Einige Veranstalter bieten auch Trekkingtouren entlang des Ngorongoro Krater zum Olmoti und am Embagai an.

Foto: Die **«Flamingos»** stehen zu Hunderten im Salzteich und ziehen ein rosarotes Band zwischen Himmel und Erde. Am Acacia Camp tummeln sich Vögel in allen Farben, auch Eisvögel, Stare u.a.. Hier trifft man sich zur Rückfahrt.

Safariroute: Arusha-Serengeti

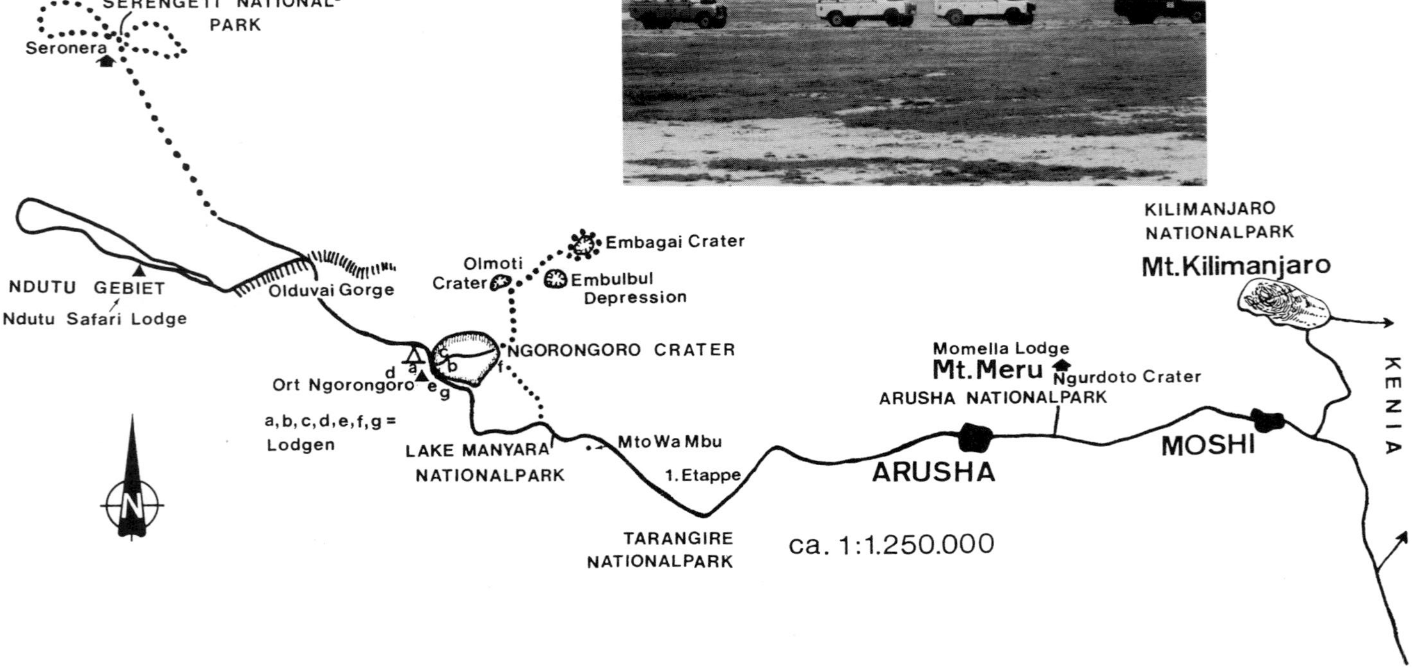

Ausflug zum Embagai Krater 3200 m (Schreibweise laut Shell Karte = Empakai Crater)

Durchmesser 6 km, Kratertiefe 430 m, Seetiefe 85 m
Auch dieser Krater enthält viele Tierarten. In der Trockenzeit ca. 3 Stunden einfache Fahrzeit - unberührte Landschaft.

Anfahrt (nur mit Landrover möglich)
Die Route führt zuerst in den Ngorongoro Krater hinab und über den Kraterboden zum Nordrand. Dann durch landschaftlich schönes Massai Weideland, vorbei an malerischen Dörfern in typischer Kralbauweise. Beim Dorf Nainokanoka am Fuße des Embagai (Südseite) führt die steinige Piste steil den Hang nach Westen hinauf. Fackellilien stehen hier in den Wiesen. Der Kraterrand wird dann von Westen über Norden nach Osten umfahren. Hier oben befinden sich zwei Lagerplätze zum Campieren.

Ausrüstung
Wanderschuhe, lange Hose, Hemden mit langem Arm, Wasserflasche.
Wer in den Krater absteigen will, muß eine Zeltnacht einplanen.

Exkursion
Vom Camp führt ein Pfad steil nach Osten zum 430 m tiefer liegenden Kratersee.
Gehzeiten: Abstieg 1 Std., Aufstieg 1 ½ Std., Kraterumwanderung ca. 32 km.

Fauna
Blauaffen, Büffel, Buschböcke, Elenantilopen, Enten, Flamingokolonie, verschiedene Vogelarten

Flora
Dschungelartige Vegetation mit weißen Amarillos, Liliengewächsen (Gloriosa Formosa) und einer dunkelroten Gladiolenart.

Foto
Am Kraterrand bieten sich immer wieder schöne Panoramablicke auf den See hinab und zum heiligen Berg der Massai, dem «Ol Doinyo Lengai». An klaren Tagen reicht die Sicht bis zum Rift Valley und zum Lake Natron.

Führer
Ein bewaffneter Führer von der 3 km entfernten Rangerstation sollte schon wegen der hier anzutreffenden Kaffernbüffel mitgenommen werden. Außerdem ist der Pfad (Ab- und Aufstieg) schwer zu finden.

Klima
Nachts, besonders im Juni bis August, kann es am Embagai Krater sehr kalt werden und warme Kleidung sowie Schlafsack sind erforderlich. Auch im Januar war der Schlafsack angebracht und ein Insektenmittel notwendig.

Lodge/Hotel
Eine Hütte befindet sich an der Südseite.
Campingplatz (Wiese am Abstieg) an der Ostseite.
Hinweis: Keine Quelle (Wasser) und kein Plumpsklo.
Permit: Für den Transport und die Übernachtung am Embagai benötigt man ein Permit. Erhältlich am Nationalparkoffice im Dorf Ngorongoro (**s.S.** 205).
Trekking um den Kraterrand (ca. 32 km - Tagesmarsch)
zum Lake Natron (durch's Massailand **s. S.** 223-227).
Skizze oben: «Marabu» die Gesundheitspolizei Ostafrikas

Foto: «Ol Doinyo Lengai» heiliger Berg der Massai
aufgenommen in ca. 1200 m am Akazienwald der Trekkingroute zum Lake Natron.

Weiterfahrt Ngorongoro - Ndutu - Serengeti

Kurzbeschreibung
Gleich nach den ersten Hügeln zeigte sich die Serengeti in ihrer berühmten endlosen Weite. Wir hatten Glück! Tausende von Gnus und Gazellen bewegten sich in Richtung Nordosten. Es war wie ein großer Treck - gigantisch! Wo man hinsah Gnus, Gnus, Gnus! Nur im Januar, und oft nur an wenigen Tagen, kann man hier im Ndutu Gebiet die Wanderung der Tiere beobachten. Ihre Route führt in Richtung Seronera Wildlife Lodge - Masai Mara Game Reserve - Lake Viktoria - Serengeti.

Olduvai-Schlucht

180 km von Arusha entfernt, auf der Strecke Ngorongoro - Ndutu - Serengeti oder auf dem Rückweg bietet sich ein Abstecher zur Olduvai-Schlucht an. 43 km nordwestlich des Ngorongoro (Abzweiger nach ca. 37 km) befindet sich ein **kleines Museum** mit Steinwerkzeugen (Fundgegenstände) und dem **berühmtesten Menschenschädel** (1,75 Mill. Jahre alt), geöffnet bis ca. 16.00 Uhr.
Genannt Zinjanthropus Bosai (Nußknackermensch) wegen seiner breiten Backenknochen. Er konnte bereits selbst Steinwerkzeuge herstellen. Das Original wird jedoch im Museum Dar es Salaam ausgestellt. Dieser Menschenschädel machte Olduvai berühmt, vielmehr seine Entdecker, Dr. Louis und Mary Leakey, die fast 30 Jahre in dieser Schlucht forschten - unglaublich.
Die Olduvai Schlucht ist ein Canyon, der durch die abfließenden Wasser der südlichen Serengeti ausgewaschen wurde. Sie ist ca. 50 km lang und bis zu 90 m tief. Das Wasser fließt nach Osten ins nördliche Olbalbal Becken ab (der Name stammt aus der Massai Sprache, nach der hier wild wachsenden Sisalpflanze benannt). Wie in allen trockenen Gebieten trifft man auch hier Reptilien (Echsen, Geckos, Schlangen) an. Vor ca. 2 Mill. Jahren befand sich hier ein See, der dann austrocknete und somit zum idealen Fossilienfundort wurde. So fanden die Leakey's unzählige Versteinerungen von Pflanzen und Tieren, wie z. B. eine Giraffenart mit Geweih. Vor 3,5 Mill. Jahren stieß der Vulkan Sadiman große Massen von Lava aus und bedeckte das Seengebiet der heutigen Olduvai Schlucht. Aus dieser Zeitepoche stammt der Fußabdruck des «Australopithecus afarensis» ein 1,20-1,40 m großes aufrecht gehendes Wesen, ein Vorfahre des heutigen Menschen «Homo erectus».
Hinweis: Interessenten können beim Hauptquartier der Parkverwaltung Ngorongoro (Dorf) eine sachkundige Führung zu den verschiedenen Fundorten buchen.
Foto: «Olduvai Schlucht» Im Kreis Zinjanthropus Bosai ältester Menschenschädel der Welt

Ndutu Gebiet

Das Naturschutzgebiet liegt an einem See, der natürlich auch ausgetrocknet sein kann.

Ndutu Safari Lodge (wurde neu renoviert)
ist großzügig angelegt. Hütten im guten Zustand. In der Vergangenheit ehemaliger Safaristützpunkt. Ausgangspunkt vieler Filmexpeditionen und Tierbeobachtungen. Deutsche Broschüre in der Lodge erhältlich. Küche - empfehlenswert, Bier kühl.

Campingplätze
a) Wildcamping - in der näheren Umgebung im Wald (Lichtung) keine entsprechende Stelle gefunden.
b) Ndutu Tented Camp - auf der anderen Seite des Sees, keine Versorgung von der Lodge. Hygiene - keine Toiletten, kein Wasser (in der Lodge besorgen).
Hinweis: Die Lodge hat nur Regenwasser und pumpt daher Wasser aus dem See.

Ndutu Safari
Nach den Erlebnissen Ngorongoro und der Wanderung der Gnus in der Serengeti war das Ndutugebiet für uns enttäuschend. Das ausgetrocknete Flußbett mit seinen vielen Skeletten wirkte eher bedrückend auf das Gemüt der Beobachter, so daß wir eine Entspannungspause in der Lodge einlegten.

Statt der Ndutu Safari kann man auch gleich bis zur Seronera Lodge in die Serengeti hineinfahren.

Hinweis: Wurde mit der Agentur diese Fahrt nicht vereinbart, wird sie meist (mit Trinkgeld für den Fahrer) zu teuer.

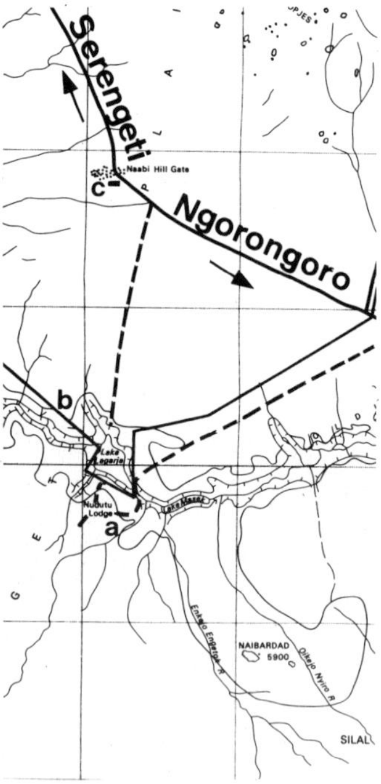

Skizze: «Ndutu Gebiet»
Ausschnitt aus der Karte
«Serengeti Nationalpark»

a) Camping bei der Ndutu Safari Lodge
b) Ndutu Tented Camp, offizieller Campingplatz, aber ohne Wasser
c) Naabi Hill Gate, Tor zur Serengeti

Serengeti

berühmtestes Wildgebiet Afrikas, 14.763 km², 915-1830 m Höhe,
ca. 2 Millionen Tiere, ungefähr 45 verschiedene Arten.

Ausgangsort Seronera Wildlife Lodge
Ausrüstung luftige Baumwoll-Safaribekleidung und für abends Pullover oder Anorak. Leichten Schlafsack bei Zeltsafari sowie Sonnenbrille, -hut und -schutz.
Exkursion Safari und Landrover empfehlenswert.
Fauna - offizielle Angaben

ca.	250.000	Gazellen	ca.	1.500	Löwen
ca.	1.000	Geparden	ca.	8.000	Massai-Giraffen
ca.	4.000	Hyänen	ca.	20.000	Steppenzebras
ca.	20.000	Impalas	ca.	70.000	Tobis
ca.	50.000	Kaffernbüffel	ca.	1.300.000	Weißbartgnus
ca.	500	Leoparden			

dazu kommen Elefanten, Flußpferde, Geparden, Guerezas, Honigdachse, Meerkatzen, Paviane, Strauße, Hunderte verschiedene Vogelarten (z. B. der Webervogel) und sogar Krokodile.
Hinweis: Trotz der großen Anzahl von Tieren benötigt der Besucher evtl. mehrere Tage, wenn er die verschiedenen Tierherden aufspüren will.
Die Barafu Route erfordert die Mitnahme eines Rangers.

Foto: «Gnu-Wanderung» in der Serengeti - Die Gnus gehören zur Gattung der Kuhantilopen, die Merkmale von Antilope, Rind und Pferd in sich vereint, mit Rücken- und Halsmähne. Sie leben in großen Herden.

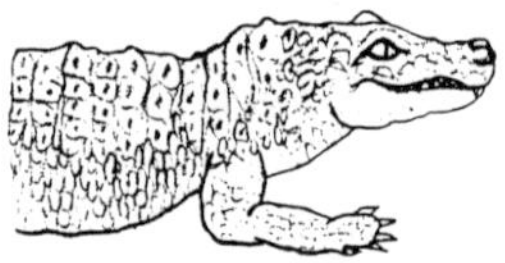

Flora
Akazien, Savannengras und Baumsavanne

Foto
Teleobjektiv empfehlenswert, Ausrüstung vor Staub und Hitze schützen

Führer
beim Naabi Hill Gate anheuern

Klima
Regenzeit April (sonst überwiegend trocken) Juni-August heiß

Lodge
«Seronera Wildlife Lodge» (**s.** Karte **S.** 221) Tel. 4643 -radio call-, P.O.Box 3100, Arusha, sehr schön gelegen und gepflegt, Vorausbuchung empfehlenswert.

Rundfahrt
Anfahrt über Ngorongoro Naturschutzgebiet mit Zwischenstop in der Olduvai Schlucht und im Ndutu Gebiet.

Kurzbeschreibung ab Ndutu
Nach ca. 1 Stunde Fahrzeit in die Serengeti hinein erreicht man den eigentlichen Serengeti Nationalpark, gekennzeichnet durch ein Holztor. Ab hier wird die Piste besser, die bis jetzt schlecht und entsprechend strapaziös war. Die Anzahl der Tiere hat wesentlich abgenommen, dafür wird die Landschaft interessanter. Man sieht hier eine Besonderheit der Serengeti, die sogenannten Kopjes. Dies ist ein Begriff aus der Burensprache für gewaltige Hügel, bestehend aus verwitterten Resten eines Granitstockes. Sie erheben sich aus der sonst brettebenen Steppe. Mitten auf so einem Inselberg liegt das **Naabi Hill Gate**, die Nationalpark Verwaltung.

Wichtig: Auf dem Permit wird die genaue Uhrzeit des Eintritts in den Park eingetragen und alle 24 Stunden zahlt man für einen weiteren Tag (z. B. Eintritt 10.30 Uhr, Rückkehr 11.00 Uhr, die ½ Stunde Verspätung kostet Gebühr für einen vollen Tag).

Hinweis: Am Gate kann man eine gute Karte von der Serengeti 1:250.000 erwerben sowie einen Ranger anheuern.
Auf der Weiterfahrt passiert man riesige Kopjes. Inmitten einer Felsgruppe liegt die **Seronera Wildlife Lodge** und das **Serengeti Wildlife Research Institut**. Dieses Institut wurde mit deutscher Entwicklungshilfe gegründet und betreibt eine Nashornzucht, da diese Tiere vom Aussterben bedroht sind.

Ausflüge im Umkreis von ca. 16 km um die Lodge können Löwen, Leoparden etc. beobachtet werden. In den Sümpfen des Orangi/Grumeti Flusses trifft man auf die größte Krokodilart Afrika's.

Weiterfahrt

Noch ca. 75 km in nordöstlicher Richtung sind es bis zur Lobo Lodge - Fahrzeit 1 ½ Stunden. Die Ebene der Serengeti geht in eine hügelige Landschaft über, unterbrochen von Busch- und Baumgruppen. Schon von weitem erkennt man die auf einer Hügelkette errichtete Lodge. Sie liegt noch schöner als die Seronera Lodge.

Lobo Wildlife Lodge sauber, gepflegt, Swimmingpool, Essen gut, Spezialität Antilopensteak. Ihre Glanzzeiten erlebte die Lodge in den 60er Jahren.

Eine ausgewogene Architektur inmitten riesiger Felsen, mit fantastischem Fernblick über das Masai-Mara-Gebiet. Bereits im Lodgebereich viele Affen und Klippschliefer.

Ausflüge

Durchzugsgebiet der Tierwanderung (Weißbartgnus) in Richtung Kenia. Das nächste Ziel, das **Klein Camp**, liegt schon nahe der Grenze. Hier trifft man auch die stattlichen Topi-Antilopen an. Nicht zu vergessen die einzigartige Flora im Januar/Februar, z. B. rote Lilien.

Rückkehr erfolgt über dieselbe Piste wie bei der Anfahrt in 2-3 Tagen.

Skizze: Serengeti 1:1.250 Mill.

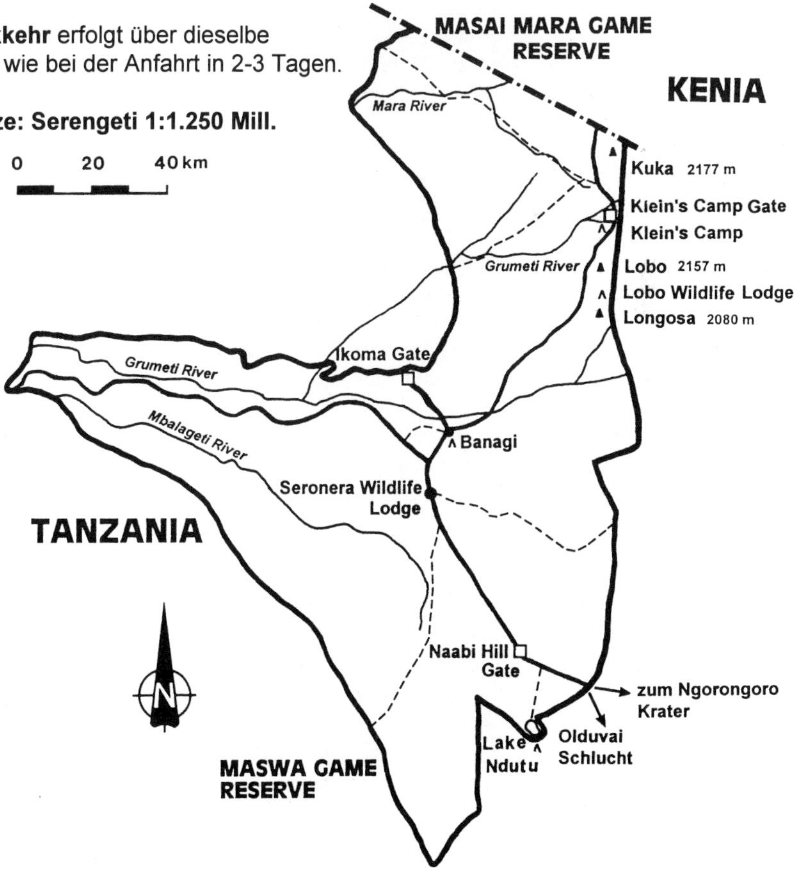

Panorama «Ol Doinyo Lengai 2878 m« sowie die Hochebene zum Embagaimassiv

Kamerastandort: Pembe Yasuala (Camp) ca. 1000 m Höhe

Lengai Treck

Vom Embagai Krater 3200 m zum Lake Natron 630 m Höhe. Eine Trekkingtour für leistungsstarke Touristen mit guter körperlicher und physischer Verfassung.

Anfahrtsmöglichkeit
1. vom Ngorongoro Krater (**s. S.** 206 - Normalroute) - Embagai (**s. S.** 215-216)
2. von MtoWaMbu (**s. S.** 198) bis Engaruka
und evtl. weiter zum Lake Natron ca. 120 km, Fahrzeit 3 ½-4 Stunden
Die Strecke führt über eine schlechte Piste zeitweise mit tief ausgewaschenen Fahrrinnen entlang der Ostseite des Grabenbruches bis Engaruka ca. 50 km.
Durch Savannenlandschaft an unzähligen Termitenhügeln und mehreren Massaikrals vorbei. Nur mit Jeep oder Lkw möglich. In Engaruka Getränkeverkauf und Tankstellen. Der Ort ist überwiegend von seßhaften Massai bewohnt. Archäologisch ist «Mbulu», eine Siedlungsruine aus dem 17. Jahrhundert, zu erwähnen. Von hier erreicht man den Embagai Krater in 2 Tages-Fußmärschen.

Rückfahrt
Lake Natron - Arusha ca. 160 km/240km
Nach dem Treck können zwei Routen gewählt werden:

1. Vom Lake Side Grocery (Ort) am Lake Natron über Monduli (Piste) nach Arusha ca. 160 km
2. Über Engaruka (siehe Anfahrt) nach MtoWaMbu (Piste) mit Besuch des Ngorongoro Kraters oder Lake Manyara bzw. Tarangire Nationalpark nach Arusha ca. 240 km

Die Strecke vom Lake Natron bis Engaruka führt entlang der Berge Lengai, Kerimasi und Embagai durch trockene Flußläufe, die bei Regen schnell Wasser führen. Nur mit Allrad oder Lkw möglich.
Hinweis: Wegen der verschiedenen Rückfahrstraßen ist die Tour für Einzelreisende sehr teuer bzw. zeitaufwendig. Die Fahrzeuge müssen vom Ausgangsort Embagai zurück zum Ngorongoro Krater und dann über MtoWaMbu - Engaruka zum Lake Natron (Camp) - Ende des Trecks gebracht werden.

Ausrüstung
Seesäcke mit Kleidung und Essen sind für den Eseltransport am Besten geeignet. Plastiksäcke (innen) schützen vor Nässe und Staub. Trekkingbekleidung (leichter Anorak, Pullover, lange Hose, feste Wanderschuhe - **s.** Checkliste **S.** 17), Insektenschutzmittel; Campingausrüstung und Zelte werden von den Agenturen gestellt.
Wichtig: Sonnenschutz (Brille, Hut, Creme), Wasserflasche (Lunchpaket).

Fauna
Antilopen, Elefanten, Flamingos, Giraffen, Löwen, Thomsongazellen, Schlangen, Zebras und verschiedene Vogelarten (Webervogel)

Flora
Am Embagai Krater und an seinen Hängen tropische Vegetation (Amarillos, Gladiolen, Liliengewächse), Flachakazienwälder.

Foto
Die Wanderung führt durch's Massailand. Menschen und Dörfer dürfen nur nach vorheriger Genehmigung und Bezahlung aus der Nähe fotografiert werden. Es hat sich ein Pauschalbetrag pro Massai bzw. pro Gruppe eingebürgert.

Führer
Nachdem die Massai auf dem Land kein Englisch sprechen, ist es ratsam einen Führer - der ihre Sprache spricht und die Gepflogenheiten kennt - mitzunehmen. Außerdem sollte wegen der hier vorkommenden Wildtiere ein bewaffneter Ranger angeheuert werden.

Klima
Während es am Embagai in 3000 m Höhe noch empfindlich kalt und in den Morgenstunden neblig sein kann, wird es (je tiefer man steigt) wärmer, bis zu wüstenartigen Temperaturen. **Eigene Messungen im Januar ergaben:**
3000 m 6.00 Uhr 13°C / 1250 m 12.00 Uhr 30°C / 880 m 16.00 Uhr 35°C
630 m 24.00 Uhr 30°C / 6.00 Uhr 28°C / 12.00 Uhr 68°C in der Sonne am Lake Natron
Nachts war es klar und die Milchstraße durchzog den Sternenhimmel wie ein weißes Band. **Hinweis:** In der Regenzeit ist von der Tour abzuraten.

Lodge/Camping (nur Camping möglich)
1. Nacht am Kraterrand des Embagai 3200 m (zwischen den Büschen)
2. Nacht am Fuße des Lengai 1000 m (schattenlos) Pembe Yasuala Camp
3. Nacht am Ngaresero River ca. 800 m (Camp unter Bäumen)
   Bambushütte mit Tischen und Holzbänken, Getränkeverkauf, Plumpsklo und Regentonnendusche mit Flußwasser.

Organisation
Diese Tour bieten mehrere Agenturen an, u.a.
«Jeff's Tour & Safaris LTD» Mr.Geoffrey S.Simpson,
Fax 057-8172, P.O.Box 1469, Arusha (**s. S.** 185-186)
Permit: Für den Transfer durch den Ngorongoro Krater zum Embagai Krater benötigt man ein Permit (**s.S.** 216).

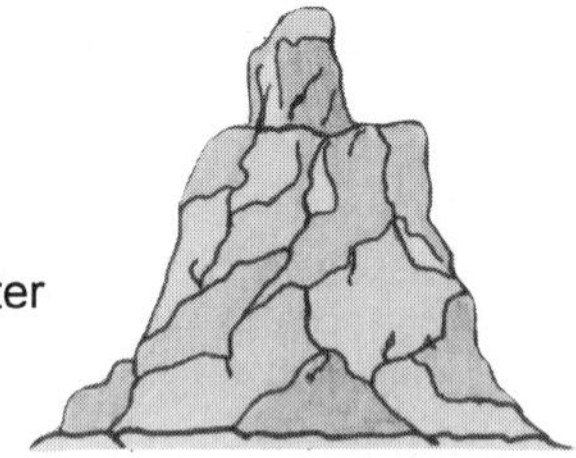

Transport
Ausrüstung, Essen und die Seesäcke tragen die Esel. Tagesrucksack, Fotoausrüstung und die Wasserflasche trägt der Tourist selbst oder er heuert sich einen Träger an.

Zeichnung: «Termitenhügel»
Viele Hügel säumen die Piste zwischen Lake Natron und MtoWaMbu und jedes Volk baut anders.

Trekkingroute
«Embagai Krater - Lake Natron»

Skizze 1:500.000

- - - - = Route
Λ = Camping

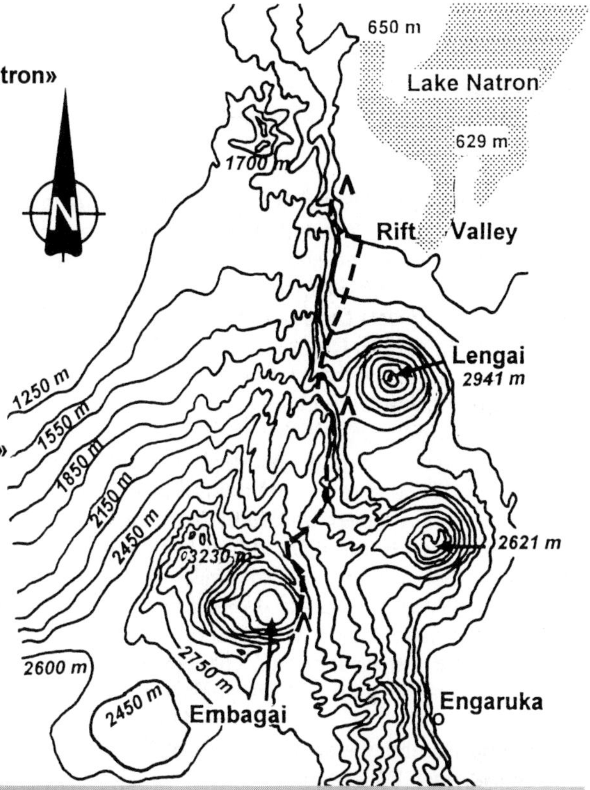

Foto: R. Mairock
«Ol Doinyo Lengai 2878 m»

Blick vom höchsten Punkt in den Krater. Eine faszinierende Mondlandschaft mit kleineren noch aktiven Sekundärkratern.

Trekking (2 Tage)

Schwierigkeit
keine bergsteigerischen Voraussetzungen erforderlich - Ausdauer, gute Kondition empfehlenswert.

1. Etappe - Embagai Krater 3200 m - Pembe Yasuala Camp 1000 m - Gehzeit 5-8 Std.
Vom Campingplatz (Wiese ohne Plumpsklo und ohne Wasserstelle) am Embagai nach Nordwesten den breiten Fahrweg um den Berghang abwärts folgen. Vorbei an blühendem Buschwerk. Panorama im Nordosten Lengai und Lake Natron.
Dann über staubigen Lavasand (Weg) zum Massiadorf hinab. Es empfiehlt sich die Mittagsrast nach dem Dorf einzulegen. Gegen einen Besuch ihres Dorfes haben die Massai nichts einzuwenden. Sie verkaufen auch Bier. Aber fotografiert werden darf nur nach vorheriger Verhandlung.
Der Weg wird dann zum Pfad führt über mit Steppengras bewachsene Bergrücken zu einem schattenspendenden Akazienwald. Hier wäre ein Camp ideal, wird aber wegen der Wildtiere (evtl. anzutreffende Löwen) nicht aufgeschlagen. Der weitere Abstieg wird nun steiler und führt über karges, mit Kurzsteppengras bewachsene Lavarücken nach Norden. Dann über staubige Lavahänge (Ausläufer) des Lengai ins Tal hinab. Bei Sonne brütend heiß. In ca. 1000 m Höhe trifft man auf einen Massaikral (Pembe Yasuala - Familie) in deren Nähe am Fuße des Lengai das Zeltlager aufgeschlagen wird. Auch hier kein Plumpsklo und kein Wasser.
Hinweis: Holz und Wasser muß vom Embagai mitgebracht werden.
Wichtig: Wasserflasche nicht vergessen.

2. Etappe - Pembe Yasuala Camp 1000 m - Ngaresero Camp 800 m - Gehzeit 3-5 Stunden, je nach Witterung.
Früher Abmarsch empfehlenswert, denn man muß durch schattenloses Lavagebiet. Zuerst quert man über die Felder zur Pistenstraße nach Norden und marschiert auf dieser entlang in Richtung Nordost weiter. Erst in der Nähe des nächsten Massaidorfes nach ca. 3 Stunden stehen vereinzelt schattenspendende Akazien. Am Dorf vorbei zur Anhöhe, ca. 500 m hinter dessen Hügel am Fluß befindet sich der Campingplatz. Während dieses Streckenabschnittes zeigte das Thermometer 68° C in der Sonne an.
Hinweis: Um diese Strapazen abzukürzen kann ein Helfer vom Küchenpersonal zum Camp gehen und mit dem Jeep entgegenkommen.

Ngaresero Camp
Der Campingplatz ist eingezäunt und liegt am Ngaresero River. In diesem Bergwasser kann man sich ein wenig erfrischen (lauwarm).

Ausflüge
1. Zum Wasserfall
entlang des Ngarasero River (süßes Wasser) 20-30 Minuten. Turnschuhe empfehlenswert. Der Wasserfall ist ca. 5°C kälter als der Bach. Hier stehen sogar Palmen - schöner Platz.

2. Zum Massaidorf Manyatta
Gehzeit ca. 10 Minuten. Nach Verhandlung mit den Dorfältesten dürfen die Hütten besichtigt und fotografiert werden. Die Massai verkaufen auch hier ebenso wie am Camp Handarbeiten (Bänder, Ketten, Schmuck).
Hinweis: Er ist günstiger als in Arusha oder MtoWaMbu. Auch Speere können hier günstig erworben werden.

3. Zum Lake Natron
mit dem Auto 10 Minuten. Einkaufsmöglichkeiten (Grundnahrungsmittel, Getränke) im Dorf Lake Side Grocery Nähe des Salzsees. Hier befindet sich auch ein Büro der «Tropical Tours» für Touren in der Gegend und Besteigung des Ol Doinyo Lengai. Unmittelbar am See befinden sich Hunderte von Flamingos und kleinere Zebraherden.
Hinweis: Die Seeufer sind mit Vorsicht zu betreten. Je mehr man sich den Flamingos nähern will, um so tiefer sinkt man in den Morast (Schlamm) ein.
Der hohe Natriumkarbonatgehalt eignet sich zur Herstellung verschiedener Chemikalien, sowie zur Glas- und Seifenverarbeitung.

Foto: «Massaimädchen vom Lake Natron»

4. Besteigung des Ol Doinyo Lengai
(Tagestour)

Ol Doinyo Lengai 2878 m

Der heilige Berg der Massai auf dem der Gott «Ngai» wohnt. Noch heute bringen ihm die hier lebenden Massai Opfergaben dar und noch heute ist der Berg immer wieder aktiv und qualmt. Sein letzter Ausbruch war 1983 und seine Asche schwebte in der Luft bis zur Serengeti.

Ausgangsort Camp am Ngaresero River bzw. das Dorf am Lake Natron.
Anfahrt vom Campingplatz mit Allradfahrzeug ca. 1 Stunde nach Südost bis die Fahrstraße unpassierbar wird.
Ausrüstung Anorak, Lunchpaket, Pullover, Regenbekleidung, Tagesrucksack, Thermo-Wasserflasche, Trekkingschuhe.
Fauna Antilopen, Giraffen, Paviane, Zebras und durchziehendes Wild (**s.S.**223)
Flora hohes Steppengras, kleines Buschwerk
Foto UV- und Polarisationsfilter empfehlenswert

Führer Wenn man einmal auf dem richtigen Pfad ist, wäre der Aufstieg gar nicht so schwer zu finden. Nachdem man wegen der Hitze jedoch nachts aufbricht, ist ein Führer empfehlenswert (z. B. Bura Anny Gadiye, er wohnt im Dorf), c/o Guntre «Tropical Tours», P.O.Box 727, Arusha. **Office:** «Lake Side Grocery»
Gestein erstarrte Lava
Klima Beim Aufstieg schwül, feucht - gegen Mittag wird es heiß. Schwefeldämpfe beeinträchtigen je nach Wind die Atmung.

Trekking
Aufstieg je nach Anfahrt 3 ½-4 ½ Stunden - Abstieg 2-3 Stunden
Schwierigkeit Trittsicherheit, Neigung 35-40°, Schwindelfreiheit empfehlenswert.
Vom letzten Anfahrtsstandort auf dem Fahrweg weitergehen, bis er in einem Pfad endet. Erst durch hohes, später durch niedrigeres Steppengras mit leichtem Minzegeruch. In der Frühe ist das Gras vom Tau naß. Lange Hose empfehlenswert.
Der Pfad führt entlang einer Lavarinne in fast direktem Aufstieg über Lavasand, Gestein und Grasbüscheln zum Kraterrand. Dann über dessen inneren Kammverlauf 400 m nach Süden und nach ca. 60 Höhenmeter bis zur höchsten Erhebung.
Im Krater befinden sich drei kleinere Kegel, aus denen Schwefeldämpfe aufsteigen. Der Kraterboden ist mit weißer Asche bedeckt. Beim Betreten sinkt man ca. 5 cm ein. Vorsicht vor verdeckten Spalten.
Hinweis: Wir haben eine Begehung nicht gewagt.

Panorama
Je nach Witterung reicht der Blick von Süden zum Embagai Krater und entlang der verlaufenden Trekkingroute nach Norden zum Lake Natron (Rift Valley). Der Blick in den Lengai Krater ist wegen dessen Eigenart und dem Farbspiel der Mineralien einzigartig.
Foto: «Junge Massaimutter»
im Hintergrund der
Ol Doinyo Lengai 2878 m

Skizze: »Dikdik»
die kleinste
Antilopenart

Gombe Stream-Nationalpark

von Matthias Bürki

Der kleine Park liegt ca. 20 km nördlich von Kigoma am Lake Tanganijka auf 750-1500 m Höhe. Er ist nur mit dem Boot erreichbar. Hauptattraktion sind natürlich seine Schimpansen, bekannt geworden durch Jane Goodall.

Anfahrt nach Kigoma (Preis siehe Beiblatt)

1. Flug von Dar es Salaam mit Air Tanzania

2. Zug von Dar es Salaam, mehrmals wöchentlich, Abfahrt abends (z.B. So 18 Uhr) Ankunft am 2. Tag ca. vormittags, Fahrzeit offiziell 40 Stunden, mit vielen Stunden Verspätung muß gerechnet werden. Der Zug fährt quer durch ganz Tanzania von Osten nach Westen. Ein interessantes Erlebnis. 1. und 2. Klasse muß bis zu einer Woche vorher beim «Station Master» reserviert werden. Die Namen in der ersten Klasse sind am Waggon angeschrieben. 3. Klasse nicht zu empfehlen. Toiletten katastrophal. **Vorsicht:** An den Bahnhöfen Diebstahlgefahr!

Essen

und alkoholfreie Getränke beim Steward.

Fahrzeit

bis Tabora 28-29 Stunden

Hotel

«Tabora» in Bahnhofsnähe (ehemaliges englisches Offiziersheim)
Doppelzimmer mit Moskitonetzen, relativ sauber

Ausgangsort Kigoma

Eine Kleinstadt mit einigen Läden, entlang der Hauptstraße. Keine nennenswerten Attraktionen.

Hotel

«New Kigoma» = «Railway Hotel», außerhalb des Ortes am See, empfehlenswert, gutes Essen.
«Lake View Hotel» und «Kigoma Hotel» an der Hauptstraße.

Ausflug

zum Markt nach Ujiji (empfehlenswert)

Weiterfahrt von Kigoma zum Nationalpark

1. **öffentliches Linienboot** (billig) meistens überfüllt.
   Abfahrt bei Ujiji oder 5 km nördlich Kigoma, Fahrzeit ca. 2 ½ Std.
2. **Schnellboot** Charter für Gruppen organisiert das Railway Hotel
   Rückfahrt problemlos, einfach vorbeifahrenden Booten winken.

Ausrüstung
Regen-/Safaribekleidung, Selbstverpflegung, Zeltausrüstung

Exkursion
Wanderungen zu den verschiedenen Affenfamilien.
Für die Exkursionen zu den Schimpansen ist eine Rangerbegleitung Pflicht. Sie bestimmen die Wanderrouten.

Fauna
Colobusaffen (Guerezas), Paviane, Schimpansen, Busch- und Wasserböcke und einige andere Säugetiere (welche man jedoch kaum zu sehen bekommt).

Flora
Palmen, Urwälder

Foto
Die Mitnahme hochempfindlicher Filme für Aufnahmen in den Wäldern (Affen in Baumkronen) sind empfehlenswert. Tieraufnahmen mit Blitzlicht sind verboten.

Lodge/Hütte
Eine Schutzhütte bietet für 10 Personen Platz. Zelten erlaubt, Essen und Kochen nur in der Hütte (die Paviane sind zu frech).
«Essen» - Selbstverpflegung, Fische, Getränke (alkoholfrei) beim Verwalter
«Hygiene» - sauberes Plumpsklo
«Wasser» aus dem See - Wasserfilter vorhanden (Bilharziose nicht bekannt), nur zum Kochen verwenden, «kein Trinkwasser».

Trekking/Safari
Zu Fuß geht's in Begleitung eines Führers durch den wunderschönen Regenwald mit seiner einmaligen Geräuschkulisse. Es ist nicht einfach die Schimpansen aufzuspüren. Wenn man aber eine Gruppe gefunden hat, ist man hautnah beim Familienleben dabei. Wir konnten eine Gruppe aus ca. 5 Meter beim Faulenzen, Schmusen, Lausen etc. beobachten. Die Vielfalt von Stellungen, Gesichtsausdrücken und Lauten ist einfach großartig.

Am nächsten Tag sahen wir zwei «Chimps» auf einem Termitenhügel sitzen. (Termiten sind nicht mit den Ameisen sondern mit den Küchenschaben verwandt.) Sie steckten Zweige in die Löcher und leckten anschließend mit sichtlichem Genuß die Termiten ab, die sich daran festgeklammert hatten.
Etwas weniger Glück hatten wir mit den Pavianen. Während wir in der Hütte kochten, turnten gleich vier auf unserem Zelt herum und verbogen die Stangen.

Hinweis: Die Zelte morgens abbrechen und erst nach 19 Uhr wieder aufstellen (Paviane gehen um 19 Uhr schlafen).

Hinweis: Der **Gombe Stream Nationalpark** kann noch als Geheimtip bezeichnet werden. Das Fotografieren der Tiere mit Blitzlicht ist verboten. Die Nationalparkgebühr wurde 1994 drastisch angehoben.

«Paviane» (Mantelpavian) oder Hundskopfaffen sind ausgesprochene Bodentiere und klettern nie auf Bäume. Die Pavianherden leben unter Führung eines älteren männlichen Affen.

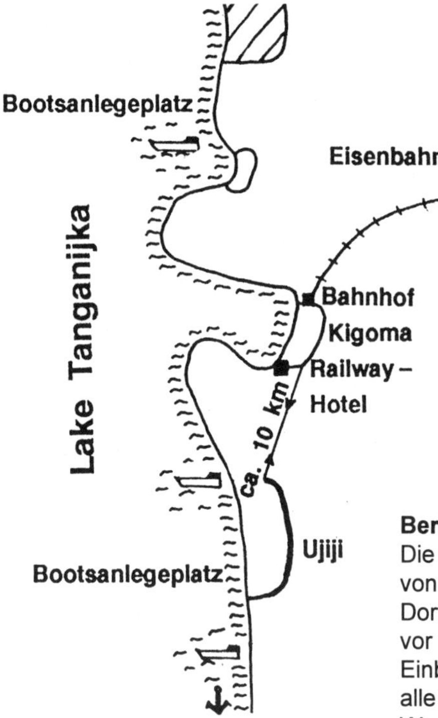

Skizze: «Gombe Nationalpark»

Schiffsverkehr von Kigoma

a) nach Burundi (wegen Unruhen z.Zt. eingestellt)

b) nach Mpulungu/Zambia Abfahrt So, Mi 16.00 Uhr «MV Liemba»

1. Klasse 10 Kabinen für 2 Personen
2. Klasse unter d.Dach p.Kabine 6 Pers.
3. Klasse auf Deck (vorne überbelegt)

Route am tanzanischen Ufer entlang.

Bericht von M. P. Ledwon

Die abwechslungsreiche Küste kann man gut von der Kabine aus betrachten. Vor fast jedem Dorf (ca. 10 bis Mpulungu) geht die «Liemba» vor Anker und zwischen 10-20 Booten, vom Einbaum bis zum 50-Mann-Holzboot, gehen alle längsseits, um Fische, Obst und andere Waren zu verkaufen, Passagiere an Bord zu bringen oder mit an Land zu nehmen.

Wir selbst mußten nachts um 23.30 Uhr umsteigen, um in **Kasange** (letzter Hafen in Tanzania) an Land zu gehen. Es gab keine Probleme, wenn man davon absieht, daß das einzige Guesthouse in Kasanga zu weit außerhalb lag und hier fast niemand Englisch sprach, so daß wir die Nacht im Bus, der uns morgens nach Sumbawanga brachte, verbringen mußten. **Hinweis:** Es ist besser, das Schiff bereits in Mtakuja oder Kipili zu verlassen, falls man nicht bis Zambia mitfahren will.

Von Dar es Salaam über Mwanza (Viktoriasee) nach Arusha

Für Individualreisende, die das Abenteuer suchen.
Wer mit dem Zug von Dar es Salaam nach Kigoma fährt (Fahrzeit 28-29 Std.) oder umgekehrt, kann in Tabora übernachten. **Hinweis:** Eigene Moskitonetze mitnehmen!

Hotel
«Tabora» (Bahnhofsnähe) P.O.Box 147, relativ sauber, Doppelz. mit Moskitonetz.

Die **Weiterfahrt** am nächsten Tag mit der Eisenbahn (falls sie fährt) kann beim Station Master reserviert werden. Fahrzeit Tabora - Shinyanga - Mwanza 9-10 Std.
Bus - täglich Abfahrt 6.00 Uhr bis Shinyanga Fahrzeit ca. 8 Std., 160 km

Hotel
«Salum Seif» Shinyanga nicht empfehlenswert (viele Moskitos)

Weiterfahrt
bis Mwanza 10-12 Std. (164 km), je nach Zustand des Fahrzeuges. Ein Globetrotter schrieb, daß sein Busfahrer alle 20 km Wasser in den Kühler nachfüllen mußte, einen Reifenwechsel hatte und er später wegen eines Federbruches nur per Anhalter mit einem Lkw weiterkam.

Hotel
«New Mwanza» heruntergekommen (nicht empfehlenswert), weitere Hotels im Zentrum

Lodge
«Kijereshi Tented Camp LTD» Tel. 2273/2620
(Western Corridor Serengeti) - Swimmingpool
Buchung: Fourways Travel Service (MZA) LTD, P.O.Box 990, Mwanza/Tanzania

Reisebüro
«Fort es Safaris LTD» Tel. 068/40599 - Fax 40536
bietet einen Landrover mit Fahrer zur Rückfahrt durch die Serengeti, Ngorongoro, Lake Manyara, Tarangire nach Arusha an. Teuer aber empfehlenswert. Beschreibung der Nationalparks (**s. S.** 195-221). **Hinweis:** Mitgebrachte Zelte vergünstigen diese Tour, da die Übernachtungen in den Lodges relativ teuer sind.

Ausflüge
«Sukuma» (Freilichtmuseum - Rundhütten)
Es befindet sich in Bujora ca. 25 km von Mwanza entfernt. Es werden Handarbeiten, Übernachtungsmöglichkeiten sowie einheimische Kost angeboten.

«Viktoriasee»
Bilharziosegefahr (unsauber) - Zum Baden nicht zu empfehlen.

Mikumi Nationalpark

von N. Baumbach

Zirka 260 km von Dar es Salaam befindet sich im Südwesten der 3250 km² große Park, dessen Wild durch die unmittelbare Nachbarschaft des Selous Nationalparks sehr artenreich ist. Ausflug von Dar es Salaam empfehlenswert.

Anfahrt

Bus täglich von Kariakoo (Dar es Salaam)
Matatu täglich von Magomenia bis Morogoro Fahrzeit ca. 3 Std.

Ausgangsort

Morogoro

130.000 Einwohner am Fuße der Uluguru Berge, liegt in einer der fruchtbarsten Regionen Tanzanias, inmitten von Sisalplantagen. Weiter werden angebaut: Äpfel, Ananas, Bananen, Cassava, Hirse, Kaffee, Kartoffeln, Mangos, Orangen, Reis, Soja, Sonnenblumen und Zuckerrohr. Die Stadt selbst bietet wenig Sehenswertes. Erwähnenswert ist der alte deutsche Bahnhof und daß sich hier viele Massai aus dem umliegenden Gebiet aufhalten (Markt).

Hotel

«Hilux Hotel LTD» Tel. 3066, P.O.Box 763, Morogoro
Kleines Hotel mit Palmengarten in Nähe des Marktes,Essen preiswert,empfehlensw.
«Morogoro» an der Straße zu den Uluguru Bergen (ausgeschildert)
teuer - Buchung über Bushtrekker Safaris, Tel. 31957 - Fax 38758, Dar es Salaam

Mietwagen

am Marktplatz (Jeep)

Ausflug

in die Uluguru Berge. Vom Hotel Morogoro am Golfplatz vorbei in Richtung Berge wandern. Nach ca. 30 Minuten erreicht man einen botanischen Garten (Getränkeverkauf), dann an Villen vorbei zur Waldzone und über Pfade (ohne Markierung) durch den Wald wandern.
Hinweis: Anspruchsvollere Touren sind vom 50 km entfernten Dorf Mgeta möglich und führen bis zu 2600 m hinauf. In Bunduki 1500 m befindet sich eine Selbstversorgerhütte.

Der **Mikumi Nationalpark** ist von Morogoro noch ca. 50 km entfernt.
Man erreicht ihn mit dem Leihwagen über die Straße nach Iringa. Sie führt an den Uluguru Bergen entlang und ca. 60 km durch den Park.
Hinweis: Wer sich die Parkgebühr sparen will, braucht nur auf der Straße zu bleiben, denn die Tierherden wechseln morgens die Straßenseite.
Der Parkeingang befindet sich ca. 6 km westlich der Straße nach Iringa (ausgeschildert). Hier finden Sie auch die meisten Tiere.

Exkursionen
Der Park kann mit einem Mietwagen besucht werden.

Fauna
Affen, Antilopen, Elefanten, Flußpferde, Giraffen, Gnus, Guerezas, Impalas, Kaffernbüffel, Löwen, Marabus, Schildkröten, Warzenschweine, Wasserböcke, Zebras sowie zahlreiche Vogelarten.

Flora
Affenbrotbaum, Feuerballilien, Grassavanne, Miombowald (Uluguru Berge), Palmenart in Suaheli «Mikumi» - sie gab dem Park ihren Namen.

Klima
In der Regenzeit April/Mai ist der Park unpassierbar, sonst trocken und warm. Das angrenzende Uluguru Gebirge sorgt für ein relativ mildes Klima.
Hinweis: Von der Ostseite wird wegen d. hier auftretenden Tsetsefliegen abgeraten.

Lodge/Camping
«Mikumi Wildlife Camp» im Westen, Hütten, Campingplatz empfehlenswert
Reservierung: Osterboy Hotel, P.O.Box 2261, Dar es Salaam
«Mikumi Wildlife Lodge» im Osten, 6 km vor dem Parkeingang
Reservierung: Tanzania Tourist Corp., P.O.Box 2485, Dar es Salaam

Foto: «Hyäne» auf der Suche nach Beute
Die Kräftigsten unter ihnen erreichen eine Schulterhöhe von 80 cm und sind aktive Aasfresser, die gelegentlich auch lebende Beute schlagen.

Selous Game Reserve

ist das größte Tierreservat Afrikas mit 55.000 km² und ca. 1 Mill. Wildtieren
Nur wenige Touristen besuchen den Park und so sind hier die Tiere auch sehr scheu.

Ausgangsort
Dar es Salaam

Ausrüstung
Campingausrüstung, Safaribekleidung, Zelt.

Exkursion
Wanderungen in Begleitung eines Rangers.

Fauna
Antilopen, Büffel, Elefanten, Giraffen (viele), Gnus, Krokodile, Leoparden, Löwen, Nilpferde (viele Hippos), Rhinos, Warzenschweine, Zebras.

ofizielle Angaben:

150.000 Gnus	30.000 Antilopen-/Impalaherden
100.000 Kaffernbüffel	20.000 Zebras

sowie größter Elefanten- und Giraffenbestand Afrikas.

Flora
Grassavanne, Buschwerk, Miombowälder, Palmen

Foto
Im Juli/August färben sich die Laubbäume (Miombo) in verschiedene Braun-, Gelb- und Rottöne

Führer
Vom Mbuyuni Camp aus kann man mit zwei bewaffneten Askario (Ranger) zu Fuß die Gegend erkunden.

Klima
Regenzeit März/April, ansonsten sehr heiß

Lodge/Camping
Im Norden am Great Ruaha, oberhalb des Lake Mzizimia befindet sich das «Impala Safari Camp» der Impala Tours & Safari Agentur
«Mbuyuni Camp» der Selous Safari Company (**s. S.** 240)
Hinweis: Natürlich gibt es auch andere Camps. Das Impala Safari Camp ist das günstigste im Selous Game Reservat.

Organisation/Touristik
«Impala Tours & Safari» Tel. 25779, Zanaki Street, P.O.Box 4783, Dar es Salaam

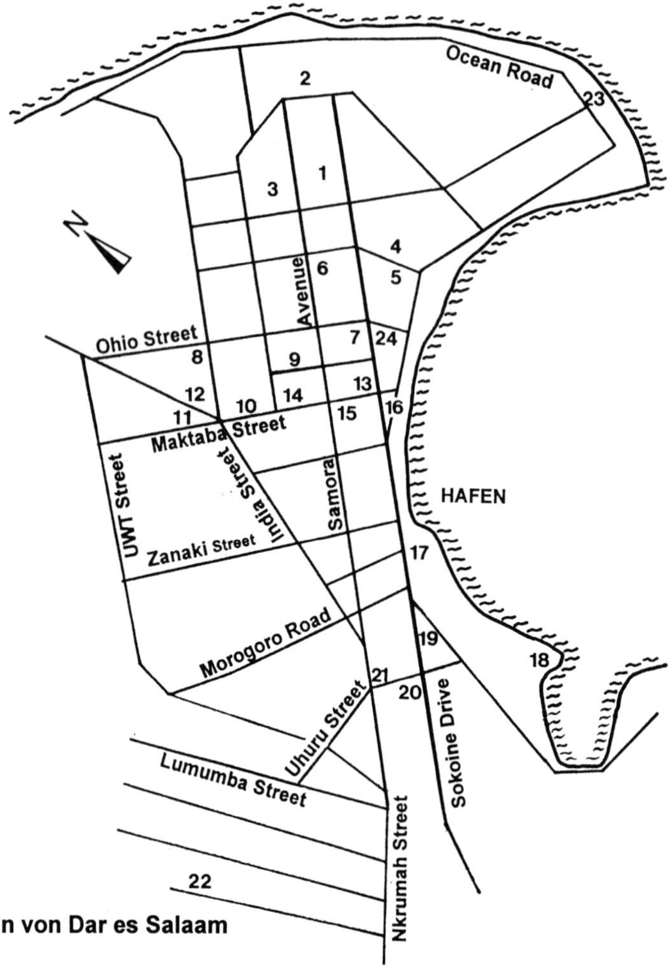

Stadtplan von Dar es Salaam

1	Nationalmuseum	**14**	Goethe Institut
2	Ocean Road Hospital	**15**	Tanzania Tourist Board (Touristenbüro)
3	Botanischer Garten	**16**	Bushaltestelle (Stadtbus)
4	Bank of Tanzania	**17**	Schiffsticket nach Mafia, Mtwara Tacoshili und Zanzibar
5	Kilimanjaro Hotel		
6	Nic Building (Dt.Botschaft)	**18**	Kai (Schiffsanlegestelle «Tacoshili»)
7	Air Tanzania Office	**19**	Central Police Station (Polizei)
8	Immigration Office	**20**	Central Railway Station (Bahnhof)
9	Bank	**21**	Clock Tower (Sonnenzellen-Uhr)
10	Postamt	**22**	Kariakoo Markt
11	Mawenzi Hotel	**23**	Fischmarkt
12	YMCA	**24**	Luther House und Kirche
13	New Africa Hotel		

Dar es Salaam

Hafen des Friedens
ca. 1,456 Mill. Einwohner, 15 m über dem Meeresspiegel.

Anreise
Bus von Moshi - Fahrzeit 8-9 Stunden (**s. S.** 64)
von Arusha - Dodoma (Pistenstraße) Fahrzeit 17-20 Stunden
von Mombasa - Lunga Lunga (Grenzaufenthalt ca. 1 Stunde)

Busbahnhöfe
1. Station Morogoro Road - vor der Hauptpost
   nach Norden = Arusha, Moshi
   nach Süden = Lindi, Mtwara
2. Station U.W.T. Street/Lumumba Street
   nach Morogoro, Iringa
3. Station Msimbazi Street für alle anderen Richtungen
4. Stadtbusse «Sokoine Drive» Bahnhof in der Kivukoni Street
   Hinweis: Auf den Bahnhöfen Diebstahlgefahr.

Banken
geöffnet Mo-Fr 8.30-16.00 Uhr und Sa 8.30-12.30 Uhr, So 9.00-13.00 Uhr

Infos und Stadtplan
City Map and Guide to Dar es Salaam erhältlich bei
«Tanzania Tourist Board» Tel. 27672-4, Fax 40780, P.O.Box 2485, Dar es Salaam
oder im «Tourist Information Centre», Azikiwe Street, Dar es Salaam
gegenüber dem New Afrika Hotel,
sowie in Souvenirläden des Kilimanjaro Hotel.

Deutsche Botschaft
«Embassy of the Federal Republic of Germany»
Tel. 23286/-8 + 26417, Telex 0989/41003 AA DRSM,
NIC Building 10th Floor, Samora Avenue, P.O.Box 9541, Dar es Salaam

Botschaft von Kenia
«The High Commission of the Republic of Kenya»
Tel. 31502/37337, Telex 41700 KENREP TZ
NIC Investment House 14th Floor, P.O.Box 5231, Dar es Salaam

Konsulat von Österreich
Tel. 20417, Samora Avenue, P.O.Box 312, Dar es Salaam

Botschaft der Schweiz
Tel. 67801/66008, 17 Kenyatta Drive, Oyster Bay, P.O.Box 2454, Dar es Salaam

Eisenbahn
Dar es Salaam - Moshi (**s. S.** 64)
Abfahrt Mo, Mi, Fr - Fahrzeit ca. 17 Std. (Vorausbuchung erforderlich)

Flughafen
Der Flughafen strahlt nicht gerade internationale Atmosphäre aus. Er kann auch Ausgangspunkt für einen Trip nach Zanzibar sein.
Im Flughafengebäude befinden sich auch Autovermieter und Reisebüros.
Transfer: Taxi in die City und an den Strand von Kunduchi.

Flughafengebühr «Tax»
Wichtig: 2-3 Tage vor Rückflug nach Europa (mindestens jedoch 24 Std. vorher) die Reservierung bei der Fluggesellschaft (z.B. «Lufthansa» usw.), auch bei o.k.-Ticket bestätigen lassen.

FLUGGESELLSCHAFTEN

AEROFLOT, Tel. 23577 / 46005
Eminaz Mansion, Samora Avenue, P.O.Box 2758

AIR FRANCE, Tel. 37378/9
Coronation House, Azikiwe Street, P.O.Box 2661

AIR INDIA, Tel. 23525
UWT Street/Upanga Road, P.O.Box 1709

AIR TANZANIA, Tel. 38300/9 - Fax 46545 / 46643
Tancot House, City Drive, P.O.Box 543, Dar es Salaam

AIR ZAIRE, Tel. 20836 / 25988
I.P.S.Building, Samora Avenue, P.O.Box 2554

AL ITALIA, Tel. 37479/80 - Fax 46056
Agent= Coastal Travels LTD, Samora Avenue, P.O.Box 9281

BRITISH AIRWAYS, Tel. 20322
Coronation House, Samora Avenue, P.O.Box 2439

EGYPT AIR, Tel. 23425 / 46806
Matosalamat Mansion, Samora Avenue, P.O.Box 1350

ETHIOPIAN AIRLINES, Tel. 24174 / 24185
Airlines Holland House, Samora Avenue, P.O.Box 3187

Foto: «Clocktower»

G.S.A.Royal Swazi Airways, Tel. 22013/15 - Fax 46261
Capetown, Maseru und Maputo
fliegt nach Johannesburg

LUFTHANSA, Tel. 222790, 26436 (LH-Cargocenter)
American Development Soc., P.O.Box 1993, Dar es Salaam

KENYA AIRWAYS, Tel. 46812
Tanganyika Motors Building, Upanga Road

KLM, Royal Dutch Airlines, Tel. 36501/37518/9
1st Floor, TDFL Building, Ohio Street, P.O.Box 380

PAKISTAN INTERN., Tel. 26944
I.P.S.Building, Samora Avenue/Azikiwe, P.O.Box 928

TANZANIAN AIR, Tel. 30232/4 - Fax 46296
P.O.Box 364, Dar es Salaam, fliegt mit Cessna, 14 Sitzer Caravan II (Charter)

SAS, Tel. 22015
Scand.Airlines System im Kilimanjaro Hotel, Kivu Koni Front, P.O.Box 1114

SWISSAIR, Tel. 22539
Luther House City Drive, P.O.Box 2109

UGANDA AIRLINES, Tel. 30359
I.P.S.Building, P.O.Box 9641

ZAMBIA AIRWAYS, Tel. 29071 / 46662
I.P.S.Building, Samora/Azikiwe Street, P.O.Box 21 276

Geschäftszeiten
Mo-Sa 8.30-12.00 Uhr und 14.00-18.00 Uhr

Hotels
Mit Angaben über Hotels bzw. deren Luxus bin ich vorsichtig. Die Prospekte vermitteln oft einen nicht mehr anzutreffenden Luxus.
«Agip Motel» sauber, gepflegt, Tel. 46551, Sokoine Drive, P.O.Box 529
«Casanova» Tel. 41931 - Fax 40768, P.O.Box 22353, Dar es Salaam
mit italienischem Restaurant, geöffnet ab 19.30 Uhr
«Embassy» Garden Street mit gutem Restaurant, Tel. 46536/8, P.O.Box 3152
«Jamboo Inn» Tel. 35359, Libya Street, P.O.Box 5588, Dar es Salaam
«Kilimanjaro Hotel» Tel. 21281 - Fax 46528, P.O.Box 9574, Dar es Salaam
Nähe Nationalmuseum, mit Blick auf Hafen - First Class, Swimmingpoolbenützung/Eintritt
«Luther House Hotel» Tel. 32154, Sokine Drive, P.O.Box 389,
Dar es Salaam - preiswert, empfehlenswert
«Mawenzi» sauber, Klimaanlage (Zi ohne Moskitonetz),Tel.46561/2 Maktaba Street
«Motel Afrique» Zi mit Ventilator,Essen gut, Tel.46557/8, Kaluta Street,P.O.Box 2572
«New Africa», nicht zu empfehlen, Tel. 46546, Azikiwe Street (Terassencafe)
«Starlight» Tel. 23845, Muazi Mmoja, U.W.T. Street, P.O.Box 3199, Dar es Salaam
«Skyway» am Hafen, Aircond., warmes Wasser, sauber, teilweise neu renoviert, empfehlenswert
«Usambara» Essen gut,Tel.37422/3,Nähe Kariakoo Markt,KongoStreet,P.O.B.22770
«Windsor Hotel» am Bahnhof - billig
«YWCA of Tanzania» Tel. 22439, P.O.Box 2086, Dar es Salaam
«YMCA» in der Upanga Road, 200 m vom YWCA entfernt
Mietwagen «Tanzania Rent a Car LTD» Tel. 843035/6 - Fax 843034, P.O.Box 4347, Intern. Airport Dar es Salaam - hier kann man auch Inland-Flugtickets kaufen.
«Europecar Interrent» Tel. 862973/5 - Fax 46733/44759
2 Nelson Mandela Express Way, P.O.Box 208, Dar es Salaam

Notruf 999 - Feuerwehr, Polizei, Rettung (Ambulanz)

Reisebüros für Safaris, sie bieten Touren auch in nicht beschriebene Nationalparks an
«Afro Tours & Safaris» Tel. 30811, P.O.Box 4242, Dar es Salaam
«Bushtrekker Safaris» Tel. 31957, P.O.Box 5350, Dar es Salaam
«Cordial Tours & Travel Services» Tel. 27103/32137 - Fax 46721
P.O.Box 1679, Dar es Salaam - bietet u.a.Fischerurlaub auf der Insel Mafia an
«Hotel Tours Management LTD» Tel. 31 957, P.O.Box 5350, Dar es Salaam
«Impala Safaris» Tel. 25779, Zanaki Street, P.O.Box 4783, Dar es Salaam
Sie bieten z.B. Touren in den Selous Nationalpark (4 Tage/3 Nächte) an
«Monason LTD» Tel. 33911/44358 - Fax 44579, Indira Gandhi Street,
P.O.Box 208, Dar es Salaam = IATA Büro - reserviert auch bei Europecar Interrent.
«MultiTravel&ToursLTD» Tel.38288/37889,P.O.Box6940,Dar es Salaam,Jamburi-/Kalatu Street
«Savannah Tours» Tel. 25 237, P.O.Box 20 517, Dar es Salaam (im Kilimanjaro Hotel)
«Selous Safari Company» Caroline Blumer Tel.28485/35638,P.O.Box1192,Dar es S.
Diese Agentur bietet ein reichhaltiges Safariangebot an. Prospektanforderung lohnt sich.
«StateTravelServices» Tel.29291-4,Fax46014,P.O.Box 5023, Dar es Salaam ,Samora Ave.
«Takims Holidays Tours & Safaris LTD» Tel. 25691/26078, P.O.Box 20350,
Dar es Salaam, Odeon Cinema, Jamburi Street

Post
Azikiwe Street, Ghana Avenue, Maktabu Street und Sokoine Drive
geöffnet Mo-Fr 8.00-16.30 Uhr, Sa 8.00-12.00 Uhr

Restaurant
«Dar es Salaam Chinese Restaurant LTD» Tel. 32427
Samora Avenue, P.O.Box 4048, Dar es Salaam
«Mawenzi Hotel» Maktaba Street gegenüber dem YMCA
sehr gutes Essen zu angemessenen Preisen
«Neight of Istanbul» Ecke U.W.T.Street - Zanakt Street - teuer aber gut
«NIC Building» Chinesiches Restaurant, Samora Road im Gebäude der Dt. Botschaft

Schnellrestaurants
«Jamaa Fast Foods LTD» Tel. 38347 - Fax 30480, Samora Avenue - Azikiwe Street
«Chicken King LTD» Tel.22110/35311-Fax 447437, Jamburi Street Nähe Odeon Cinema
Malapa Inn Lumumba Street - preiswert

Souvenirs
An der Straße zwischen dem Strand Kunduchi und der Schnellstraße nach Dar es Salaam trifft man auf Hütten und Stände mit Holzschnitzereien und auf der Schnellstraße Bazare mit Elfenbeinschnitzereien. Souvenirgeschäfte befinden sich natürlich auch in der City. Jeder Taxi- und Busfahrer kennt diese Souvenirzentren.
Eine staatliche Verkaufsstelle ist der **Kariakoo Markt** mit handwerklichen Produkten aus hauseigener Schule, **eine Selbsthilfeeinrichtung** im 1st Floor, Dar es Salaam
«Nyumba Ya Sanaa» Tel. 33960/20344 - Fax 33960, **geöffnet** Mo-Fr 10-17, Sa. 10-13 Uhr
Ecke Ohio Street/India Street, gegenüber der Lufthansa - Verkaufsstelle von Behinderten, günstige Makonde Schnitzereien, Obstschalen, Batikkleidung usw.
«Tansi Handicrafts Shop» Tel. 29231, Somora Avenue, NBC Investment House.

Schiffsverbindungen
Dar es Salaam - Mafia - Mtwara
«Candian Spiryt der Coastel Shipping Company»
Buchung am Soloine Drive, gegenüber der St. Joseph's Cathedral
Abfahrt Mi, So, Fahrzeit 22 Std. bis Mtwara
1. Klasse geschlossener Raum mit Sofa, Tisch und Stühlen (Frühstück+Essen extra)
2. Klasse geschlossener Raum mit Holzbänken
3. Klasse auf Deck

Dar es Salaam - Zanzibar (**s. S.** 253)

Stadtbesichtigung
Ein Stadtbummel brachte uns ins arabische Viertel, zum Hafen und ins Nationalmuseum, alles im Zentrum unmittelbar um die Somora Avenue und Sokoine Drive.
Hinweis: Für uns Europäer ist es meist sehr heiß, so daß die Besichtigung kürzer ausfällt, als man sich vornimmt.

Nationalmuseum
geöffnet bis ca. 14.00 Uhr
Die vorzeitlichen Funde sind aufschlußreich aber nicht überwältigend. Vom «Zinjanthropus Menschen» sah ich nur einen Schädel.
Der volkstümliche Raum zeigt Speere, Waffen, Trommeln, Gebrauchsgegenstände, ein bißchen Schmuck, Einbäume, Fischfanggeräte, Fotos (schwarz-weiß) von Expeditionen zu einzelnen Eingeborenenstämmen und deren Tauschgegenstände.
Interessant ist eine Vitrine am Eingang zu diesen Räumen mit kleinen Vasen und Tonfiguren aus einer früheren Zeitepoche.
Botanischer Garten gleich neben dem Museum (verwildert).
«Village Museum» Freilichtmuseum, Bagamoyo Road (nahe dem deutschen Friedhof) - Nachbauten verschiedener tanzanischer Hütten (Häuserbau)

Touristenbüro
«Tanzania Tourist Board» Tel. 27672/4 - Fax 46780 Azikiwe Street, P.O.Box 2485, Dar es Salaam (Stadtplan erhältlich)

Foto: «Vorgeschichtlicher Mammutschädel im Nationalmuseum»

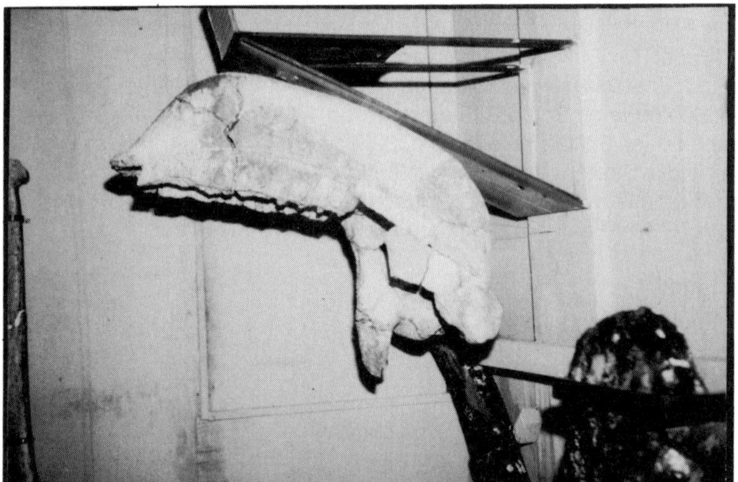

Ausflug zur Insel Sinda (ca. 9 km)
Einsame Strände, ideal zum Schnorcheln und Muschelsammeln.

Kunduchi Strand

Bus
Shuttle Bus ab New Africa Hotel, Dar es Salaam zum Kunduchi Strand.

Strandhotels (Preise siehe Beiblatt)
«Silversands Hotel» Kategorie B, Tel. 81311,
P.O.Box 20 318, Kunduchi, Dar es Salaam
«Kunduchi Beach Hotel» Tel.47621, mit Swimmingpool, P.O.Box9313,Dar es S.
«Kinondoni Hotel» Kategorie A, Tel. 68529, P.O.Box 40 160, Dar es Salaam
«Rungwe Oceanic Hotel» Kategorie B,Tel.47021,P.O.Box5659,Kunduchi,Dar es S.
«Rungwe Beach» primitive Bungalows - Essen teuer, nicht zu empfehlen
«Baliavi Beach» Rundhütten aus groben Steinen mit Strohdach,Essen empfehlensw.

Strand

Zwischen den Hotels Rungwe und Silversands ca. 500 m sauberer Strand. Große Betonrohre als Wellenbrecher schützen die Hotelstrände.

Bagamoy

ca. 20.000 Einwohner, erste Hauptstadt «Deutsch-Ostafrikas»

Anfahrt von Dar es Salaam mit Bus ca. 73 km nach Norden an der Küste entlang Fahrzeit ca. 2 Stunden, Abfahrt vom Kariakoo Markt.

Hotel - kleines Strandhotel «Azania Guesthouse» im Zentrum

Sehenswürdigkeiten

«Boma», festungsartige Gebäude der ehemaligen deutschen Verwaltung aus dem 18. Jahrhundert. Am Apellplatz vor der Boma künden Bronzetafeln von den Feldzügen der Eroberer. Aus der Sicht der Einheimischen war es eine Serie blutiger Gemetzel an ihren nahezu wehrlosen Vorfahren. Nahe dem Strandhotel stand der Galgen, an dem Hauptmann Hermann von Wissmann die Aufständischen 1889 aufhängen ließ. Ihr Anführer Bushiri Bin Salim wurde von den Arabern an die Deutschen verraten. Die Araber hatten zu Recht befürchtet, daß die neuen Herren des Landes ihren lukrativen Sklavenhandel durchkreuzen würden. Um 1860 wurden bis zu 40.000 Gefangene (Sklaven) in Bagamoy zum Sklavenmarkt nach Zanzibar verschifft. Heute hält ein holländischer Pater mit einem kleinen Museum in der Missionsstation die Zeit vor 100 Jahren wach.

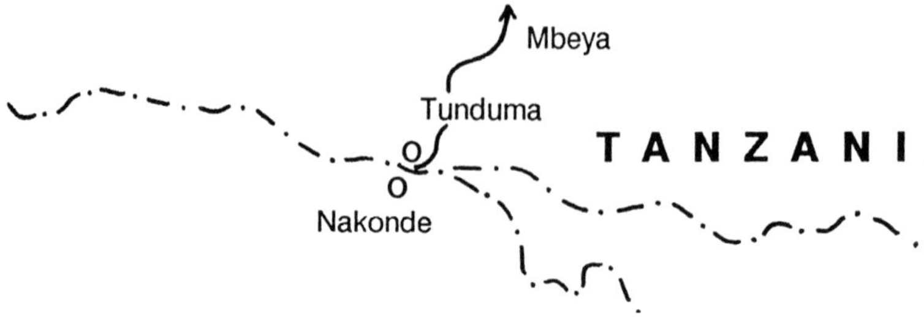

Sambia

ist ein interessanter Nachbarstaat. Die Ausreise kann mit dem Bus von Dar es Salaam gewählt werden. Die Grenzorte sind in Tanzania «Tunduma» und in Sambia «Nakonde».

Ausreise aus Tanzania - Bei der Ausreise werden alle Währungsdeklarationen sowie Visa und Paß kontrolliert und abgestempelt. Die Kontrollen verlangen viel Geduld, Grenzaufenthalt bis zu 3 Stunden.

Einreise nach Sambia - Auch hier muß der Tourist Geduld aufbringen. Reisende berichteten von 6 Stunden Einreisezeit. Das gesamte Bargeld, Schecks usw. muß deklariert werden und es wird genau nachgeprüft. Mehrere Formulare müssen ausgefüllt werden und zusätzlich werden die Paßangaben in zwei Grenzbüchern festgehalten.

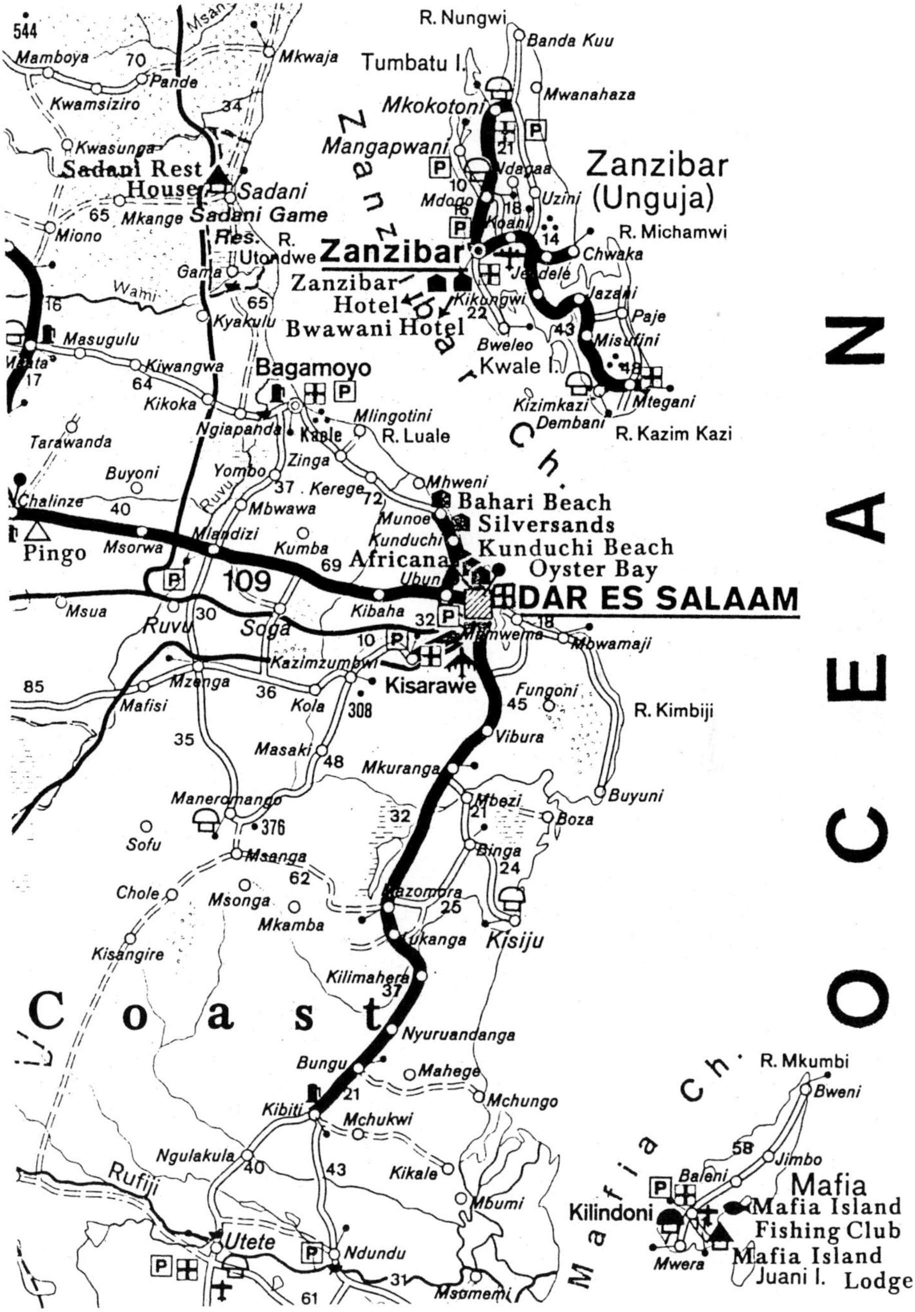

Zanzibar (Unguja)
Zanzibar
DAR ES SALAAM
Bagamoyo
Kisarawe
Zanzibar Hotel
Bwawani Hotel
Bahari Beach
Silversands
Kunduchi Beach
Africana
Oyster Bay
Sadani Rest House
Sadani
Sadani Game Res.
Tumbatu I.
Mkokotoni
Mangapwani
Kwale I.
Kizimkazi
Dembani
R. Nungwi
Banda Kuu
Mwanahaza
R. Michamwi
Chwaka
Jazani
Paje
Misufini
Mtegani
R. Kazim Kazi
Zanzibar Ch.
Mamboya
Pande
Mkwaja
Kwamsiziro
Kwasunga
Mkange
Miono
Gama
Kyakulu
Masugulu
Kiwangwa
Kikoka
Ngiapanda
Tarawanda
Buyoni
Chalinze
Pingo
Msorwa
Mlandizi
Kumba
Kibaha
Msua
Ruvu
Soga
Kazimzumbwi
Mzenga
Mafisi
Kola
Masaki
Mkuranga
Vibura
Fungoni
R. Kimbiji
Buyuni
Mbezi
Boza
Binga
Maneromango
Sofu
Msanga
Chole
Msonga
Mkamba
Kisangire
Kazomora
Kisiju
Kilimahera
Nyuruandanga
Bungu
Mahege
Mchungo
Kibiti
Mchukwi
Ngulakula
Kikale
Mbumi
Rufiji
Utete
Ndundu
Msomeni
Mlingotini
R. Luale
Zinga
Yombo
Kerege
Mbwawa
Mhweni
Munoe
Kunduchi
Mjimwema
Mbwamaji
Coast
OCEAN
Mafia Ch.
R. Mkumbi
Bweni
Jimbo
Baleni
Mafia
Kilindoni
Mafia Island Fishing Club
Mafia Island Lodge
Mwera
Juani I.
109

Zanzibar

oder Unguja wie es die Bewohner nennen.Der alte Name ist **«Zenjer-bar»** und wird vom persischen Wort «Zangh» für Neger abgeleitet. Das «bar» für Küste angehängt also **«Zanghbar»** = Negerküste. Die Araber leiteten die Bezeichnung lieber von «Zayn Za' I Bar» ab, übersetzt «Schön ist diese Insel». Nachdem die Insel in anderen Büchern nur am Rande beschrieben wird, übernehme ich hiermit einige Aufzeichnungen über diese interessante Insel von Ellen Aschauer.

Anreise (**s. S.** 253)

Geographische Lage
Die Insel liegt am 6. Breiten- und 39. Längengrad im Indischen Ozean.
Der lange Saum der tropischen Küste vervollständigt Ostafrikas großen Reiz. Obendrein bildet er einen starken klimatischen, landschaftlichen, bevölkerungsmäßigen und geschichtlichen Kontrast. Die Natur, denkt man, hatte Recht, als sie für die Hügelkette des Nyika sorgte, die wir im Anflug deutlich sahen. Zwischen der Küste und den schneebedeckten Bergen und wildreichen Ebenen des Binnenlandes ist dieses szenische Niemandsland wie eine Atempause.

Besiedelung
Die Besiedelung erfolgte sicher vom Festland aus und die Urbevölkerung (Afrikaner) hat sich im Laufe der Jahrhunderte mit Arabern, Indern, Chinesen, Europäern und Persern vermischt. Felle, Sklaven und Elfenbein gingen nach Norden, in den Nahen und Fernen Osten, fremde Seefahrer kamen zurück, trieben Handel und vermischten sich mit den Einheimischen. Selbst Europäer kamen zuerst von Osten, um in das Land einzudringen, es zu bekehren und zu besiedeln. All dies hinterließ bleibende Spuren - Moscheen, Tempel, Kirchen und vieles mehr.

Fischfang
Die Insel verdankt ihren Reichtum dem Riff. Die klaren, warmen und flachen Gewässer begünstigen das Wachstum vieler Korallenarten. Generationen über Generationen haben eine phantastische unterseeische Felswand entstehen lassen, die jetzt fast die ganze Küste schützt. Immer neue Korallen schieben ihre Stirnseite ständig weiter vor ins Meer und lassen die Brandung nicht an das fischreiche Schelfwasser.
Zum Fischen fahren die Männer bei Ebbe hinaus und werfen einen Stein als Anker. Es werden Korbreusen ausgelegt, manche wirbeln ein rundes Netz (Durchmesser 2m) wie ein Lasso, lassen es ausgebreitet ins Meer klatschen und ziehen damit die zappelnde Beute heraus. Andere sind glückliche Besitzer einer Taucherbrille und erbeuten die Fische mit dem Messer und einer Harpune.

Hinweis: Ein Paradies für Sportfischer und Taucher - Permit vom Tourist Office erforderlich!

Bootsbau
Noch immer baut man die arabischen, dickbauchigen «Dhans» und Einbäume aus Mangobäumen. Nichts hat sich seit Jahrhunderten verändert - noch nichts.

Fauna
Die Tierwelt befindet sich u. a. im Meer, Fische in allen Farben und Formen. Im tropischen Wald trifft man auf Affen und Wildschweine. Ein Paradies für Taucher.

Flora
Die Flora gleicht der des tropischen Afrika. Farne, Kokos und die Kulturpflanzen Cassava, Hirse, Maniok, Muskat, Nelkenbäume, Pfeffersträucher, Vanille, Yams, Zimt, Zuckerrohr.

Friedhöfe
sieht man nur wenige. Die Nicht-Mohammedaner und die ärmere Landbevölkerung hüllen ihre Toten in Kokosmatten, begraben sie an einem selbstgewählten Ort und pflanzen symbolisch an den vier Ecken bestimmte Pflanzen und überlassen wieder alles der Natur.

Geschichte
Die ersten nachweisbaren Aufzeichnungen stammen vom Griechen Diogenes 2.J. n. Chr.. Er nannte die Insel «Menouthias» und sprach von einem bewaldeten, niedrigen Eiland mit fleißigen Ackerbauern und Fischern, die in Einbäumen zum Fang mit Körben auf's Meer hinausfuhren. Eine Insel, auf der es Flüsse gibt und viele Vogelarten, aber keine wilden Tiere.
Es hat sich nicht viel verändert - noch nicht's.
Arabische und persische Besatzungen wurden 1503 von den Portugiesen abgelöst. Sie machten den Sultan bis 1730 tributpflichtig. Erst Sultan Oman konnte das Land von der portugiesischen Kolonialherrschaft erlösen. Als er seine Residenz von Arabien auf die Insel verlegte und zum Schutz gegen Seeräuber das Fort errichten ließ, nahm Zanzibar immer mehr an Bedeutung zu.
Die arabischen Sultane erweiterten den Außenhandel bis weit ins afrikanische Festland hinein und ihr Einflußbereich erreichte 1870 den Kongo.
Die Blütezeit erstreckte sich Mitte des 18. Jahrhunderts bis Anfang des 19. Jahrhunderts.
Ende des 18. Jahrhunderts wurde Zanzibar in die deutsche Kolonie Ostafrika integriert und 1891 gegen Helgoland an Großbritannien eingetauscht. Die Engländer behielten die Kolonie bis 1963.
Am 11.12.1963 wurde Zanzibar unabhängig und einen Monat später wurde der Sultan gestürzt. Heute lebt er in England im Exil. Seitdem gehört Zanzibar politisch zu Tanzania mit einer eigenen Verfassung und Verwaltung.

Impfungen
Gelbfieber und Choleranachweis erforderlich.

Industrie
Im Osten der Hauptstadt befindet sich ein kleines Industriezentrum mit 24 Klein- und Mittelbetrieben. Es werden Aluminiumgeschirr, Elfenbeinarbeiten, Hemden, Kerzen, Lederschuhe, Nägel, Seife, Silberschmuck, Zigaretten usw. hergestellt. Außerdem befinden sich hier Kokosölpressen, Reismühlen und eine Molkerei. Schreiner und Holzschnitzer arbeiten Hand in Hand. Zanzibars Fenster-/Türstöcke mit arabischen Flachschnitzereien sind berühmt.

Klima (Temperaturen 21-30° C, im Februar bis März ca. 32° C)

Bei feuchtheißem Klima hat Zanzibar 2 Regenzeiten, die lange mit starken Regengüssen von März bis Juni und die kurze im Oktober. Auch ist es den Monsunwinden ausgesetzt, die in den Trockenzeiten immer wieder Regengüsse bringen (Regenfälle 1623,7 mm im Jahr). Südwestmonsun von März bis November und Nordostmonsun von Mitte Dezember-Mitte März. Nach der 1. Regenperiode ist es von Juni-Oktober kühl und trocken.

Landschaft
Die tropische Bewaldung reicht teilweise bis zum Strand. An der Ostküste ist feiner Sandstrand, im Westen wird die Küste durch Felsabschnitte unterbrochen.

Landwirtschaft
Zanzibar hat eisenhaltige, sehr fruchtbare rote Erde und wird besonders im Westen intensiv landwirtschaftlich genutzt. Reisfelder, Kokosplantagen und Gewürzgärten mit den berühmten Nelkenbäumen, dem wichtigsten Exportgewürz.

Die Kokospalme

Mit 6 Millionen Exemplaren ist sie neben der Nelke das wichtigste landwirtschaftliche Produkt. Sie erreicht eine Höhe bis zu 30 m und eine Krone mit bis zu 6 m langen Fiederblättern, an deren Stammbaum die Frucht hängt. Die Pflücker besteigen den Baumstamm mit Hilfe eines 20-30 cm langen Kokosstrickes um die Füße. Mit einem scharfen Messer (Machete) werden die Kokosfrüchte von der Baumkrone abgeschlagen.
Verarbeitung - Zuerst schlägt man die Nüsse in zwei Hälften und sammelt die Milch. Die Frucht wird dann getrocknet, bis sich die Hülle infolge der Sonneneinwirkung von der Frucht trennt.
Die Fasern (15-30 cm lang) der Hülle werden ca. zwei Tage in Salzwasser gelegt, geklopft und getrocknet. Dann werden sie zu Bürsten, Matten, Seilen. Schuhsohlen, Tauen und zu Polstermaterial verarbeitet.
Die Hülle läßt sich poliert oder gedrechselt zu Gefäßen verarbeiten. Sie wird als Brennstoff verwendet und dient verkohlt als Zahnputzmittel. Die Industrie stellt aus ihr Essigsäure und Methylalkohol her.
Das Fruchtfleisch ist jedem als Kokosnahrung bekannt. In den Fabriken wird es zu Öl und Speisefett verarbeitet. Ein Teil geht in die Kerzenfabriken und aus den Rückständen stellt man Seife, Dünge- und Futtermittel her.

Leben auf Zanzibar

Autos
fahren überwiegend im Stadtbereich und in der näheren Umgebung. Die Besitzer erhalten diese **Vehikel** überwiegend aus Saudiarabien durch Beziehungen oder über Verwandte. Ersatzteile sind kaum erhältlich, die Autos fahren bis zum Zerfall.

Beruf
Ein Busfahrer verdient z. B. DM 400,- im Monat. Der Staat fördert strebsame junge Leute. Im Staatsdienst z. B. verdient ein mittlerer Angestellter ca. DM 800,- im Monat, nimmt er ein kostenloses staatliches Studium auf sich und erreicht er nach 2 Jahren das Diplom, so steigt sein Gehalt auf DM 1200,-. Studenten können auf Staatskosten sogar im benachbarten Ausland (Kenia) studieren.

Essen/Lebensunterhalt (Stand 1989)
Das Leben auf Zanzibar ist billig, wenn man sich auf die zur Verfügung stehenden Grundnahrungsmittel beschränkt; z.B. 1 Brot DM 0,32, 1 kg Reis DM 0,60, 1 kg Mehl DM 0,75, 1 kg Zucker DM 0,76, 1 kg Fisch DM 0,80 bis DM 1,20, 1 kg Tee DM 4,20, 1 kg Fleisch DM 8,- bis DM 12,-.

Wer eine geförderte Staatswohnung in Einheitsgröße bezog, bezahlte 1989 eine Wohnungsmiete von nur DM 2,- (Sie haben richtig gelesen), Strom ca. DM 4,-. Kleidung: z. B. Hemden kosten zwischen DM 12,- bis DM 20,-, Schuhe ab DM 8,-. Kinderkleidung ab DM 4,-, aber Kinder gibt es viele.

Anders ist es schon bei Luxusartikeln wie z.B. ein Fahrrad ab DM 160,-, Fernseher in schwarz-weiß DM 800,-, in Farbe ab DM 2400,-.
Die Familien haben durchschnittlich doppelt so viele Kinder wie bei uns und der Vater ist in der Regel Alleinverdiener.

Export/Import
Hauptexportartikel sind die Nelken (**s. S.** 262-263), dann folgt die Kokosnuß mit ihren Produkten. Große Bedeutung haben auch Seegurken, sie werden als Delikatesse nach Hongkong verkauft. Laut «WWF» ein ökologischer Eingriff in die Natur, der sich eines Tages negativ auswirken wird.

Fernsehen
Im Gegensatz zum Festland hat Zanzibar einen eigenen Fernsehsender, der ebenfalls wie der Rundfunk in Englisch und Kiswahili ausgestrahlt wird.

Fotografieren
In der Regel sind zwar die Inselbewohner neugierig und haben eine ungezwungene kindliche Freundlichkeit, halten aber Distanz und lassen sich selten fotografieren. Dies soll man auch nicht mit Bonbons erkaufen, denn dies verleitet gerade Kinder zum Betteln und touristisch verdorbene Länder gibt es schon genug.

Geschäftszeiten
7.00-14.00 Uhr, wegen der Hitze wird nachmittags nicht gearbeitet. Abends trifft man sich wieder vor den Cafes, Häusern bzw. auf der Straße.

Heirat
Noch immer bezahlt der Bräutigam seinem künftigen Schwiegervater ein **Brautgeld** (ca. DM 200,- bis DM 4000,-) für die Freigabe seiner Tochter. Der Preis hängt weniger vom Aussehen sondern hauptsächlich von der Herkunft der Familie, vom Alter, dem Bildungsstand und den Fähigkeiten der Auserwählten ab. Ab dem 15. Lebensjahr ist das Mädchen heiratsfähig, darf aber nach der Heirat noch zur Schule gehen. Da auf Zanzibar 80 % der Bevölkerung mohammedanisch ist, gilt das islamische Eherecht, nach dem ein Mann offiziell mit bis zu 4 Frauen verheiratet sein kann. Dies ist aber mehr ein Versorgungsprivileg für verwitwete Verwandte.

Die **Scheidung** ist unkompliziert und die Mutter behält das Sorgerecht über die Kinder. Erst nach 7 Jahren können sich die Kinder für einen Elternteil frei entscheiden, Unterhalt zahlt aber immer der Mann.
Die Frau versorgt die Kinder, den Haushalt und hilft in der Landwirtschaft.

Krankenhaus/Arztbehandlungen
Arztbehandlungen in den staatlichen Kliniken sind **kostenfrei**. Auch befindet sich in jeder Ambulanzstation ein Entbindungszimmer.

Schulen
Die Regierung bietet den Kindern freies Bildungswesen mit Schulpflicht vom 6.-17. Lebensjahr und alle 3 Monate Ferien. Unterricht von 7.30-13.00 Uhr in Kiswahili. Englisch ist Fremdsprache und wird erst in der höheren Schule ab dem 14. Lebensjahr gelernt.
In Zanzibar gibt es neben der Grund-, Handels-, Landwirtschafts- und der technischen Hochschule ein Lehrerseminar, eine Militärakademie und Forschungsanstalten.

Sprache
Kiswahili, Arabisch, Englisch

Sport
Auch der Sport wird staatlich gefördert und das kleinste Dorf besitzt einen Fußballplatz.

Strom
Die Insel besitzt kein eigenes Kraftwerk. Da und dort finden sich Dieselaggregate, die elektrische Versorgung erfolgt über Kabel vom Festland aus. Sie ist aber weit davon entfernt, alle Dörfer zu erreichen.

Wasser
Die Regierung ist bemüht, auch das letzte Dorf mit Wasserleitungen und Brunnen mit windgetriebenen Pumpen zu versorgen. Viele Projekte werden mit holländischer Entwicklungshilfe erstellt. Leider sind auch nach kurzer Zeit wieder (wegen fehlender Ersatzteile) viele außer Betrieb und der herkömmliche Wassereimer tut weiter seine Dienste.

Wehrdienst
Es besteht keine allgemeine Wehrpflicht. Zanzibar hat ein Milizheer, überwiegend aus Regierungsbeamten bestehend. Außerdem verfügt es über ein Bataillon gegen Schmuggler.

Wohnungsprogramm
Wie bereits erwähnt, fördert der Staat in der Hauptstadt den sozialen Wohnungsbau. Riesige Betonblöcke, die bei uns den Namen Arbeitergetto hätten, wachsen in den Vororten. Die Wohnungen sind genormt und spottbillig.
Nicht so ist es bei den geförderten Eigentumswohnungen. Ihre enorm hohen Preise verwandelten eine ganze Reihenhausanlage in eine Geisterstadt.
Auf dem Land wohnt man in Hütten. Aus Holzstangen wird ein Gerippe geflochten und mit Kokosseilen zusammengebunden. Die Zwischenräume, ca. 30-40 cm, werden mit Lehm ausgefüllt und mit Palmblättern bedeckt. Die Lebensdauer solch einer Hütte beträgt 8-10 Jahre, sie muß in diesem Zeitraum 2-3 mal erneuert werden. Der Hausbau mit Betonziegel ist teuer, denn Sand und Zement müssen vom Festland eingeführt werden.
Den Kalk gewinnt man aus Korallengestein von den vorgelagerten Riffs.
Foto: «Landwirtschaftliches Anwesen im Urwald» (Landesinnere) Zanzibars

Übersichtsskizze der Insel Zanzibar

1. Zu den Nelkenplantagen **s. S.** 262-263
2. Zu den Sklavenhöhlen
von Mangapwani **s. S.** 264
3. Zu den Badestränden (Ostküste)
a) Chwaka Juu **s. S.** 266
b) Uroa **s. S.** 267
c) Jambiani **s. S.** 267

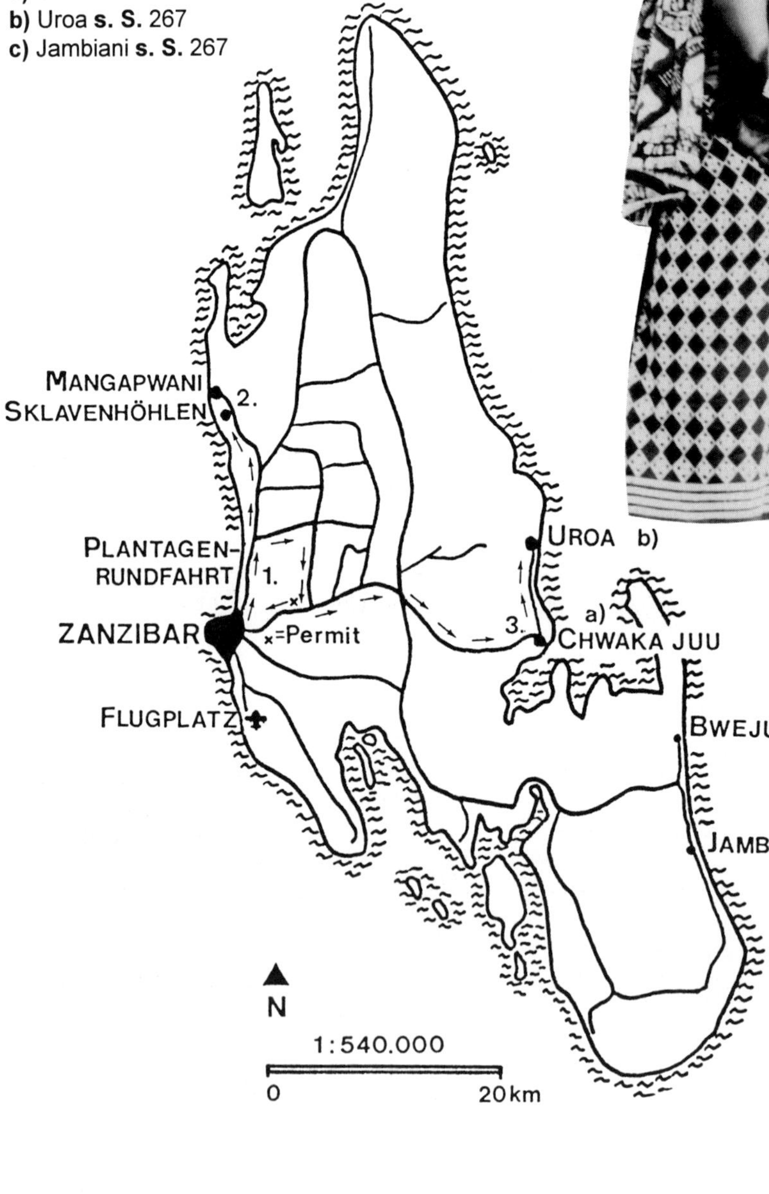

Anreise

Anreise/Verbindungen (Preise siehe Beiblatt)

1. Flug

Dar es Salaam-Zanzibar 4x tägl. ab 7.30 Uhr, Fr. zusätzl. 13.35 Uhr, Flugz. 20 Min. mit «Air Tanzania Corp.» Tel. 21251, Airport 42111, P.O.Box 543, Dar es Salaam
Mombasa - Zanzibar mit Kenia Airlines
«Transair» oder «Tanzan Air» (7 Sitzplätze) Privatcharter
«ZATA AIRSERVICES» Privatcharter, Tel. 33840 - Fax 30830, P.O.Box 118, Zanzibar (fliegt auch zur Insel Mafia)

2. Schiffsverbindungen

täglich von Dar es Salaam. Näheres über Tanzania Tourist Board
Es bieten sich 3 Überfahrtsmöglichkeiten an:

«Sea Express» = Tragflächenboote Fahrzeit 1 ½ Std.
Abfahrt: DAR-ZNZ täglich 8.00, 10.00, 12.00, 14.15, 16.15 Uhr
Rückfahrt: ZNZ-DAR täglich 7.00, 10.00, 12.20, 14.00, 16.15 Uhr

«Flying Horse» = Katamaran Fahrzeit 2 ½-3 Std.
Abfahrt: DAR-ZNZ Mo-Sa 13.30 Uhr, So 14.30 Uhr
Rückfahrt: ZNZ-DAR Mo-Sa 7.30 Uhr, So 11.00 Uhr

«Azam-Marine» = kleines Fährschiff Fahrzeit 4 Std.
Abfahrt: DAR-ZNZ 7.00 Uhr
Rückfahrt: ZNZ-DAR 14.00 Uhr

Ticket: Bei allen Schiffen in 1., 2. und 3. Klasse
Wichtig: Im Hafen von Dar es Salaam vor Abfahrt im Immigration Office Ausreise abstempeln lassen sonst Einreiseschwierigkeiten bei Ankunft in Zanzibar.
Hafen-Tax (siehe Beiblatt)

Adressen

«Tanzania Friendship Tourist Bureau bzw. Tourist Corp.» Tel. 32344
Livingstone House, P.O.Box 216, Zanzibar
Visaanträge (längerer Aufenthalt)
«Principal Immigration» P.O.Box 512, Dar es Salaam

Ankunft am Flughafen

Obwohl Zanzibar politisch zu Tanzania gehört, müssen Touristen zur Einwanderer-behörde (Immigration). Die Handhabung bei der Einreise wurde vereinfacht.
Nach Ausfüllen des Einreiseformulars wird der Impfausweis auf Gelbfiebereintragung und evtl. Choleraeintragung, sowie das Visum geprüft und der Paß mit einem Einreisestempel versehen. Die Gepäckkontrolle erfolgt nur noch sporadisch.

Bank

Der Kurs zum Geldumtausch im Flughafen ist günstig. In der Stadt findet man überall Wechselstuben. Bardollar sind besser im Kurs als Travellerschecks.

Rückflug

Es genügt eine Stunde vor Abflug am Flughafen zu sein (Flughafentax).

Touristik
Beim Ausgang am Airport stehen immer Angestellte des Tourist Office zur Information bereit. Sie wollen Ihnen aber auch gerne gleich die staatlichen Exkursionen anbieten.
Hinweis: Der Tourist kann sich auf Zanzibar frei bewegen und selbst über sein Programm entscheiden, ob er nun seine Ausflüge mit dem Taxi (Privatperson) oder mit dem Tanzania Tourist Bureau bzw. einem Reisebüro (**s.** Organisation **S.** 255-256) durchführt.
Wichtig: Preise bzw. Angebote vergleichen.

Zoll
Bei der Ein- und Ausreise wurde bis jetzt großzügig verfahren. Ich möchte aber darauf hinweisen, daß **Nelkenschmuggel verboten** ist und im großen Stil mit dem Tode bestraft werden kann. **Ausfuhr** 200 Zigaretten oder 250 g Tabak.

Air Tanzania Office Stadtplan (Skizze) **s. S.** 258
Unbedingt den Rückflug bestätigen lassen, bleiben Sie, bis die Angestellte Sie auf der Flugliste abhakt.

Banken
geöffnet Mo-Fr 8.30-12.30 Uhr+Sa 8.30-11.30 Uhr - «People Bank» (im 1.Stock) Hier können US $ Traveller Schecks in Bardollar umgetauscht werden.

Einwohner
Zanzibar Town 168.000

Fahrradvermietung
neben dem Air Tanzania Office möglich, sowie Roller/Vespa (unbedingt den Zustand der Reifen überprüfen, ebenso den Ersatzreifen).
Fahrzeit zu den Stränden im Norden ca. 2 Stunden.

Hotels (Preise siehe Beiblatt)
«Africa» Tel. 30708, P.O.Box 317, Zanzibar im Zentrum
Sehr einfach, verkommener Zustand, nicht empfehlenswert
«Amaan Stadium» P.O.Box 516, Zanzibar
«Bwawani Beach» Tel. 30200 - Fax 31840, P.O. Box 570, Zanzibar, beim Hafen (mit eigenem Strand, gepflegter Grünanlage) Luxushotel mit europäischem Niveau, teuer.
«Emersons House» Tel. 32153 - Fax 30639, in unmittelbarer Nähe vom Spice Inn (1 Min. zum Markt) Einrichtung mit arabischen Antiquitäten, Inhaber Honorarkonsul der USA. Zimmer mit Himmelbetten und täglich frischen Blüten auf den Betten - sehr zu empfehlen. Open Air Kaffee auf dem Dach mit fantastischem Blick über die Stadt. Abendessen für Gourmet, stilvoll bei Kerzenlicht - preiswert.
«Flamingo Guesthouse» Tel. 32850 - Fax 33144, sauber, sehr einfach, billig - sehr zu empfehlen, fast immer ausgebucht
«Guesthouse Al Khatab» Ventilator, Dusche, einfach, sauber

«Malindi Guesthouse» Ventilator, Dusche einfach im Gang, sauber (am Hafen)
«New Zanzibar» Tel. 30709, P.O.Box 393, Zanzibar
Nahe Hotel Africa im Zentrum. Klimaanlage (Propeller), einfache Zimmer, sauber
«Pyramid Guesthouse» im Zentrum, sauber, Ventilator, abschließbare Zimmer
«Spice Inn» Tel. 30728/8-Fax 57209, P.O.Box 1029, Zanzibar - im Nordteil der Stadt. Die Fassade wie 1001 Nacht - Zimmer in verschiedenen Kategorien.
«The Bottoms Guesthouse»Tel.33183,Herumi Street,P.O.Box 851,gemütlich,billig,Bar
«Tembo» Tel.33005/32069-Fax33777, im Stone Town, Nahe dem Haus der Wunder mit Blick aufs Meer, Aircondition - empfehlenswert, Manager spricht deutsch
«Uwanjani» Tel. 32805/7 - Fax 57132, P.O.Box 394, Zanzibar
Nahe dem alten Sultanspalast, den Tanzanianern und Diplomaten vorbehalten.
«Victoria Guesthouse» Victoria Street, P.O.Box 516, Zanzibar
Hinweis: Weckruf (Gebetsgesang) der gegenüberliegenden Moschee 5.15, 6.15, 7.15 Uhr

Essen und Restaurantbetrieb der Hotels ist unterschiedlich, einmal reichhaltig, dann wieder mager. «Catholic Mission» nur für männliche Einzelreisende.
Hinweis: Die Leute sind sehr gastfreundlich, man soll dies aber nicht ausnützen, auch Missionare sind arm.
Getränke Lebensmittelläden unserer Vorstellung gibt es überhaupt nicht. Ein sogenannter Supermarkt hatte nur Fruchtsäfte, als Grundnahrungsmittel Kartoffeln, Reis und Nudeln sowie Kekse und ein paar Nylonhemden. Bier und Wein gab es in den Hotels. Ein Geschäft mit Alkohol, z. B. Whisky und Gin, ist neben dem Kino in Marktnähe. **Markt** Gemüse und Obst sowie Fisch in großer Auswahl.
Hinweis: Bei längerem Aufenthalt zusätzlich Dosenverpflegung mitbringen.

Restaurants mit arabischer, indischer, französicher und lokaler Kost, oft sehr günstig, findet man in jedem Stadtteil. In Cafes bietet man Kaffee, kleines Gebäck und Cola (beschränkt) an, keinen Alkohol.
«Africa House» Die Auswahl der Speisekarte entspricht nie dem Angebot. Was allerdings gerade vorrätig ist, ist empfehlenswert, auch das Preis-/Leistungsverhältnis. Die Bar ist trotz schlechtem Service beliebter Kommunikationstreff der weißen Touristen. Sanitäre Anlagen allgemein schlecht.
«Dolphin», «Falcon», «Riviera», «Local Food Restaurant» und «Cafe Afrique»
«Sindbad», Malindi Road, Nähe el Khatab - gut, empfehlenswert (Indisch)
«Indian See View» empfehlenswert
«Fischermann» unter europäischer Führung hat in der Zwischenzeit seinen guten Ruf verloren - Spezialität Lobster.

Organisation
Je nachdem wie man reisen will, allein oder in kleiner Gruppe, kann man vom öffentlichen Bus, Taxi bis hin zur vollorganisierten Reise wählen.
1. Taxi - Mr. Mitu Jura, Tel. 30168, P.O.Box 139, Zanzibar
Die Taxistände befinden sich an der Creek Road in der Nähe des Marktes. Kleine Gruppen können sich hier einen Dodge mit seitlichen Holzbänken auf der Ladefläche (Minibus) chartern.

Hinweis: Wenn Sie den Taxifahrer von Deutschland aus anschreiben, holt er Sie gleich am Airport ab und Sie haben bereits eine Kontaktperson für Ihre Exkursion.
2. Tanzania Friendship Tourist Bureau «Commission for Tourism» (Sk.«a» **s.S.** 258)
Mr. Katema, Creek Road, Tel. 33485/6 - Fax 33448, P.O.Box 1410, Zanzibar
geöffnet täglich 8.00-17.30 Uhr, So 10.00-12.00 Uhr (Stadtführung empfehlenswert)
Organisation von Transfer zum Flughafen, Stadtbesichtigung, Inselrundfahrten, Badetouren, Strandhäuser-Vermietung bei den Orten «Chwaka Juu, Uroa, Jambiani, Bwejuu» - zuverlässig und empfehlenswert.
Wichtig: Auch das Permit für den Transfer zu den Strandhäusern wird vom Touristoffice ausgestellt. Wer mit dem Zelt reist, bekommt hier das Übernachtungspermit (Bezahlung in US $).
3. Privatpersonen - z. B. Mr. Mitu vom Victoria Guesthouse
führt eine empfehlenswerte 6-stündige Taxitour zu den Gewürzgärten.
Abfahrt täglich 9.30 Uhr Cine Afrique. Tour incl. Mittagessen. Neben der eigentlichen Spice-Tour wird die Kathedrale und der Mahurubi Palace (Ruinen) besichtigt.
4. Reisebüro
«See Zanzibar with Modesty Tours & Safaris» Tel. 31244 - Fax 30813,
P.O.Box 2331, Zanzibar - bietet folgende Touren an:
Zanzibar Citytour 4 Std.; Spice-Tour 5 Std.; Badetour 1 Tag Ostküste sowie Schnorcheln bei Bwejuu und Jambiani; Monkeys Tour in den Urwald Zanzibar's und Insel Prison zum Schnorcheln.
«Sun'n Fun Safaris & Travel Limited» Tel. 30614, P.O.Box 666, Zanzibar
Fordern Sie das Programm an (englisch) - es werden Rundreisen, Schnorchelexkursionen, Fischen usw. angeboten - empfehlenswert.

Souvenirs
Gewürze, besonders Nelken, bekommt man inzwischen in einer Vielzahl von Souvenirläden. Teilweise recht ansprechend mit einer ganzen Palette weiterer Gewürze abgepackt (Bastteller). Weiter finden Sie traditionelle Musikinstrumente, Silberschmuck und Truhen. Interessant sind auch antike englische Möbel, insbesondere alte Wanduhren, erhältlich in diversen indischen Antik-Shops, wo auch Unmengen von Bronze-, Messing- und Kupferwaren angeboten werden. Antikläden größtenteils in der Nähe der Kathedrale in Stonetown.

Stadtbesichtigung (Zentrum)

mit dem Taxi 2 Stunden, zu Fuß Halbtagestour.
Zanzibar war 1892-99 ein blühender Freihafen. 1905 liefen 5500 Schiffe Zanzibar an, davon 200 Dampfer der deutschen Ostafrikalinie. Der Handel nach Ost und West war voll im Gange.
Zeuge ehemaligen Reichtums sind das imposante arabische Fort aus dem 17. Jahrhundert und die bereits dem Verfall geweihten englischen Herrrschaftshäuser. Interessant sind auch die verbliebene arabische Architektur und die prachtvoll geschnitzten Türen. Die Türschnitzereien, deren symbolische Bedeutungen (Lotus, Fisch, Kette, Dattel, Weihrauchbaum) sich wiederholen, sind berühmt. Aber auch die

alten indischen Häuser mit ihren reichverzierten Holzveranden sind nicht minder beachtenswert, z.B. das alte Hospital.
Ein Mahnmal der traurigen Vergangenheit Zanzibars ist das Haus des berüchtigten Sklavenhändlers Tippu Tip.
Die Stadt teilt sich in drei Bezirke auf. Die gehobene Gesellschaft wohnt in Shangani, der Altstadt Zanzibars. Dort befinden sich auch die Sultanspaläste des letzten Herrschers, das Haus der Wunder, Moscheen und die Kathedrale.
In Madagaskar Town hat sich die Industrie angesiedelt. Hier findet man auch die Geschäfte der Inder und Nyambio. Die Bevölkerung wohnt hier überwiegend in Lehmhütten.
Im Osten stehen die kasernenähnlichen Wohnblöcke, das moderne Arbeiterviertel «Michenzano».
Ein Spaziergang durch die Altstadt ist irgendwie bedrückend - schmale Gassen, modernde Wände, herabstürzende Balkone, verfallene Häuser, Schutt und Schmutz, schwarz verschleierte Frauen. Abends wirkte es auf uns sogar gespenstisch, wenn die Wohnungsbeleuchtung (rote und grüne Neonleuchten) brannte.
Hinweis: Zanzibar hat die Bedeutung des Tourismus erkannt und das «Tanzania Friendship Tourist Bureau» ist stets um seine ausländischen Gäste bemüht. Es bietet auch eine empfehlenswerte Stadtführung (in englischer Sprache) an.

Foto: «Altes indisches Gebäude» (Skizze «8» **s. S.** 258).

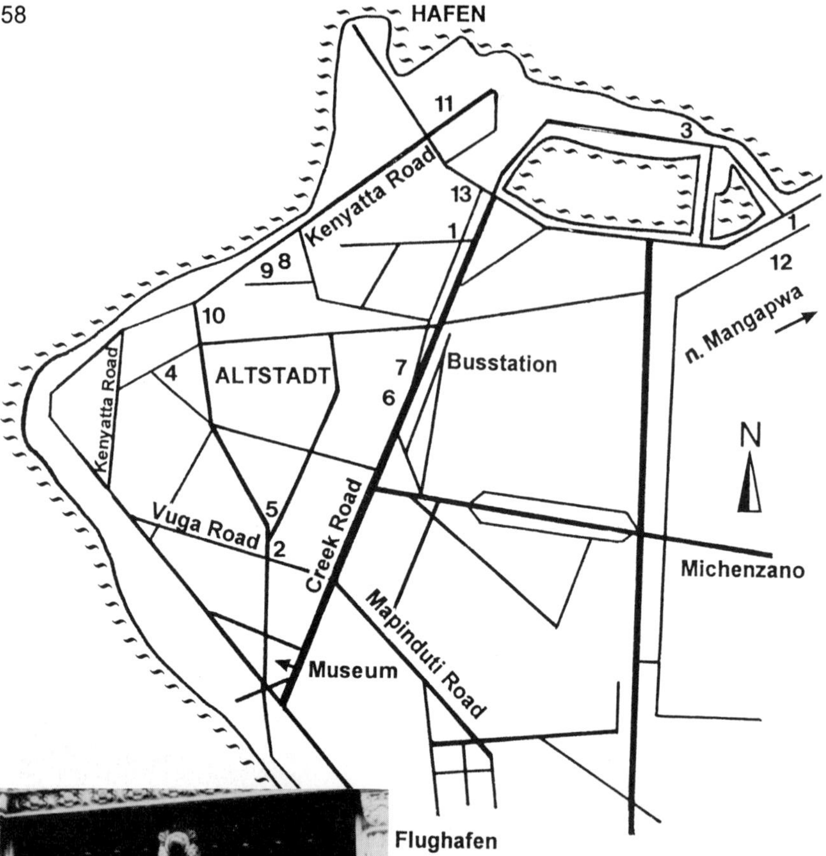

Skizze: Zanzibar City

1 Tanzania Friendship Tourist Bureau
2 Air Tanzania Office
3 Hotel «Bwawani»
4 Hotel «New Zanzibar»
5 Flamingo Guesthouse
6 Kathedrale
7 Markt
8 Indisches Gebäude
9 Sultanspalast
10 Haus der Wunder
11 Lagerhallen/Nelkenaufbereitung
12 Haus Livingstone
13 Police Office

Foto: «Tür im arabischen Stil»

Rundgang (**s.** Stadtplan **S.** 258)
Beginnen wir bei einem Stadthotel «Africa» oder «New Zanzibar» und gehen in Richtung Westen, so stoßen wir auf die Küstenstraße um die Altstadt. Diese führt in Richtung Nordosten zum Sultanspalast (Skizze «9» **s. S.** 258). Hier wohnte die arabische Sultansfamilie bis 1890.
Gegenüber ist der kleine Volkspark, neben dem Sultanspalast das

Haus der Wunder (Skizze «10» **s. S.** 258).
1879-88 ließ es Sultan Seyyid errichten. Am Eingang zwei portugiesische Bronzekanonen aus dem 16. Jahrhundert. Balkone, Fenster und Türen sind mit arabischer Schnitzerei verziert. Marmorboden und Silberdekoration sind aus Europa importiert. 1964 wurde der letzte Sultan gestürzt und das Haus der Wunder in **Volkspalast** umbenannt.
Hinweis: Hier befindet sich ein staatlicher Shop mit Nelken-/Gewürzeverkauf. (Bezahlung nur in Devisen möglich).

Eine kleine Straße schwenkt in Richtung Stadtmitte ein. Hier steht ein altes **indisches Gebäude** (ehemaliges Hospital Skizze «8», **s. S.** 258).

Foto: «Haus der Wunder» ehemaliger Sultanspalast, daneben der alte Komplex.
Folgt man dieser Straße in Richtung Osten, so trifft man auf die

Kathedrale (Skizze «6» und Foto unten). Sie steht genau auf dem ehemaligen Sklavenmarkt. Der Altar (siehe Foto unten) steht exakt an der Stelle, an der der Peitschenblock des Sklavenmarktes stand. Von 1874-77 baute man an dieser Steinkirche, die Bischof Steere in Auftrag gab. Ihre Kuppel besteht aus Korallengestein und Zement.

Sklavenmarkt
Zanzibar war der Umschlagplatz für den Sklavenhandel in Afrika. Am 06.06.1873 unterzeichnete Sultan Seyyid Barghash den Abschaffungsbeschluß aller Sklavenmärkte auf Zanzibar und verbot den Sklaventransport nach Übersee. Dies setzten ein Priester und der reiche indische Kaufmann Jairam Senji durch, indem sie die Sklaven freikauften.

Markt

Gleich in der Nähe befindet sich seit 1904 der Obst- und Gemüsemarkt (auch Fisch erhältlich). Geht man über die Creek Road zurück zum Hotel, so kommt man an vielen Taxiständen vorbei und kann dort gleich den Preis für einen evtl. Ausflug aushandeln.

Museum

Es befindet sich jetzt gegenüber dem Haus **Livingstone's**. Hier wurden historische Dokumente und Gegenstände früherer Forscher (z.B. der Arztkoffer von Livingstone) zusammengetragen. Aber auch Handarbeiten, Volkskunst und aktuelle Kunstausstellungen befinden sich in diesem Museum, das bereits 1925 eröffnet wurde.

Haus von Livingstone (Skizze «12» **s. S.** 258) gegenüber dem kleinen Museum wurde wegen Baufälligkeit geschlossen. Von hier brach der berühmte Forscher zu seiner letzten Expedition auf. Wie er gingen im ehemaligen britischen Konsulat auch die Forscher Burton, Grant, Speke, Stanley und Thomson ein und aus. Forschungsreisen ins Innere Afrika's wurden durch die Antisklavereibewegung im viktorianischen Zeitalter gefördert. **Hinweis:** Im Garten trifft man auf Schildkröten.

Foto: «Kokosplantage» Die Kokosnußpalme (Cocosnucifera), eine 25-30 m hohe Fiederpalme, ist über die ganze Erde verbreitet. Wirtschaftlich von Bedeutung sind die kopfgroßen Früchte (Kokosnüsse), deren Wandung aus einer äußeren dicken, einer mittleren faserigen Schicht und einer inneren Steinschale besteht.

Ausflüge (Übersichtsskizze der Insel Zanzibar **s. S.** 245)

1. Zu den Nelkenplantagen = Spice Tour (Gewürztour - mit dem Taxi 2-3 Stunden)
Die Nelken sind der berühmteste Exportartikel Zanzibar's. Noch heute steht die Todesstrafe auf Nelkenschmuggel im großen Stil. Jeder Taxifahrer kennt die Straße zum sogenannten Speisegarten.
Über die Malawi Road ins Landesinnere kommen Sie am Haus von **Dr. Livingstone** (**s.**Sk.«12» **S.**258) vorbei. Eine Gedenktafel erinnert an den berühmten Engländer.
Auch der **alte Sultanspalast - Maruhudi Palast**, mit Garten und Haremsteil kann auf dieser Strecke besichtigt werden (Nähe Hotel Uwanjani).
Sultan Barghash ließ ihn von 1870-88 für seine 99 Frauen errichten. Leider zerstörte ein Brand den Palast und so stehen nur noch einige Ruinen der Säulengänge und das Lotosbecken (Badeort).

Eine verfallene Mauer mit Eisenringen, an die die Sklaven gekettet waren, ist Zeugnis einst tragischer Vergangenheit (**s.** Foto **rechts**).

Dann führt die Teerstraße durch tropischen Urwald, vorbei an einzelnen Farmen und Hütten.

Der Taxifahrer bringt Sie zu Kokosnuß- und Nelkenplantagen, zeigt Ihnen Zimt-, Kakao- und Pfefferbäume sowie andere Gewürzsträucher und erklärt in der Regel die jeweilige Frucht und deren Verarbeitung.
Diesen landschaftlich reizvollen Ausflug sollten Sie sich nicht entgehen lassen.
Hinweis: Im sogenannten Jambiani Forest, dem letzten verbliebenen Regenwald der Insel, können früh morgens Affen beobachtet werden. Stundenlange Wanderungen mit Führer sind möglich.

Palmenarten auf Zanzibar

Dumpalme

Kokospalme

Schraubenpalme

Die Nelken

Die Nelkenbäume stammen ursprünglich von den Molukken. Obwohl Todesstrafe darauf stand, schmuggelte um 1700 ein französischer Diplomat einige Sprößlinge nach Mauritius. Von dort gelangten später Pflanzen nach Zanzibar, entwickelten sich hier besser als in ihrer eigentlichen Heimat und liefern bis heute den Hauptexportartikel der Insel. **Zanzibar besitzt ca. 4 Millionen Nelkenbäume.**
Der Gewürznelkenbaum ist ein Myrtengewächs mit lorbeerähnlichen Blättern und roten Blüten in Trugdolden. Die knospigen Blütenstände werden getrocknet und sind unsere duftenden Gewürznelken.
Bei der Ernte werden sie mit den Fingern abgeknipst und einfach in der Sonne ausgebreitet. Sie enthalten 12-25 % Äther und 6 % Öl.

Hinweis: Gute Nelken schwimmen aufrecht im Wasser oder gehen unter. Wird ganz oder teilweise das Öl entzogen, schwimmen sie waagrecht. Bei Druck mit dem Fingernagel auf den unteren Kelch zeigen sich glänzende Fettspuren.
Das Nelkenöl wird zur Herstellung von Seifen, Parfüms, Likören und Arzneimitteln gebraucht und bei uns seit dem 16. Jahrhundert verwendet.
60 % des Exportes gehen nach Indonesien in die Zigarettenherstellung.
Die Einheimischen glauben, daß sie durch Einreiben mit Nelkenöl die Muskelkraft steigern können.

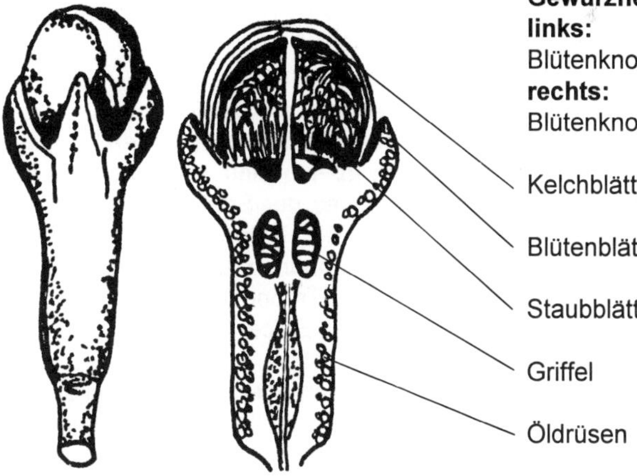

Gewürznelke
links:
Blütenknospe (vergrößert)
rechts:
Blütenknospe im Längsschnitt

Hatten noch bis 1796 die Niederlande das Ausfuhrmonopol, so liegt es jetzt beim Staat. In den Lagerhallen im Hafen stapeln sich die mit Nelken gefüllten 45 kg Jutesäcke bis zum Dach. Will man sie und die Fabrik zur Herstellung des Öles «Clove Distillery» besichtigen, benötigt man ein Permit (fotografieren verboten).

Foto: «Blütenknospen der Nelken»

2. Zu den Sklavenhöhlen von Mangapwani (**s.** Skizze **S.** 245)
Die Anfahrt dort hin ist landschaftlich vergleichbar mit der sogenannten «Spice-Tour» (Gewürz-Rundfahrt) - sehenswert. Die letzten 10 km sind sehr beschwerlich und können zeitweise wegen des schlechten Zustandes der Straße nur im Schrittempo befahren werden. Die Höhlen befinden sich in der Nähe des Fischerortes Mangapwani und sind selbst enttäuschend. Sie gleichen einem überdachten Baggerloch, in dessen Inneres eine algenbewachsene steinerne Treppe führt.
Hinweis: Für Kurzurlauber empfehle ich deshalb die Spice-Tour.
3. Badeaufenthalt an der Ostküste (**s.** Skizze **S.** 245)
Immer mehr Hotels und Bungalow-Anlagen entstehen oberhalb Jambiani an der Ostküste. Gegenüber der Insel «Muemba» werden 12 Hütten, die «Matenne Bungalows» von Europäern geführt. Die Hütten liegen direkt am Meer. Übernachtung mit Vollpension. Zwei Riffs bieten ideale Schnorchelplätze.
4. Bootstouren
- zur Insel Kibandiko (Schildkröten)
- zur Insel Bawe
Ein Guesthouse ist im Aufbau befindlich. Zur Zeit kann man jedoch nur Softdrinks und Kaffee erhalten. Bawe besitzt einen wunderschönen Badestrand. Im Innern der Insel sollen angeblich Phytons in den ausgewaschenen Felshöhlen leben. Wir konnten leider keine entdecken.

- zur Insel Prison (Riesenschildkröten)
Abgabe von 1 US $ pro Person ist obligatorisch. Das Restaurant bietet ein Menü an, sowie (warme) Softdrinks. Die Riesenschildkröten halten sich alle in der Nähe des Restaurants auf.

Ostküste (Strandhäuser)

Das Tanzania Friendship Tourist Bureau bietet folgende Gästehäuser an:
a) Chwaka Juu - b) Uroa - c) Jambiani
Diese Häuser sind für 2-16 Personen geeignet. Sie befinden sich an mehr oder weniger schönen Stränden.In den Räumen sind nur Eisenbettgestelle mit Matrazen (keine Bettwäsche), teilweise Plumpsklo und zeitweise kein Trinkwasser. Tische und Stühle oft in schlechtem Zustand, andere Einrichtungsgegenstände modrig. Küche mit Gaskocher. Vom Touristoffice wurde das Haus **Jambiani** für 2-4 Personen empfohlen. Wir waren in **Chwaka Juu** und **Uroa** untergebracht.

Anfahrt mit Sammeltaxi ab Stonetown, durch tropischen Urwald, auf schlechter, ehemaliger Teerstraße. Vorbei an kleinen Urwaldsiedlungen und Gehöften mit zurückhaltenden Einwohnern in typischen Urwaldbehausungen.
Vorsicht - teilweise Militärgebiet!
Eventuell Gepäckkontrolle bei einer Polizeistation im Urwald - Fahrzeit ca. 2 Stunden. Auch für die Häuser bekommt man ein Permit, das man einem Verwalter bei der Ankunft geben muß.
Foto: Ein **«Wasserverkäufer»** fährt mit seinem Fahrrad frisches Brunnenwasser (Trinkwasser) zu Familien in den angrenzenden Urwald.

Chwaka Juu

(**s.** Skizze «a» **S.** 252) - ca. 6 brauchbare Betten und mehrere Matrazen, Raumgröße für ca. 14 Personen (Preis siehe Beiblatt).

Hygiene - Plumpsklo (Schlitz im Betonboden)

Wasser - Regenwasserbehälter

Vorsicht: Dieses Wasser nicht als Trinkwasser benützen. Brunnenwasser im Dorf erhältlich. Gegen geringe Gebühr läßt der Verwalter Wasser holen - unbedingt filtern oder mit Micropur Tabletten entkeimen.

Essen Auf dem Markt erhält man Fisch, Bananen und Kokosnüsse.

Wichtig: Konserven, Reis, Nudeln, ebenso Brot, Tee, Kaffee usw. mitbringen.

Geschenke Kleidung für die Familie des Verwalters wird dankend angenommen.

Medikamente

Wie bereits bei den Vorbereitungen beschrieben, fehlt es überall an Medikamenten. Wir gaben dem Dorflehrer für seine Kinder Augen- und Ohrentropfen. Autan gegen Moskitos, Salben für Sportverletzungen, Binden, Pflaster sowie Aspirin für leichtere Schmerzen. **Hinweis:** Englische Beipackzettel empfehlenswert.

Strand

1. Starke Gezeiten, die sich zeitlich verschieben, manchmal nur morgens und abends Möglichkeit zum Baden. **Hinweis:** Keine geregelten Gezeiten!

2. Unsauberer Schlammstrand (bei Ebbe)

3. Fehlendes Süßwasser zum Duschen

Foto: «Hüttenbau» bei Chwaka Juu (Lehm- und Flechtbau)

Uroa

(**s.** Skizze «b» **S.** 252) - ca. 8 brauchbare Betten und mehrere Matratzen, Raumgröße für ca. 20 Personen - empfehlenswert, der Verwalter ist sehr hilfsbereit.
Hygiene - Toilette mit Wasserspülung
Duschen - gegen Bezahlung möglich
Wasser - eigener Brunnen im Hof, jedoch abkochen bzw. entkeimen.
Essen
Am Markt verkaufte man uns Fisch, Obst und Brot. Trotzdem Konserven, Tee, Kaffee usw. mitbringen. Den Fisch haben wir über offenem Feuer gegrillt.
Hotel
«Uroa White Villa» (Neubau direkt am Strand) sehr gepflegt, deutsche Leitung, Essen empfehlenswert.
Strand
Hier finden Sie den Strand, von dem Sie träumen. Palmen, weißer Sand und ein relativ sauberes Meer. Das Haus hat genügend Süßwasser zum Abduschen.
Anmerkung: Bei allen Häusern muß man auf Luxus verzichten. Den Grad der Hygiene kann man selbst bestimmen.
Temperaturen z.B. im September tags 30°-33°C, nachts 21°-23°C, leichter Wind, schwache Gezeiten (Seegras)

Jambiani

(**s.** Skizze «c» **S.** 252)
a) Staatliches Übernachtungshaus
b) «Jambiani Beach Hotel» Tel. 33592
Kleines Hotel unter deutscher Leitung empfehlenswert
c) «Shehe - Guest House» - Globetrottertreff, ungepflegt
(kein Strom, kein fließendes Wasser, schöner Strand, wenig Touristen).

Folklore - Fruchtbarkeitsfest (feurige Rhythmen)

Nungwi / Nordküste

Anfahrt - vom Airport Zanzibar mit Taxi ca. 1 Stunde
Hotel - «Unarani Beach Cottages» kleine Strandhäuschen mit Dusche - sauber
Restaurant - «Zam-Zam» ausgezeichnetes Fischrestaurant (preisgünstig)

Strand - Sehr schöner Strand, gut zum Baden und Schnorcheln - auch bei Ebbe - empfehlenswert, noch ein Geheimtip.
Hinweis: Einsame Strände auf Zanzibar findet man nicht nur bei Chwaka Juu, Uroa, Jambiani und Nungwi.

Mangroven
Baumartige Halophyten (Salzpflanzen). Sie haben Stelzwurzeln (Atemwurzeln) zur Anpassung an den sauerstoffarmen oder -freien Boden.

Übersichtsskizze der Insel Changuu

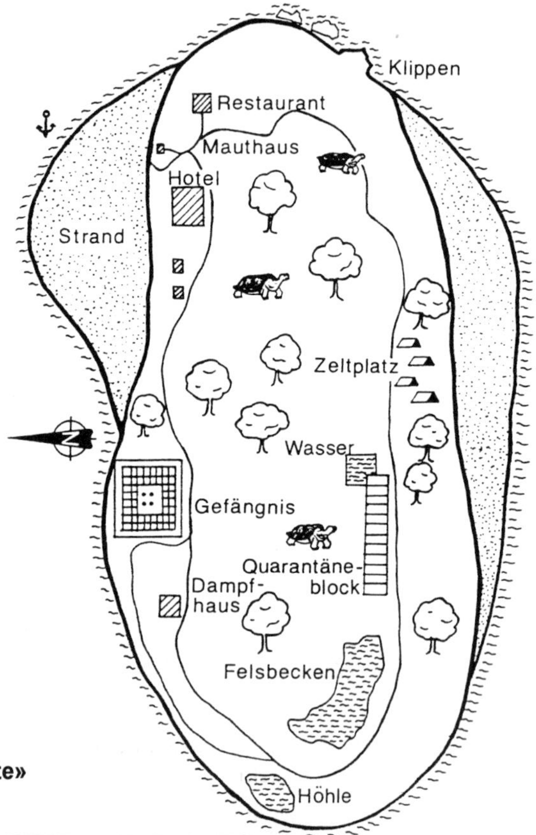

Foto:
«Kokosnußernte»

Changuu

(**s.** Skizze **S.** 268) **ehemalige Gefangeneninsel** - Tagesausflug
Die Insel liegt nordwestlich der Hauptstadt von Zanzibar.
Man erreicht sie mit einem kleinen motorisiertem Holzboot vom Hafen in 20 Minuten.
Hinweis: Am Wochenende ist die Insel Ziel vieler Tagesausflügler.

Bei Ankunft
muß man zuerst zu einer Art Mauthäuschen und dort nach der Registrierung die Inselgebühr (US $ 1,- Abgabe) bezahlen. Erst dann darf man über eine Treppe (Steig) zum Inselplateau hinauf. Hier leben auch einige Riesenschildkröten, die einzigen Tiere der Insel.

Baden
Die Strände (heller Sand) umgeben vom türkisgrünen Wasser des Indischen Ozeans sind ein idealer Platz zum Baden und Schnorcheln. Die nahegelegenen Korallenbänke sind sicher ideale Fischreservate und ein noch unentdecktes Taucherparadies.

Besichtigung (**s.** Skizze **S.** 268)
Ein Rundgang um die kleine Insel zeigt das

Felsenbecken
Das dunkelgrüne Wasser sieht zwar verlockend aus und eine Treppe führt ins Becken hinunter, aber Baden ist nicht empfehlenswert - Bilharziosegefahr.

Felsenhöhle
Ein Naturschauspiel bietet die Felsenhöhle im Westen der Insel. Bei Flut füllt sie sich mit Meerwasser, das bei Ebbe wieder abfließt.

Gefängnis
Eine Mauer mit Schießscharten schützte das Gebäude vor unerwünschten Gästen. Gummibäume wachsen aus dem Dach und überziehen die Wände mit Wurzelgeflecht. Ein natürlicher Schutz vor dem beginnenden Verfall. Die Zellen wurden in Doppelreihen um den viereckigen Hof gebaut; die äußeren mit Fenster, die inneren ohne Fenster für Häftlinge mit Haftverschärfung. Daneben steht das Dampfhaus, in dem die verlausten Kleidungs- und Wäschestücke vom Ungeziefer befreit wurden.
Vom Wachturm und den Quartieren der Wachmannschaften sind nur noch die Grundmauern erhalten geblieben.
Es muß schlimm gewesen sein, die Hitze, das Ungeziefer, schlechtes Wasser! Wer einmal hier war, kam vermutlich lebend nicht mehr weg!

Quarantäneblock
mit den einzelnen leeren Zellen. An der Ostseite befindet sich der Wasserhahn für die eigene Hygiene.

Geschichte
Seit 1830 Sultan Oman seine Regierungsgeschäfte nach Zanzibar verlegte, schickte er alle in Ungnade gefallenen Untergebenen nach Changuu in Verbannung. Während der englischen Kolonialzeit wurde dann das Gefängnis auf der Insel errichtet.
Nach dem Sturz des letzten Sultans im Jahre 1964 wurde das Gefängnis als ein Symbol der Kolonialzeit aufgehoben. Man baute aber den Quarantäneblock für alle, die ohne Impfnachweis nach Zanzibar kamen.
Erst 1982 hob der Revolutionsrat den Beschluß zur Quarantäne auf.

Hotel Das Gästehaus in der Nähe der Anlegestelle hat seinen Betrieb eingestellt, das Restaurant ist empfehlenswert.
Restaurant - Das Essen ist sehr gut. Spezialität - gegrillter Fisch über Holzkohle und kühles Bier - Vorbestellung bei Ankunft erforderlich!

Klima
Im Januar 35° Grad, Wassertemperatur 30° Grad, an seichten Stellen bis 40° Grad. Auch die Nacht bringt keine wesentliche Abkühlung.

Strom Die Wege der Insel sind beleuchtet, falls der Generator geht.
Zeltmöglichkeiten unter schattigen Bäumen auf dem Inselplateau.
Toilette - am Zeltplatz keine vorhanden.
Wasser - für Camper beim Quarantäneblock (**s.** Skizze **S.** 268).
Hinweis: Vorsicht vor Einsiedlerkrebsen - abends Zelt und Schlafsack durchsuchen.

Foto: «Changuu» Strand- und Gästehaus nahe der Anlegestelle.

Mafia

(Insel), von Erwin Hennen

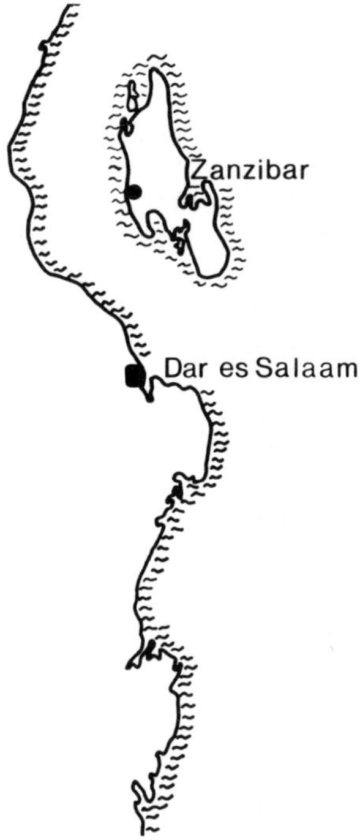

Traumhafte Strände, vergleichbar mit Mauritius, und dazu noch ein Paradies für Taucher/ Schnorchler.

Geographische Lage
Die Insel liegt am 8. Breiten- und 39. Längengrad im Indischen Ozean.

Anreise
1. Flug
Dar es Salaam-Mafia (Flugz.45 Min.)
«Air Tanzania Corp.»
Tel. Airport 42111,
P.O.Box 543, Dar es Salaam

2. Schiffsverbindungen
«Candian Spiryt» unregelmäßig - Tagesreise von Dar es Salaam (**s. S.** 242)
Einreise (besondere Einreisebedingungen sind nicht bekannt).

Flughafen
Die Landebahn befindet sich in einem katastrophalen Zustand.

Hotel «Mafia Island Lodge»
P.O.Box 2 Mafia, (ca. 120 Betten).
Jedes Zimmer hat eine Klimaanlage, ziemlich heruntergekommen.
Kontaktadresse
«Tanzania Tourist Corp.», P.O.Box 2485,
Dar es Salaam/Tanzania
Sportmöglichkeiten
Segeln (Bootsverleih), Katamaran, Surfen,
Schnorcheln (Korallenbänke), Tauchen und Schwimmen.
Hinweis: Taucher müssen unbedingt ihre eigene ABC-Taucher-Ausrüstung mitnehmen. Die Lodge besitzt einen Kompressor und vier Sauerstoff-Flaschen.

Souvenir Handarbeiten

Touristik
Auf einer kleinen Nachbarinsel befinden sich neben der Schiffswerft noch Ruinen aus der deutschen Kolonialzeit.

Erlebnisbericht
Unsere Gruppe charterte sich einen Flug zur Insel Mafia, um dort in der Lodge einen Badeaufenthalt abseits vom Tourismus zu erleben.
Nach 40 Minuten Flugzeit drehte der Pilot zwei Schleifen um die Insel - das Zeichen für neue Gäste. Die Landebahn - halb Asphalt, halb Schotter - ist nicht gerade vertrauenerweckend, auch wenn die Flughafen-Feuerwehr auf einem Landrover mit Feuerlöschern bereit steht.
Die Fluggäste werden mit Landrovern von der Mafia Island Lodge abgeholt. Nun beginnt eine abenteuerliche Fahrt, zirka 30 Minuten durch subtropische Vegetation, zur einzigen Lodge dieser kleinen Insel. Die Lodge ist, wie so oft in Tanzania, schon sehr vernachlässigt. Das Essen ist lobenswert und es gibt sogar Menüauswahl bei Lunch und Dinner.
Der traumhafte, weiße Strand befindet sich ca. 100 m entfernt. Er ist sauber und das Wasser glasklar. Hier kann man sich ein Segelboot mieten. Die Besatzung bringt die Touristen zur Nachbarinsel und kennt natürlich die schönsten Tauchplätze.
Die Lodge vermietet Surfbretter und einen Katamaran. Von der ehemaligen deutschen Taucherstation ist nicht mehr viel übriggeblieben - ein Kompressor und vier Sauerstoff-Flaschen. Aber das Schnorcheln entschädigt für Vieles.

Foto: Einsame Strände findet man nicht nur auf Mafia.

Stichwortverzeichnis

Vorbereitung der Reise

ADRESSEN

ALLGEMEINES

BERGE

TREKKING-Reiseführer für Bergsteiger und Individualreisende von P. Rotter

GALAPAGOS

Band 2 / 1. Auflage 1994
ISBN 3-922 396-21-6

DM 32,80

mit Karte (Besucherplätze)

192 Seiten, 13 Farbfotos, 90 schwarz-weiß Fotos, 5 Tabellen, 6 Übersichtsskizzen, 2 Stadtpläne, 36 Skizzen zu Inselbeschreibungen und Besucherplätzen.
Hinweise: Zu Quito und Guayaquil, Bootsexkursionen (Buchung, Bootsbeschreibungen, Routen), Fauna und Flora, Meeresfische, Nationalparkbestimmungen, Sternenhimmel mit Sternzeichen, Vögel mit Artenübersicht sowie Vorbereitungs- und Organisationshinweise von A-Z.
«Der praxisnahe Reiseführer für alle Galapagosbesucher.»

MEXICO

Band 5 / 5. Auflage 1992
ISBN 3-922 396-14-3

DM 14,80

mit Originalkarten 1 : 50.000
von den Fünftausendern
und aktuellem Beiblatt

Popocatèpetl, Ixtaccihuatl, Pico de Orizaba. 90 Seiten mit 8 Farbtafeln und 27 schwarz-weiß Fotos, 8 Übersichtskarten, 13 Skizzen mit eingezeichneten Besteigungsrouten.
Beschreibung der Bergrouten: Pico de Orizaba 5700 m, Popocatèpetl 5452 m, Ixtaccihuatl 5286 m, Malinche 4461 m, Nevado de Colima 4339 m, Volcán de Colima 3960 m, Paricutin 2575 m.
Hinweise zur Vorbereitung vor der Reise von A-Z und zu Mexico City, bezogen auf die Berge (Adressen, Hotels, Verkehrsmittel).
«Der praxisnahe Reiseführer für Bergsteiger und Individualreisende».

Brigitte Rotter, Eigenverlag - Waisenhausstraße 2, 80637 München

RUWENZORI

UGANDA (Safari)

Band 6 / 2. Auflage 1996
ISBN 3-922 396-23-2

DM 24,80

mit Skizze der Rundwanderroute
und Gipfelbesteigungen - Karte 1 : 20.000
104 Seiten, 6 Farb- und 40 schwarz-weiß Fotos, 3 Panoramaaufnahmen, 3 Übersichtskarten/Skizzen, 1 Stadtplan.
Bergrouten: Margherita 5109 m, Alexandra 5091 m, Mount Speke 4890 m, Mount Baker 4843 m, Mount Elgon 4322 m. Chronologische Beschreibung des Rundwanderweges sowie der Gipfelbesteigungen im Stanley Massiv. **Nationalparks Uganda:** Kibale Game Reservat (Berggorillas), Lake Mburo Reservat (Zebras), Murchison Wasserfälle (Nilkrokodile), Queen Elizabeth Park (Uganda Kobs), Toro Game Reservat (Pygmäenstämme). Vorbereitungs-/Organisationshinweise von A-Z.

ECUADOR

VORANKÜNDIGUNG

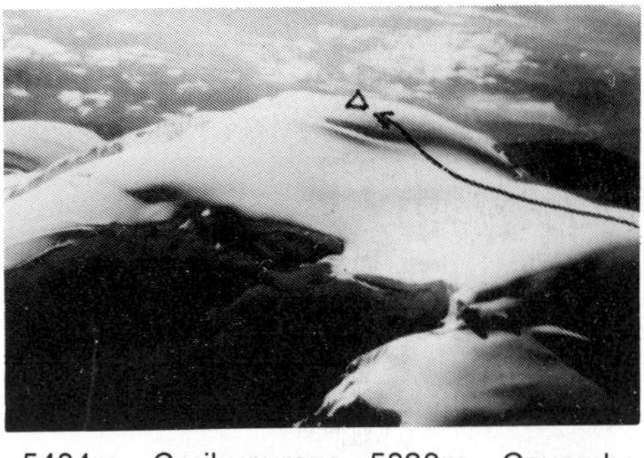

Band 3 / 6. Auflage 1998
ISBN 3-922 396-25-9

DM 44,80

Trekking-Reiseführer
mit Originalkarten 1 : 50.000
Bergsteigen: Antizana 5704m, Altar 5404m, Carihuayrazo 5020m, Cayambe 5790m, Chiles 4768m, Chimborazo 6310m, Cotopaxi 5898m, Illiniza Nord 5126m, Illiniza Süd 5263m, Pichincha 4787m, Reventador 3485m, Ruminahui 4712m, Sangay 5230m, Tungurahua 5016m. **Trekking**: Altartreck, Inkatrail und Ingapirca.
Ärztliche Hinweise für Bergsteiger, Vorbereitungen von A-Z, Adressen, Bergrouten (eingezeichnet in Originalkarten des Instituto Geografico Militar), Fotos mit Aufstiegsrouten eingezeichnet in schwarz-weiß Aufnahmen, Höhenangaben mit Höhenlinien, Skizzen für Anfahrt, Anmarsch und Bergrouten, Hüttenbeschreibungen mit Schwerpunkt der Normalrouten, Farb- und schwarz-weiß Panoramaaufnahmen zu den Fünftausendern Ecuadors. Hinweise zu den Städten Baños, Cuenca, Esmeraldas, Guayaquil, Otovalo, Quito, Santo Domingo de los Colorados. Eisenbahnabenteuer, Inkaruinen von Ingapirca, Trekkingprogramme, Märkte, Nationalparks und Urwaldexkursionen zu den Colorados, Siones, Ashuar und Shuar-Indianer.
«Die praxisnahen Reiseführer für Bergsteiger und Individualreisende».
Brigitte Rotter, Eigenverlag - Waisenhausstraße 2, 80637 München

Notizen: